復刊

ルベーグ積分

第2版

小松勇作 著

共立出版株式会社

序

今世紀の初頭，ルベーグ（Henri L. Lebesgue, 1875–1941）の学位論文（1902）において誕生した積分の理論は，その著しい効用に基いて，数学のあらゆる分野へ急速な勢で滲透していった．解析学に画期的な息吹をもたらしたこの理論は，現在では数学者の常識となるまでに普及している．

本書は，この数年来，著者が東京大学で数学科の学生のために行ってきた講義の草稿を骨子とし，それに多少の手を加えて出来上ったものである．創設者ルベーグの名を冠するいわゆるルベック積分の概要を，解析学の初歩を学び終えた諸君に紹介することを目的としたもので，手頃な参考書として役立てば幸いである．

内容は専ら，ユークリッド空間を基礎におく古典的な理論に限定されているけれども，これは単に歴史的な意義をもつだけに止まるものではない．解析学への応用という観点からは，この程度で一応は事足りるであろう．他方において，更に進んで一般な積分論を展開するさいに，この理論は一つの典型的なモデルとしての役割を果すはずである．

本書が出来上るまでに，原稿と校正刷の通読と検討ならびに各節末の問題の選定および索引の作製などに助力された学友諸氏，殊に林一道，栗林暲和，及川廣太郎の諸君に，謝意を表する．

1956 年 1 月

著 者 し る す

第二版の序

本書の初版が刊行されてからすでに二十数年を経た．その間に新学制も定着し，数学を学ぶ学生数も増加の一途をたどっている．

この第二版を刊行する趣旨については，初版の序にのべた通りである．内容および配列はともに旧版に準じている．改訂のおもな点は，記号を整理し，表現を現代風に直したこと，ならびに各節末にある問題に対してくわしい解をまとめて巻末につけたことである．さらに，ルベーグ積分が現れるまでの微分積分学をめぐる歴史の流れを，ルベーグ自身の小伝とともに，読み物風に本文のはじめにつけ加えた．

節末問題の解答については，初版で問題の選定に協力された林一道，及川廣太郎の両氏ならびに辻良平氏の手をわずらわした．また，福田宏，小山透の両氏には出版にいたるまでいろいろお世話をいただいた．これらの方々に心からお礼を申しあげたい．

1980 年 1 月

小　松　勇　作

目　　次

第4章 Lebesgue 積分

第5章 不定積分の微分

第6章 一変数の関数

微分積分学小史

発見の頃

近代的な数学の一つの出発点となった微積分法の発見は，I. Newton (1642—1727) と G. W. Leibniz (1646—1716) に負うところである．Newton の方法は運動学の問題から生れた．それは，主著「プリンシピア」(自然哲学の数学的原理，Philosophiae naturalis principia mathematica, 1687) に先立ち，「流率と無限級数の方法」(1671) の中に統一的にのべられている；もっとも，この著作は1736年 J. Colson により英訳されるまでは，世に流布しなかった．連続的に変化する流れについて，その速度としての流率 (fluxio) を求めるのが微分の演算であり，それの逆演算が積分である．そして，Newton は流率の概念を運動学の問題に適用し，運動の方程式を微分方程式の形で求めて，その解を未定係数法により無限級数で表そうと試みている．また，流率を極値問題や接線問題にも応用している．

Newton とほぼ時を同じくして，Leibniz の微分法に関する論文「分数量と無理量に差障りなく適用できる極大極小と接線に対する新方法ならびにそのための特異計算法」(Nova methodus pro maximis et minimis, itemque tangentibus, quae nec fractas nec irrationales moratur, et singulare pro illis calculi genus. Acta Eruditorum, 1684) が現れた．これは，R. Descartes (1596—1650) の接線法が極めて簡単な曲線にしか利かないのを不満とし，接線法の一般化を試みようとしたことに由来し，ここでは逆接線法も扱われている．接線法については，Leibniz は接線の概念を幾何学的に明らかなものとしてはいるが，現行の教科書におけるとほぼ同様な仕方で，微分法の計算方式をあげている．Newton が微分の逆演算として積分を導入したのに対して，Leibniz は求積問題から出発し，無限小の無限和として積分をとらえようとした．これが逆接線法の一般化として現れる微分方程式の解法の特殊な場合としてのいわゆる積分法に帰着されることをも，後に認めている．

現在用いられている微分と積分の記号は，その起源を Leibniz に負っている． Descartes が代数学を記号計算の結合とみなした立場を，Leibniz はいっそう徹底させ，単に対象だけでなく論理過程としての思惟までも記号化した．この意味で，彼は記号論理学の祖ともみなされている．

さて，Newton にしても Leibniz にしても，微分積分法にとり決定的な極限の概念を，まだ明確に把握するには到っていない．微分の定義すら，現代の観点からは極めて不十分な形でのべられているにすぎない．それにもかかわらず，彼らは微積分の方法をひろく適用し，効果をあげていった．現実に要求される応用が，基礎概念の究明に先行することは，史上ありがちなことである．

初期の進歩

17世紀における微分積分法の発見によって，自然現象を数量化し記号化して近代科学を発達させる素地ができた．論理的な根拠はまだ薄弱であったが，Leibniz により記号化されたその算法は，すぐれた計算技術として目覚ましい応用上の成果をあげた． Bernoulli 一家（Jacob 1654—1705, Johann 1667—1748, Daniel 1700—1782）は Leibniz の微積分法を高く評価し，その発展と応用に多くの貢献をした．

18世紀において，彼らの流れを汲む解析学が，論理的な反省をなおざりにしたまま，自然科学の研究に刺戟され，社会的な要求に促進されて，技術的な面でいちじるしい進歩をとげた．未解決な問題が解かれるとともに，新しい問題が生じ，豊富な成果で賑わった．

この時期を代表して， L. Euler (1707—1783) の「無限小解析序説」(Introductio in analysin infinitorum, 1748) があげられる．第 1 部は純粋解析を，第 2 部は幾何学的応用を扱っている．微積分を学ぶさいに必要とされる無限小演算の解析を目指したものであり，彼の「微分法の原理と有限解析，級数論への応用」(Institutiones calculi differentialis cum ejus usu in analysi finitorum ac dorctrna serierum, 1755),「積分法の原理」(Institutiones calculi integralis, 1768—70) とともに，後世の学者たちにとって大きな遺産となった．多産を誇る Euler はさらに，ふつうの極値問題の一般化にあたる変分法を創設し，当時おこりつつあった解析力学との交渉を窺わせる．その成果は「極値性をもつ曲線を見出す方法あるいは最広義の等周問題の解法」(Methodus inveniendi lineas curvas maximi minimive proprietate gaudentes, sive solutio problematis isoperimetrici lattisimo sensu accepti, 1744) にまとめられている．

論理的な面で Euler の方法には欠陥が少なくない．微積分法については，極めて巧妙な計算技術が用いられているが，その基礎に関するところはしばしばあいまいである．級数では収束に，変分法では解の存在に，かなり無頓着であった．解析学の技術的な進歩が急なあまり，基礎に関する疑念への反省がおきざりにされた．当時の風潮を表すものとして J. d'Alembert (1717—1783) はいう：まず前進，そのうち信念がやってくるだろう．

微分方程式の歴史は微積分法の発見と同時に始まっている．進歩の過程には，Joh. & Jac. Bernoulli, J. Riccati (1676—1754), d'Alembert, Euler, B. Taylor (1685—1731), A. L. Clairaut (1713—1765) など，数多くの人たちが関与している． また， Euler により解析化された Newton 力学は, J. L. Lagrange (1736—1813) により解析力学を通して組織化された．力学における運動方程式が C. Maclaurin (1698—1746) にとりあげられ， d'Alembert がその級数解を示している．このように，微積分法の技術面は，解析力学の進歩に伴って，急速にひろめられていった． P. S. Laplace (1749—1827) の「天体力学綱要」(Traité de mécanique céleste, 1799—1825) 五巻による数学への寄与は甚だ大きい．これについては，後に (1820) A. L. Cauchy (1789—1857) が無限級数を扱うさいに収束性の吟味が必要なことを指摘したとき，Laplace は一切の面会を謝絶して自著に現れる級数をチェックしたとのことである．

基礎への反省

18世紀に目覚しい前進を続け，パリを中心とするヨーロッパ学界を賑わした近世の数学は，フランス革命（1789—1795）を経た世紀末から19世紀初頭にかけての政情不安な時期に，大きな転回点に到達した．解析学が単なる技術的前進から脱却し，根底にある基礎概念に向けての反省と批判の時期を迎えたのである．

まず，Cauchy の工芸大学での講義にもとづく「代数解析教程」(L'introduction du cours d'analyse algébrique de l'Ecole Royale Polytechnique, 1821),「微積分学綱要」(Resumé des leçons données à l'Ecole Royale Polytechnique sur le calcul infinitésimal, 1823) があげられる．ここでは，微積分学が単に記号計算としての無限の代数学であるとの立場が棄てられ，基本的な極限概念を指導原理とする解析学の算術化と合理化がなされている．変数と関数，連続，級数の収束発散，導関数と積分などの定義，連続関数について微分と積分の逆関係性や平均値の定理などが，今日の視点からは部分的になお不十分とはいえ，当時までの欠如ないしは不完全なものとくらべて，いちじるしい厳密さで吟味され展開された．それ以前には形式的な面しか考えられなかった微分方程式について，はじめて解の存在証明 (1820—1830) を与えたのも，Cauchy にほかならない．

さて，解析学の中核をなす関数の概念は，古くから幾多の変遷をたどった後，Cauchy によって一応一般的に規定された．しかし，そこにはまだ式による表示の観念が暗につきまとっていた．当時の常識に照らして素直と思えない関数が提出されると，そのような普遍性を害う関数を扱うのは，それまでの秩序と調和の中へ乱雑と混沌をもちこむものと非難する風潮すらみられた時代である．このような背景のもとで，一般な関数の概念が P. G. L.-Dirichlet (1805—1859) によりはじめて確立された．それは J. B. J. Fourier (1758—1830) の熱伝導に関する有名な論文 (Théorie des mouvements de la chaleur dans les corps solides, 1812) に現れたいわゆる Fourier 級数に関連している．すなわち，ここで任意関数の Fourier 展開がとりあげられたのである．Dirichlet が彼の論文 (Sur la convergence des séries trigonométriques qui servent à représenter une fonction arbitraire entre les limites données. Crelles Journ. **4**, 1829; Über die Darstellung ganz willkürlicher Functionen durch Sinus- und Cosinusreihen. Repertorium d. Phys. **1**, 1837) において，関数の定義に対して現在ひろく採用されている論理的内容を与えたのである．

Riemann 積分

Fourier 級数の導入が解析学で重要な概念の確立に及ぼした影響は，関数の定義だけに止まるものではない．Cauchy がおかした誤りを正すための N. H. Abel (1802—1829) による一様収束の概念の発見や積分の定義を反省してそれを基礎づけた B. Riemann (1826—1866) の論文 (Über die Darstellbarkeit einer Function durch eine trigonometrische Reihe. Habilitationsschrift, Göttingen, 1854) の出現にとっても，Fourier 級数が誘因となっている．

さて，微分法の段階までに現れる型の極限について，少なくとも直観的に受け入れることには，あまり困難を伴わないであろう．そして，すでに Cauchy の頃，ほぼ満足すべき形に極限の定義が与えられた．ところが，平面上の曲線図形の面積の決定ないしはそれの定義のさいにすでに，これといちじるしく趣きを異にする一種の極限が現れる．それはそれ以前のものとくらべて，本質的に複雑な過程を内臓している．これが歴史的に，積分の近代的な定義の出発点となったのである．

わが国に新学制が布かれてからすでに 30 年余，教育の素材も幾多の変遷を重ねながら，かなり定着してきた．数学においては，高校の段階で微分積分がとり入れられた．洋算が輸入された明治 (1868—1912) の中期とくらべて，近年の進学率からみて微積分の学習者の比率がいちじるしく高まったことは，一応は慶賀にたえない．さて，同じ素材であっても，その処理が学習進度につれて異なるのは当然である．厳密さをとうとぶあまり，初期の段階からそれを強調するのが教育上適切でないことは，いうまでもない．学習が進むにつれて，素材の処理法が次第に深められる．その意味で，高校レベルの微積分が初等関数についての形式的な計算技術に止まるのは，やむをえない．そして，多くの点で外見上はもっともらしい直観に頼ることになる．もし平面図形の面積というものがあらかじめ知られていたならば，それを用いて少なくとも連続な関数の積分が簡単に定義されるであろう．しかし，面積という概念は直観的な類推こそ容易であれ，その論理的な基礎づけはそれほど自明なものではない．

積分とは何かと問われてそれは面積であると答え，面積とは何かと問われてそれは積分であると答えるのでは，循環論法にすぎない．鎖の輪のどちらかを断ち，論理の展開にたえる出発点として確立することが必要となる．すなわち，面積の概念を少なくとも積分を定義するに足る厳密さで解明するか，さもなければ，積分の概念を確立してからそれを用いて面積を定めるか，どちらかの観点に立たねばならない．大学教養のレベルで，直観的に面積というものを背景に想像しながらも，実質上はこれと独立にいわゆる Riemann 積分の定義が現れる．そして，これを用いて面積を定義するという方法がとられるのである．

さて，Riemann にしたがって積分を定義するにあたっては，まず有限区間において有界な関数を考える．変域である基礎区間を分割し，分割の小区間の長さとそこでの一点における関数値との積の総和としての近似和をつくる．分割が一様に細かくなる限り近似和が確定した値に近づくならば，これを積分と定義するのである．積分が一般的に定義されたからには，ついで積分可能性の問題が浮びあがってくるのは，自然な成行きである．Riemann による可積性の条件は，分割の小区間のうちで関数の振幅が指定された任意な正数より大きいものの長さの和が，分割が細かくなる限り任意に小さくなることである．これは，小区間の一点における関数値の代りにそこでの関数値の上限と下限を用いて，後に J. G. Darboux (1842—1917) により導入された上と下の近似和が，分割が細かくなる限り任意に近くなることにほかならない．

これをもとにして，いっそう有用な可積性の条件に達することができる．すなわち，関数の不連続点の集合が任意に小さい長さの和をもつ可算個の区間の和で覆えること，これが可積性の条件である．後に H. L. Lebesgue (1875—1941) が導入した測度零の集合の概念を使ってのべれば，Riemann 可積であるための条件は，関数が殆んどいたるところ連続なこと，すなわち不連続点が Lebesgue 測度零の集合であることである．したがって，連続関数はもちろん可積である．また，単調関数も上の条件をみたすから可積であるが，この事実は直接にも容易に示される．このように，Riemann 可積性の問題には，連続性といった位相的な性質が引き合いに出されるのである．

積分は面積など図形の計量だけでなく，解析学のあらゆる分野でひろく効力を発揮する．そして，連続関数の範囲で微分と積分とが互いに逆演算であるというのが微分積分学の基本定理であり，Riemann 積分に関する一つのピークである．いずれにしても，Riemann 積分では，連続関数ないしはその周辺の関数が対象とされるのである．

19世紀後半に至り微分積分学の方法がさらに多彩となり，その基礎が反省されるに及んで，極限演算の場としての実数の概念をいっそう明確にとらえることが必要となった．それに応じて現れたのが無理数論である．J. W. R. Dedekind (1831—1916) の論文 (Stetigkeit und irrationale Zahlen, Braunschweig, 1872), G. F. L. P. Cantor (1845—1918) の論文 (Über die Ausdehnung eines Satzes aus der Theorie der trigonometrischen Reihen. Math. Annalen **5**, 1872), K. T. W. Weierstrass (1815—1897) のベルリン大学での講義録などにより，互いに同値な各種の理論が創設された．無理数論の確立によってはじめて，微分積分学は現代風の厳密さに到達したわけである．

なお，上記の Cantor の論文は，実数の理論の基礎を与えると同時に，数学における思考の自由性を極端に標榜した集合論の発端となったものである． 今世紀初頭の学界に革命的な灯をともした集合の概念こそは，数学で本質的な役割を果たす基礎概念としての無限について解明するとともに，そのあらゆる分野へ滲透した．集合論の進歩に伴って，さらに新しい積分概念が出現するための素地が固められていったのである．

Lebesgue 積分

Riemann 式の積分は，その可積性の条件でもみるように，連続関数に類する素直な関数に関する限り，ほぼ十分といえる．しかし，解析学のやや進んだ分野では，その可積性に関する制約のために，効用の点でなお不満なところが少なくない．例えば，関数列について，個々の関数の積分から成る数列の極限と列の極限関数の積分とが果たして等しいであろうか．すなわち，積分演算と列の極限をつくる演算とについて，順序の交換が可能であろうか．実は，Riemann 積分の範囲では，列の各関数が可積でありしかも極限関数が存在したとしても，極限関数が可積であるとは限らない．したがって，上記の順序交換の問題は，その中途ですでに中断の憂目をみることになる．このように，極限演算が関与するところでは，Riemann 積分にはいろいろ不便な点が露呈される．

Riemann 積分が内臓する弱点を克服し，いっそう強力な積分を定義しようとする試みが，H. L. Lebesgue によってなされ，その成果が彼の学位論文 (1902) として世に現れた．Lebesgue 積分では，Riemann 積分における変域の分割でなく，値域の分割にもとづいて近以和をつくる．関数値が値域の分割で生じた小半閉区間に含まれるような変数の値から成る集合は，例えば単調な関数の場合には区間となるが，一般には簡単な形をもつとは限らない．近似和をつくるさいに，区間の長さの一般化にあたるものが必要となる．いわゆる測度の概念である．そこで，一般に集合の測度が定義され，それにもとづいてまず集合の可測性が，ついで関数の可測性が導入される．

近似和の極限として定められる Lebesgue 積分については，関数の可積性がその可測性に帰着される．これを契機として，Riemann 可積性はいわゆる Jordan 可測性に基礎をおくことが明らかにされた．ちなみに，Jordan 可測性を一般化してすでに Borel 可測性が知られていたが，Lebesgue 可測性はこれをさらに一般化したものである．Lebesgue 可積性は Riemann 可積性を一般にしたものであるだけでなく，極限演算の関与するところでほぼ満足すべき有効さを発揮する．積分を Lebesgue

の意味に解すると，積分を含む式の処理が簡単な僅かの原理に支配されることになる.

Lebesgue の原論文以来，Lebesgue 式の積分を構成するための幾つかの方法が発見され，それらのあるものは簡明な外観をもつ．例えば，O. Perron (1880—　) が示したように，集合論にふれることなく，したがって測度の概念を経由しないで，Lebesgue 積分に到達することもできる．そして，非有界関数については，いわゆる Perron 積分は利点をもっている．しかし，積分の理論を展開し，諸定理を定式化してゆくためには，測度の概念が必要となる．殊に，本書で扱うように，Euclid 空間においては，積分は変域より一次元高い縦線集合の測度としても把握される．この意味では，測度の理論のほうがむしろ基本的であるともいえる.

測度論は，点集合論の立場から従来の積分の概念を検討し，これをできるだけ拡張しようとする意図から生れた．Lebesgue によって創始されて以来，Ch. J. de la Vallée-Poussin (1866—1962), C. Carathéodory (1873—1950), F. Hausdorff (1868—1942) など数多くの人たちによって，測度の理論は整理され，一般化されて，今日みるように明快な展開と充実した内容をもつものとなった.

他方において，Lebesgue 積分をモデルないしは背景として，その抽象化や一般化がなされている．測度や積分の出現と発展によって，今世紀の実関数論はその面目を一新した．そのほか，Fourier 級数論をはじめ，ポテンシャル論，確率論などもまた，近代的な分野として衣替えするにいたった.

Lebesgue 小伝

数学者 Lebesgue については，L. Perrin が「数学思想の大きな流れ」(1948) に「近代解析の更新者アンリ・ルベーグ」を載せている.

Henri Léon Lebesgue (1875, 6/28—1941, 7/26) はフランスの Bauvais に生れた．幼少の頃に父と死別し，生活は豊かではなかった．中学の途中で Paris に移り，1894 年に Ecole Normale Supérieure に

Henri Lebesgue

入学した．1897年授教資格者となり，Nancy の中学校の教師に就職し，多忙の中で研究を進めた．

C. R. Acad. Sci. Paris の 1898年6月19日号と11月27日号，1900年11月26日号と12月3日号，1901年4月29日号に順次発表された成果をまとめたものが，1902年学位論文として現れた：

Intégrale, Longueur, Aire. Thèse, Paris (1902)；Annali di Matematica Pura e Appl. (3) **7** (1902), 231—359.

「積分，長さ，面積」と題するこの論文が，画期的な Lebesgue 積分の誕生を告げたのである．すなわち，Cantor，M. E. C. Jordan (1838—1921)，É. F. E. J. Borel (1871—1956) の業績に基礎をおいて，測度と積分の概念を導入し，その理論を展開したものである．その目次は：序文；Ⅰ．集合の測度；Ⅱ．積分；Ⅲ．曲線の長さ；Ⅳ．曲面積；Ⅴ．平面上に貼布可能な曲面；Ⅵ．Plateau 問題．

同年 Rennes の理科大学講師となり，ここで Borel 叢書に含まれる二つの著書が刊行された：

Leçons sur l'intégration et la recherche des fonctions primitives. Paris (1904)；

Leçons sur les séries trigonométriques. Paris (1906).

前者は1928年に再版されている．

ついで，1906年 Poitiers の大学の講師となり，1910年 Sorbonne 大学の講師に就任した．1920年 Sorbonne 大学の教授となったが，1921年には Paris の Collège de France の教授に転じた．1922年に Jordan の後任として Paris の科学アカデミーの会員に推挙された．そして，ロンドンの王立協会，ローマのリンツェイ学士院，デンマークの王立学士院，ベルギーやルーマニアやポーランドの学士院などの会員としても迎えられ，多くの大学から名誉学位を贈られた．生涯を通じて簡素に暮し，四か月余りの病臥の後，世を去った．

学位論文に引続き発表された積分論に関する主要な論文を列挙すると，

Sur les fonctions dérivées. Atti Accad. Naz. Lincei, Rend. **15** (1906), 3—8;

Encore une observation sur les fonctions dérivées. ibid. **16** (1907), 92—100;

Sur la recherche des fonctions primitives. ibid. **16** (1907), 283—290;

Sur l'intégration des fonctions discontinues. Ann. Ecole Norm. Sup. (3) **27** (1910), 361—450;

Remarques sur les théories de la mesure et de l'intégration. ibid. **35** (1918), 191—250;

Sur la recherche des fonctions primitives. Acta Math. **49** (1926), 245—262;

Sur la développement de la notion d'intégrale. Math. Tidsskr. B (1926), 54—74.

Lebesgue により発見された新しい積分概念は，当時の解析学の諸分野への応用を通しても，その有用性が次第にひろく認識されていった．殊に，初期には三角級数論への応用がいちじるしく，Lebesgue 自身による関連論文としては，

Recherche sur la convergence des séries de Fourier. Math. Annalen **61** (1905), 251—280;

Sur les intégrales singulières. Annales de Toulouse **1** (1909), 25—117;

Sur la représentation trigonométrique approchée des fonctions satisfaisant à une condition de Lipschitz. Bull. Soc. Math. de France **38** (1910), 184—210.

現在の解析学では，Lebesgue の積分概念はまったく日常化した手段とまでなっている．

第1章　集　　合

§1.　一般概念

集合．ある条件によって規定された識別可能なものの集りを**集合**と呼ぶ．集合を構成する個々のものをその**元**または**要素**という．

一般に，条件 C をみたすもの x の全体から成る集合を表すのに，$\{x|\mathrm{C}\}$ あるいは略して $\{\mathrm{C}\}$ などの記法が用いられる；例えば，負でない数の全体から成る集合は，$\{x|x\geqq 0\}$ あるいは単に $\{x\geqq 0\}$ で表される．また，外延的にその全要素を列挙して集合を表すこともある；例えば，一つの自然数 N をこえない自然数の全体から成る集合は，$\{1, 2, \cdots, N\}$．しかし，ふつうには，集合を表すのに，そのつどえらばれた適当な文字をもってすることが多い；例えば，云々の性質をもつものの全体から成る集合を E で表す，等．ちなみに，集合を元とする集合は**集合系**または**集合族**と呼ばれる．

x が集合 A の元であることを $x\in A$ または $A\ni x$ と記し，x が A に**属する**または A が x を**含む**という．x が A の元でないことを $x\notin A$ または $A\not\ni x$ と記す．

部分集合，空集合．二つの集合 A, B について，$x\in A$ である限りつねに $x\in B$ ならば，A は B の**部分集合**であるという；記号で $A\subset B$ または $B\supset A$ とかく．このとき，A は B に**含まれる**または B は A を**含む**ともいう．$A\subset B$ であってかつ A が B と一致しないならば，A は B の **真の部分集合**であるという；このことを強調したいときには，$A\subsetneqq B$ または $B\supsetneqq A$ と記す．$A\subset B$ かつ $B\subset A$ のとき，A と B は同一な集合である；このとき，$A=B$ と記す．

これまでの固有な意味での集合のほかに，元を全く含まないいわゆる**空集合**の概念を導入する．これはいかなる集合に対しても，特にそれ自身に対しても，その部分集合であるという性質をもつ．空集合を $\emptyset$ で表す．

対等．二つの集合 A, B の元の間に一対一の対応がつけられるとき，A は B に**対等**であるといい，$A \sim B$ で表す．～はいわゆる同値関係である．すなわち，（i）$A \sim A$;（ii）$A \sim B$ ならば $B \sim A$;（iii）$A \sim B$, $B \sim C$ ならば $A \sim C$. ――性質（ii）にもとづいて，このとき A と B は互いに対等であるという．

一つの自然数 k をこえないすべての自然数から成る集合と対等な集合および空集合を総称して**有限集合**という．前者については，k をその元の**個数**または**濃度**または**カージナル数**（基数）という．空集合については，元の個数は0と定める．有限集合の元の個数は一意に確定する．有限集合でない集合を総称して**無限集合**という．

互いに対等な二つの無限集合は同じ**濃度**または同じ**超限カージナル数**をもつという．一般に，A が B の一つの部分集合と対等であるとき，A の濃度は B の濃度より大きくないまたは B の濃度は A の濃度より小さくないという．さらに，このとき A が B と対等でないならば，A の濃度は B の濃度より小さいまたは B の濃度は A の濃度より大きいという．

注意．ここでは二つの集合について，濃度が比較可能な場合に，その相等と大小関係が定義されているにすぎない．任意な集合について，濃度というものが果して合理的に定義できるか，濃度の比較がつねに可能であるか，といった問題の詳細については，集合論の成書にゆずらなければならない．

可算集合，連続体．自然数の全体（から成る集合）と対等な集合は，**可算**または**可付番**であるという；その濃度は $\mathfrak{a}$ または $\aleph_0$ で表される．可算集合は整列されるから，

$$\{x_1, x_2, \cdots\} \quad \text{または} \quad \{x_\nu\}_{\nu=1}^{\infty}$$

という形に表される．それに対して，元の個数が k である有限集合は

$$\{x_1, \cdots, x_k\} \quad \text{または} \quad \{x_\kappa\}_{\kappa=1}^{k}$$

という形に表される．有限または可算であることを，**高々可算**という．

定理 1.1. 高々可算集合を元とする高々可算集合族があるとき，この集合族の元の集合の少なくとも一つに属する元の全体から成る集合は，

高々可算である.

証明. 高々可算とあるところをすべて可算とした場合について証明すれば十分であろう. 与えられた集合族を $\{A_p\}_{p=1}^{\infty}$ とする; 各 A_p は可算であるから, それを

$$A_p=\{x_{pq}\}_{q=1}^{\infty} \qquad (p=1, 2, \cdots)$$

で表す. このとき A_p の少なくとも一つに属する元の全体から成る集合は

$$\{x_{11};\ x_{21}, x_{12};\ \cdots;\ x_{p1}, \cdots, x_{1p};\ \cdots\}$$

によって可算的に表される; ただし, 必要に応じて, 先行元と重複するものは除外する. すこしくわしくのべれば, つぎの通りである: 自然数の各順序対 p, q に対して

$$s=s(p, q)=(p+q-1)(p+q-2)/2+q=(p+q)(p+q-1)/2-(p-1)$$

とおくとき, 逆に与えられた自然数 s に対してこの関係をみたす自然数の対 $p=p(s)$, $q=q(s)$ が一意に定まることを示そう. 自然数 s が与えられたとき, 不等式

$$(m-1)(m-2)/2<s\leqq m(m-1)/2$$

をみたす自然数 $m=m(s)$ が一意に定まる. それを用いて

$$p=1+m(m-1)/2-s, \qquad q=s-(m-1)(m-2)/2 \qquad (p+q=m)$$

とおけば, この p, q の対が, しかもこの対だけが, 上記の関係をみたす. したがって, $s=s(p, q)$ をもって $y_s=x_{pq}$ とおけば, $\{y_s\}_{s=1}^{\infty}$ が可算性の表示となる; 必要に応じて, 先行元と重複するものは除外する.

系. 有理数の全体は可算集合をなす.

証明. 定理で特に $x_{pq}=p/q$ とおき, $\{y_s\}_{s=1}^{\infty}$ から先行元と重複するものを除外すれば, 正の有理数の全体が可算であることがわかる. これと対等な負の有理数の全体も可算である. ゆえに, 0および正負の有理数の全体, すなわちすべての有理数から成る集合も可算である.

定理 1.2. n 個のものの順序のついた組 $(r_1, \cdots, r_n)$ において, $r_1, \cdots, r_n$ のおのおのが可算集合にわたるとき, これらの組の全体は可算集合をなす.

証明. 帰納法による. $n=1$ のときは明白. 組 $(r_1, \cdots, r_{n-1})$, $(r_1, \cdots,$

r_n) をそれぞれ ρ, (ρ; r_n) で表すことにする．ρ の全体から成る集合は，帰納法の仮定により可算であるから，それを $\{\rho^p\}_{p=1}^{\infty}$ で表す．r_n の全体も可算であるから，それを $\{r_n^q\}_{q=1}^{\infty}$ で表す．定理1の証明における記法を用いて $\{(\rho^{p(s)};\ r_n^{q(s)})\}_{s=1}^{\infty}$ とおけば，求める可算性の表示がえられている．

非可算集合は，実数の全体あるいは二つの実数 a, b $(a<b)$ に対して $a\leqq x\leqq b$ をみたす実数 x の全体，すなわちいわゆる(一次元)**連続体**によって例示される．

定理 1.3. 連続体は非可算集合をなす．

証明．ふつうには，いわゆる対角論法で証明される．ここでは，それと類似であるが，Cantor による一つの証明法をあげよう．$a\leqq x\leqq b$ は $y=(x-a)/(b-a)$ によって $0\leqq y\leqq 1$ と一対一に対応する．ゆえに，$0<x\leqq 1$ である実数 x の全体が非可算であることを示せばよい．このような各 x を2進法により無限級数の形に表す:

$$x=\sum_{\nu=1}^{\infty}\frac{\delta_\nu}{2^\nu};$$

ここに $\delta_\nu=\delta_\nu(x)$ は0または1であって，無限に多くの δ_ν が1に等しいとする；各 x に対してその無限2進展開 $0.\delta_1\delta_2\cdots$ は一意に定まる．上記の表示で0に等しい δ_ν を除き去って項をつめれば，

$$x=\sum_{\nu=1}^{\infty}\frac{1}{2^{\mu_\nu}}$$

という形になる．$\{\mu_\nu\}$ は自然数から成る狭義の無限増加列である．そこで，

$$m_1=\mu_1,\qquad m_\nu=\mu_\nu-\mu_{\nu-1}\qquad(\nu=2,\ 3,\ \cdots)$$

とおけば，自然数から成る無限列 $\{m_\nu\}$ が x と一対一に対応する；この意味でしばらく

$$x\sim(m_1,\ \cdots,\ m_\nu,\ \cdots)$$

と記す．さて，自然数から成る無限列を元とする任意な可算集合

$$\{x_\kappa\}\sim\{(m_1^\kappa,\ \cdots,\ m_\nu^\kappa,\ \cdots)\}_{\kappa=1}^{\infty}$$

が与えられたとする．このとき，$(m_1^1+1,\ \cdots,\ m_\nu^\nu+1,\ \cdots)$ はこの可算集

合には含まれていない．ゆえに，連続体は可算集合ではありえない．

注意． (i) 実数 x について，$A\equiv\{0\leqq x\leqq 1\}$ と $B\equiv\{0<x\leqq 1\}$ とは対等である．——1以下の正の有理数の全体は可算集合 $\{r_\nu\}$ となる．A と B との間につぎの対応がつけられる：$0\in A$ と $r_1\in B$, $r_\nu\in A$ と $r_{\nu+1}\in B$ を対応させ，無理数 ξ つにいては $\xi\in A$ と $\xi\in B$ を対応させる．(ii) B と $C\equiv\{0<x<1\}$ とは対応である．——上と同様な論法！(iii) C と $D\equiv\{0<x<\infty\}$ とは対等である．——$x\in C$ と $x/(1-x)\in D$, あるいは同じことだが $x/(1+x)\in C$ と $x\in D$ とを対応させればよい．(iv) $a<b$ とするとき，$E=\{a\leqq x\leqq b\}$ と B とは対等である．——定理の証明でみたように，E と A は対等である．ゆえに，E は B とも対等である．

連続体の濃度は $\mathfrak{c}$ または $\aleph$ で表される．定理3の内容は $\mathfrak{c}>\mathfrak{a}$ と表される；なお，定理 2.1 参照．

定理 1.4. N 個の実数の順序組 $(x_1, \cdots, x_N)$ において，x_j が $a_j\leqq x_j\leqq b_j$ $(a_j<b_j;\ j=1, \cdots, N)$ にわたるとき，組の全体から成る集合は，$0\leqq x\leqq 1$ である実数の全体から成る集合と対等である．

証明． 定理3の注意によって，x_j $(j=1, \cdots, N)$ と x の範囲をあらためて $0<x_j\leqq 1$, $0<x\leqq 1$ としてよい．また，定理2の証明と同じ帰納法の論法により，$N=2$ としてよい．さて，x_1, x_2 を2進法により無限級数の形に表す：

$$x_1=\sum_{\kappa=1}^{\infty}\frac{1}{2^{\mu_\kappa}},\qquad x_2=\sum_{\kappa=1}^{\infty}\frac{1}{2^{\nu_\kappa}};$$

$\{\mu_\kappa\}$, $\{\nu_\kappa\}$ は自然数から成る狭義の無限増加列である．これらをもって

$$\lambda_{2\sigma-1}=\sum_{\kappa=1}^{\sigma-1}(\mu_\kappa+\nu_\kappa)+\mu_\sigma,\qquad \lambda_{2\sigma}=\sum_{\kappa=1}^{\sigma}(\mu_\kappa+\nu_\kappa)\qquad(\sigma=1, 2, \cdots)$$

とおく；空な和は0とする．このとき，$\{\lambda_\kappa\}$ は自然数から成る狭義の無限増加列である．そこで，

$$x=\sum_{\kappa=1}^{\infty}\frac{1}{2^{\lambda_\kappa}}$$

を順序対 (x_1, x_2) と対応させればよい．

問　題*) 1

1. $A \subset B$, $B \subset C$ ならば, $A \subset C$ である.

2. $A \subset B$, $B \subsetneqq C$ または $A \subsetneqq B$, $B \subset C$ ならば, $A \subsetneqq C$ である.

3. A の濃度が B の濃度より小さくなくかつ B の濃度が C の濃度より小さくないならば, A の濃度は C の濃度より小さくない.

4. 無限集合は可算部分集合をもつ.

5. 一つの集合が無限集合であるための条件は, それ自身と対等なその真の部分集合が存在することである. ――この性質を無限集合の定義として採用することもできたわけである.

§2. 集合の演算

和, 積, 差, 余集合. 二つの集合 A, B が与えられたとき, それらの少なくとも一方に属する元の全体から成る集合を A, B の**和**(**和集合, 合併集合**)といい, $A \cup B$ で表す. 無限集合 A, B について, それらの濃度がそれぞれ $\mathfrak{m}, \mathfrak{n}$ であるとき, $A \cup B$ の濃度は $\mathfrak{m}+\mathfrak{n}$ で表される.

A, B に共通な元の全体から成る集合をそれらの**積**(**積集合, 共通部分**)といい, $A \cap B$ で表す.

$\{x \mid x \in A, x \notin B\}$ を A と B の**差**または A に関する B の**余集合**(**補集合**)といい, $A-B$ で表す. ここで, $A \supset B$ であってもなくてもよい. つねに $A-B=A-A \cap B$; $A \subset B$ ならば, $A-B=\emptyset$.

$A \cap B=\emptyset$ すなわち A と B が元を共有しないとき, A と B は**互いに素**であるという.

定義から容易にわかるように, つぎの関係が成り立つ:

交換法則: $A \cup B=B \cup A$, $A \cap B=B \cap A$;

結合法則: $A \cup (B \cup C)=(A \cup B) \cup C$, $A \cap (B \cap C)=(A \cap B) \cap C$;

配分法則: $A \cap (B \cup C)=(A \cap B) \cup (A \cap C)$,

$A \cap (B-C)=A \cap B-A \cap C$.

---

*) 命題の形であげられている問題については, その証明が要求されているものと了解されたい.

和と積の概念は，多くの集合の場合へ一般化される．一般に，一つの集合 Z の各元 ν に一つの集合 A_ν が対応しているとき， A_ν $(\nu\in Z)$ の少なくとも一つに属する元の全体から成る集合を， 集合系 $\{A_\nu\}_{\nu\in Z}$ $\equiv\{A_\nu|\nu\in Z\}$ の**和**といい，記号で

$$\bigcup_{\nu\in Z} A_\nu \quad \text{または} \quad \textstyle\bigcup_{\nu\in Z} A_\nu, \quad \text{等;}$$

特に Z が有限集合 $\{\nu\}_{\nu=1}^k$，可算集合 $\{\nu\}_{\nu=1}^\infty$ のときは，それぞれ

$$\bigcup_{\nu=1}^k A_\nu \equiv A_1\cup\cdots\cup A_k, \qquad \bigcup_{\nu=1}^\infty A_\nu, \quad \text{等.}$$

$\{A_\nu\}_{\nu\in Z}$ のすべてに共有される元の全体から成る集合を，この集合系の**積**といい，記号で

$$\bigcap_{\nu\in Z} A_\nu \quad \text{または} \quad \textstyle\bigcap_{\nu\in Z} A_\nu, \quad \text{等;}$$

特に Z が有限集合あるいは可算集合のときは，

$$\bigcap_{\nu=1}^k A_\nu \equiv A_1\cap\cdots\cap A_k, \qquad \bigcap_{\nu=1}^\infty A_\nu, \quad \text{等.}$$

一般に，一つの固定された集合 Ω について， $M\subset\Omega$ であるとき， Ω に関する M の余集合を $M^c\equiv\Omega-M$ で表す．このとき，

$$\Omega=M\cup M^c, \qquad (M^c)^c=M.$$

以下しばらくは，$\bigcup$ および $\bigcap$ は特にことわらない限り一つの定まった集合 Z について $\nu\in Z$ の全体にわたるものとする．また，余集合は一つの定まった $\Omega\supset\bigcup A_\nu$ に関するものとする．定義からわかるように，

de Morgan の法則: $(\bigcup A_\nu)^c=\bigcap A_\nu^c, \qquad (\bigcap A_\nu)^c=\bigcup A_\nu^c$

が成り立つ． 両関係のおのおのは， 他方の関係で A_ν を A_ν^c でおきかえた後，両辺の余集合をつくることによってえられる．この意味の双対性はしばしば有用である．これらの関係からそれぞれ

$$\Omega=(\bigcup A_\nu)\cup(\bigcap A_\nu^c), \qquad \Omega=(\bigcap A_\nu)\cup(\bigcup A_\nu^c).$$

最後の関係で特に $\Omega=\bigcup A_\nu$ とおくことによって，

$$\bigcap_{\nu\in Z} A_\nu=\bigcup_{\nu\in Z} A_\nu-\bigcup_{\nu\in Z}(\bigcup_{\mu\in Z} A_\mu-A_\nu).$$

したがって，集合の積は和と(固有な)差の演算に帰着される．

他方で，余集合は差で定義されている．逆に，$\Omega\supset A\cup B$ とすれば，

$$A-B=A\cap B^c$$

であるから，Ω に含まれる集合の差は，積と Ω に関する余集合をつくる演算に帰着される．

合成集合．二つの集合 A, B が与えられたとき，$a\in A$, $b\in B$ である順序対 (a, b) の全体から成る集合を A, B の**合成集合**(**カルテシアン積**)といい，$A\times B$ で表す．一般に，高々可算集合 Z の各元 ν に一つの集合 A_ν が対応しているとき，$a_\nu\in A_\nu$ である順序組 $(a_1, a_2, \cdots)$ の全体から成る集合を A_ν $(\nu\in Z)$ の**合成集合**といい，記号で

$$A_1\times A_2\times\cdots \quad \text{または} \quad \bigcap_{\nu\in Z}\otimes A_\nu, \quad \text{等}.$$

$A\times B$ と $B\times A$ とは一般には相異なるが，両者の濃度は相等しい．A, B の濃度をそれぞれ $\mathfrak{m}, \mathfrak{n}$ とするとき，$A\times B$ の濃度は $\mathfrak{mn}$ または $\mathfrak{m}\times\mathfrak{n}$ で表される；$\mathfrak{mn}=\mathfrak{nm}$．合成集合の例は定理 1.2, 1.4 にも現れている．これらの定理はそれぞれ $\mathfrak{aa}=\mathfrak{a}$, $\mathfrak{cc}=\mathfrak{c}$ であることを示している．

関数，写像．合成集合の一つの特殊な形式として，関数の概念が重要である．合成集合 $X\times Y$ の一つの部分集合 f を一般に**関数**という．関数 f について，$\{x\,|\,(x, y)\in f\}$ を**変域**，$\{y\,|\,(x, y)\in f\}$ を**値域**という．特に，$(x, y), (\xi, \eta)\in f$ のとき，$x=\xi$ である限り $y=\eta$ ならば，f は**一価**であるという．f の変域に属する元 $x\in X$，値域に属する元 $y\in Y$ を，一般的にそれぞれ**独立変数**，**従属変数**という．$(x, y)\in f$ のとき，$y=f(x)$ とかき，y を x における f の**値**という．

関数 f に対して，$f^{-1}\equiv\{(y, x)\,|\,(x, y)\in f\}$ をその**逆関数**という．f の値域，変域が f^{-1} のそれぞれ変域，値域である．

U を変域，V を値域とする一価関数 f を U から V への(一意)**写像**ともいう；記号で $f\colon U\to V$ などとかかれる．U を変域，$V\subset W$ を値域とする関数を U から W の**中への写像**という．特に $W=V$ のとき，U から V の**上への写像**(**全射**)という；このとき，U, V をそれぞれ**原像**，**像**ともいう．$f(x)=y$ のとき，y を f による x の**像**という．f^{-1} を f の**逆写像**といい，f^{-1} による y の像 $x=f^{-1}(y)$ を f による y の**原像**という．U を変域，$V\subset W$ を値域とする f の逆写像が一意なとき，f を U から W への**単射**ともいう．特に $W=V$ のとき

は，写像は**一対一**(**全単射**，**双射**)であるという．

結合集合，**配置集合**．一つの集合系 $\mathfrak{A}$ と一つの集合 B があって，各 $b\in B$ に一つの $A_b\in\mathfrak{A}$ が対応させられているとする．各 A_b から一つずつの元 a_b をえらんでつくられた組 $((a_b), b)$ $(a_b\in A_b, b\in B)$ の全体から成る集合を，$(\mathfrak{A}; B)$ の**結合集合**という．いっそうくわしくは，つぎのように定義される：一つの一意写像 f: $B\to\mathfrak{A}$ があるとし，$f(b)=A_b$ $(b\in B, A_b\in\mathfrak{A})$ とする．このとき，一意写像 ϕ: $B\to A_b$ $(b\in B)$ の全体から成る集合が，$(\mathfrak{A}; B)$ の**結合集合**である．

特に，$\mathfrak{A}$ が唯一の元 A から成るとき，$(\mathfrak{A}; B)$ の結合集合は A を**底**とし B を**指標**とする**配置集合**と呼ばれる；記号で A^B．これは一意写像 ϕ: $B\to A$ の全体から成る集合ともみなされる．

例えば，$A=\{0, 1\}$, $B=\{\nu\}_{\nu=1}^{\infty}$ とすれば，A^B は各自然数 ν に 0 または 1 を対応させる一意写像の全体から成る．これは 0 または 1 だけから成る無限数列の全体，あるいは $0\leqq x\leqq 1$ である実数 x の 2 進展開の全体と対等である．この意味で

$$2^{\mathfrak{a}}=\mathfrak{c}>\mathfrak{a}.$$

――実は，2 進展開が実質上は有限小数となるものだけは，二様の展開 $0.a_1\cdots a_k1\dot{0}=0.a_1\cdots a_k0\dot{1}$ をもつが，このような数は可算集合をなすにすぎないから，$2^{\mathfrak{a}}=\mathfrak{c}+\mathfrak{a}>\mathfrak{a}$ したがって $2^{\mathfrak{a}}=\mathfrak{c}$ となるのである．また，例えば，任意な自然数 $g>1$ に対して $A=\{\mu\}_{\mu=0}^{g-1}$，$B=\{\nu\}_{\nu=1}^{\infty}$ とすれば，A^B は $0\leqq x\leqq 1$ である実数 x の g 進展開の全体と対等であり，$g^{\mathfrak{a}}=\mathfrak{c}$.

再び $A=\{0, 1\}$ とすれば，任意な B に対して，A^B は B の部分集合の全体から成る集合と対等である．じっさい，一意写像 ϕ: $B\to A$ は $B_\phi=\{b\,|\,b\in B, \phi(b)=1\}\subset B$ との間に一対一の対応がつけられる．濃度に関して，つぎの一般な定理がある：

定理 2.1. $A=\{0, 1\}$ とするとき，任意な集合 B に対して，A^B は B と対等でない：任意な濃度 $\mathfrak{n}$ に対して $2^{\mathfrak{n}}>\mathfrak{n}$.

証明．仮に B の部分集合の全体から成る集合 $\mathfrak{B}\sim A^B$ と B との間に一対一の対応がつけられたとし，$b\in B$ に $S_b\in\mathfrak{B}$ が対応するとする．

このとき,

$$M=\{x\mid x\in B,\ x\notin S_x\}\subset\mathfrak{B}$$

を考え, $M=S_c$, $c\in B$ とする. $c\in M$ とすれば $c\notin S_c=M$, $c\notin M$ とすれば $c\in S_c=M$ となり, いずれにしても不合理である. ゆえに, $\mathfrak{B}\sim B$ ではない. B と $\{\{b\}\mid b\in B\}\subset\mathfrak{B}$ とは対等であるから, B の濃度 $\mathfrak{n}$ に対して $2^{\mathfrak{n}}>\mathfrak{n}$.

注意. 定理1.3は B が可算集合の場合にあたる.

順序組 $(x_1, \cdots, x_N)$ について, 各 x_j が実数の全体にわたるときえられる組の全体から成る集合を B, 実数の全体から成る集合を A とすれば, 配置集合 A^B は N 個の実変数 $(x_1, \cdots, x_N)$ の実関数 f の全体から成る集合と対等である. したがって, A^B の濃度は $\mathfrak{f}=\mathfrak{c}^{\mathfrak{c}}>\mathfrak{c}$.

特性関数. 集合 Ω の各部分集合 M に対して, Ω を変域とする関数

$$\varphi_M:\ \varphi_M(x)=\begin{cases}1 & (x\in M),\\ 0 & (x\in\Omega-M)\end{cases}$$

を Ω における M の**特性関数**という. 集合に関する演算はその特性関数に関して対応する演算として反映される.

固定した Ω を考え, 余集合は Ω に関するものとして,

$$\varphi_{A\cup B}=1-(1-\varphi_A)(1-\varphi_B),\qquad \varphi_{A\cap B}=\varphi_A\varphi_B,$$

$$\varphi_{A^c}=1-\varphi_A,\qquad \varphi_{A-B}=\varphi_A-\varphi_{A\cap B},\qquad \varphi_\Omega=1,\qquad \varphi_\phi=0.$$

また, 例えば可算集合列に関する de Morgan の法則 $\bigcup A_\nu=(\bigcap A_\nu^c)^c$ を特性関数でかき表せば,

$$\varphi_{\cup A_\nu}=\varphi_{(\cap A_\nu^c)^c}=1-\varphi_{\cap A_\nu^c}=1-\prod\varphi_{A_\nu^c}=1-\prod(1-\varphi_{A_\nu}).$$

同様に, $\Omega=(\bigcap A_\nu)\cup(\bigcup A_\nu^c)$ を表せば,

$$1=1-(1-\varphi_{\cap A_\nu})(1-\varphi_{\cup A_\nu^c})=1-(1-\prod\varphi_{A_\nu})\prod\varphi_{A_\nu}.$$

これらが成立することは, 直接にも簡単に示される; そのさいに $\varphi_M{}^2=\varphi_M$ が利用される.

超限帰納法, Zermelo の選択公理. これらについては, 後に必要な形で説明するにとどめる.

超限帰納法. 順序数 α に関する一つの命題 $P(\alpha)$ があるとき, $\alpha_0<\alpha_1$ である順序数 α_0, α_1 に対して, $\alpha_0\leqq\alpha<\alpha_1$ である限り $P(\alpha)$ が真

であることを証明するためには，つぎの二つのことがらを示せばよい: 1°. $P(\alpha_0)$ が真である; 2°. $\alpha_0 \leqq \beta < \alpha < \alpha_1$ であるすべての β に対して $P(\beta)$ が真ならば，$P(\alpha)$ もまた真である. ——ここで α_1 に関する制限をすべて除き去ってもよい.

Zermelo の選択公理. 任意な集合 E について，E の空でない各部分集合から同時に一つずつの元を代表としてえらぶことができる. いいかえれば，各 $U(\neq \emptyset) \subset E$ に対して同時に一つずつの $u \in U$ を対応させる仕方 ϕ: $u = \phi(U)$ が存在する. ($U \neq V$ に対して $\phi(U) = \phi(V)$ であってもよい.)

この公理は，つぎの同値な形にものべられる: 互いに素な $M \neq \emptyset$ から成る集合族 $\mathfrak{M}$ が与えられたとき，各 $M \in \mathfrak{M}$ に対して $M \cap N$ がただ一つの元から成るような集合 N が存在する.

問　題 2

1. 集合に関する交換，結合，配分の諸法則を証明せよ.

2. de Morgan の法則を証明せよ.

3. $(A \cap B) \cup (A \cap B^c) = (A \cup B) \cap (A \cup B^c) = A.$

4. $(A \cap B) \cup C = (A \cup C) \cap (B \cup C),$

$(A \cap B) \cup (C \cap D) = (A \cup C) \cap (B \cup C) \cap (A \cup D) \cap (B \cup D).$

5. $(k_1, k_2, \cdots)$ が全自然数の順列の全体から成る集合 N にわたるとき，

$$\bigcup_{i=1}^{\infty} \bigcap_{j=1}^{\infty} A_{ij} = \bigcap_{N} \bigcup_{i=1}^{\infty} A_{ik_i}, \qquad \bigcap_{i=1}^{\infty} \bigcup_{j=1}^{\infty} A_{ij} = \bigcup_{N} \bigcap_{i=1}^{\infty} A_{ik_i}.$$

6. 特性関数を利用して，配分法則を証明せよ.

7. 最大な濃度は存在しない.

8. それ自身を含まない集合の全体から成る集合というものは奇怪である——**Russel の背理**. (定理 1 の証明の論法参照.)

9. $A \sim B_1 \subset B$, $B \sim A_1 \subset A$ ならば，$A \sim B$ である. ——**Bernstein の定理**.

§3. 極限集合

集合に関する演算の一つの形式として，Borel による集合列の極限の概念が有用である．集合を項とする可算列

$$\{A_\nu\}_{\nu=1}^{\infty}\equiv\{A_1,\ A_2,\ \cdots,\ A_\nu,\ \cdots\}$$

が与えられているとする．無限に多くの A_ν に属する元の全体から成る集合を，この集合列の**最大極限集合**（**優極限集合**，**上極限集合**）といい，$\overline{\lim_{\nu\to\infty}} A_\nu$ で表す．殆んどすべての A_ν すなわち有限個を除いた残りのすべての A_ν に共有される元の全体から成る集合を，この集合列の**最小極限集合**（**劣極限集合**，**下極限集合**）といい，$\underline{\lim_{\nu\to\infty}} A_\nu$ で表す．

定義から直ちに

$$\underline{\lim}\, A_\nu \subset \overline{\lim}\, A_\nu.$$

また，両者は可算和と可算積の演算をもって，つぎのように表される：

$$\overline{\lim}\, A_\nu=\bigcap_{\mu=1}^{\infty}\bigcup_{\nu=\mu}^{\infty}A_\nu,\qquad \underline{\lim}\, A_\nu=\bigcup_{\mu=1}^{\infty}\bigcap_{\nu=\mu}^{\infty}A_\nu.$$

A_ν の特性関数を φ_ν とすれば，$\overline{\lim}\, A_\nu$ と $\underline{\lim}\, A_\nu$ の特性関数はそれぞれ $\overline{\lim}\,\varphi_\nu$ と $\underline{\lim}\,\varphi_\nu$ で与えられる．この事実を逆に両種の極限集合の定義とすることもできたわけである．

注意．実数列 $\{x_\nu\}$ について，$\overline{\lim}\, x_\nu=\bar{x}$，$\underline{\lim}\, x_\nu=\underline{x}$ とすれば，$A_\nu=\{x\,|\,x<x_\nu\}$ であるとき，

$$\overline{\lim}\, A_\nu=\{x\,|\,x\,{}_(\!\leqq\!{}_)\,\bar{x}\},\qquad \underline{\lim}\, A_\nu=\{x\,|\,x\,{}_(\!\leqq\!{}_)\,\underline{x}\};$$

ここに $x\,{}_(\!\leqq\!{}_)\,\bar{x}$ は場合によって $x<\bar{x}$ または $x\leqq\bar{x}$ となることを表す；$x\,{}_(\!\leqq\!{}_)\,\underline{x}$ についても同様．上の集合列についての記号 $\overline{\lim}$，$\underline{\lim}$ との類似性！

一般に，一つの $\Omega\supset\bigcup A_\nu$ についての余集合を考えると，

$$(\overline{\lim}\, A_\nu)^{\mathrm{c}}=\underline{\lim}\, A_\nu^{\mathrm{c}},\qquad (\underline{\lim}\, A_\nu)^{\mathrm{c}}=\overline{\lim}\, A_\nu^{\mathrm{c}}.$$

特に，$\overline{\lim}\, A_\nu=\underline{\lim}\, A_\nu$ ならば，この共通な集合を $\{A_\nu\}$ の**極限集合**といい，$\lim_{\nu\to\infty} A_\nu$ で表す．すぐ上にあげた関係によって，$\lim A_\nu$ が存在すれば，$\lim A_\nu^{\mathrm{c}}$ も存在して

$$\lim A_\nu^{\mathrm{c}}=(\lim A_\nu)^{\mathrm{c}}.$$

任意に与えられた $\{A_\nu\}$ に対して, $\overline{\lim} A_\nu$ はつねに存在するが, $\lim A_\nu$ は存在するとは限らない. 例えば, 数直線 $\boldsymbol{R}^1$ 上で

$$A_\nu=\{x\,|\,0<x<2+(-1)^\nu\}$$

とすれば,

$$\overline{\lim}\,A_\nu=\{x\,|\,0<x<3\},\qquad \underline{\lim}\,A_\nu=\{x\,|\,0<x<1\}.$$

しかし, $\{A_\nu\}$ が単調ならば, $\lim A_\nu$ の存在が保証される. 増加列 $\{A_\nu\}$, $A_\nu\subset A_{\nu+1}$ $(\nu=1, 2, \cdots)$ に対しては

$$\lim A_\nu=\bigcup A_\nu;$$

減少列 $\{A_\nu\}$, $A_\nu\supset A_{\nu+1}$ $(\nu=1, 2, \cdots)$ に対しては

$$\lim A_\nu=\bigcap A_\nu.$$

この事実を利用すると, 任意な列 $\{A_\nu\}$ に対して

$$\overline{\lim}\,A_\nu=\lim_{\mu\to\infty}\bigcup_{\nu=\mu}^{\infty}A_\mu,\qquad \underline{\lim}\,A_\nu=\lim_{\mu\to\infty}\bigcap_{\nu=\mu}^{\infty}A_\nu.$$

注意. 最後の関係と実数列の極限に関する関係

$$\overline{\lim}\,x_\nu=\lim_{\mu\to\infty}\sup_{\nu\geqq\mu}x_\nu,\qquad \underline{\lim}\,x_\nu=\lim_{\mu\to\infty}\inf_{\nu\geqq\mu}x_\nu$$

との類似性に注意されたい.

問　題 3

1. A_ν $(\nu=1, 2, \cdots)$ の特性関数を φ_ν とすれば, $\overline{\lim}\,A_\nu$, $\underline{\lim}\,A_\nu$ の特性関数はそれぞれ $\overline{\lim}\,\varphi_\nu$, $\underline{\lim}\,\varphi_\nu$ である.

2. $A_{2\mu-1}=B$, $A_{2\mu}=C$ $(\mu=1, 2, \cdots)$ ならば,

$$\overline{\lim}\,A_\nu=B\cup C,\quad \underline{\lim}\,A_\nu=B\cap C.$$

3. 本文にあげたつぎの諸関係を証明せよ:

$$(\overline{\lim}\,A_\nu)^c=\underline{\lim}\,A_\nu^c,\qquad (\underline{\lim}\,A_\nu)^c=\overline{\lim}\,A_\nu^c;$$

$$\overline{\lim_{\nu\to\infty}}\,A_\nu=\lim_{\mu\to\infty}\bigcup_{\nu=\mu}^{\infty}A_\nu,\qquad \underline{\lim_{\nu\to\infty}}\,A_\nu=\lim_{\mu\to\infty}\bigcap_{\nu=\mu}^{\infty}A_\nu.$$

4. 実数値関数 f と実数 c について,

$$\begin{aligned}A_\nu&=\{x\,|\,f(x)>c+1/\nu\},\quad B_\nu=\{x\,|\,f(x)>c-1/\nu\},\\ C_\nu&=\{x\,|\,f(x)<c+1/\nu\},\quad D_\nu=\{x\,|\,f(x)<c-1/\nu\}\end{aligned}\qquad (\nu=1, 2, \cdots)$$

とおけば,

$$\lim A_\nu=\bigcup A_\nu=\{x\,|\,f(x)>c\},\qquad \lim B_\nu=\bigcap B_\nu=\{x\,|\,f(x)\geqq c\},$$

$$\lim C_\nu=\bigcap C_\nu=\{x\,|\,f(x)\leqq c\},\qquad \lim D_\nu=\bigcup D_\nu=\{x\,|\,f(x)<c\}.$$

5. $A_\nu=\{x\,|\,f(x)\geqq c+1/\nu\}$, $B_\nu=\{x\,|\,f(x)\geqq c-1/\nu\}$, $C_\nu=\{x\,|\,f(x)\leqq c+1/\nu\}$, $D_\nu=\{x\,|\,f(x)\leqq c-1/\nu\}$ ($\nu=1,2,\cdots$) のとき，列 $\{A_\nu\}$, $\{B_\nu\}$, $\{C_\nu\}$, $\{D_\nu\}$ の極限集合を定めよ．

§4. 空　　間

Hausdorff 空間. Hausdorff にしたがえば，空間とはある種の部分集合が格別な役割をなす集合である；空間の元を**点**と呼ぶ. Hausdorff はこのような部分集合として**近傍**を採用し，それに関してつぎの公理を設ける：

1°. 各点 x は少なくとも一つの近傍をもち，x の任意な近傍 N_x に対して $x\in N_x$;

2°. $'N_x$, $''N_x$ を x の任意な近傍とするとき，$N_x\subset 'N_x\cap ''N_x$ である x の近傍 N_x が存在する；

3°. x の近傍 N_x に対して $y\in N_x$ ならば，$N_y\subset N_x$ である y の近傍 N_y が存在する；

4°. $x\neq y$ ならば，$N_x\cap N_y=\emptyset$ である x の近傍 N_x と y の近傍 N_y とが存在する――**分離公理**.

各点に上の公理をみたす近傍が所属させられている集合を **Hausdorff 空間**という．ちなみに，集合に導入された近傍系という構造を一種の**位相**といい，位相によって集合を空間とする操作を**位相づける**という．

二つの近傍系 $\mathfrak{N}$, $\mathfrak{M}$ は，つぎの条件がみたされるとき，互いに**同値**であるという：各 x に対して，任意な $N_x\in\mathfrak{N}$ が与えられたとき，$M_x\subset N_x$ である $M_x\in\mathfrak{M}$ が存在する；任意な $M_x\in\mathfrak{M}$ が与えられたとき，$N_x\subset M_x$ である $N_x\in\mathfrak{N}$ が存在する．

同値性は反射的，対称的，推移的である．一つの点集合について，同値な近傍系は同じ Hausdorff 空間を定めるものとみなされる．すなわち，Hausdorff 空間の概念は，近傍系の同値性を除いて定まる．

以下，もっぱら Hausdorff 空間について考えるから，これを単に**空間**という．つぎの定義が基本的である：

定義. 近傍系 $\mathfrak{N}$ で位相づけられた空間の部分集合 A は，各 $x\in A$

に対して $N_x \subset A$ である近傍 $N_x \in \mathfrak{N}$ が存在するとき，（近傍系 $\mathfrak{N}$ に関して）**開集合**であるという．

公理 3° によって，各近傍は開集合である．上の定義では，開集合の概念が，一応は一つの近傍系に依存して定められる．しかし，それは同値な近傍に移っても保たれる；すなわち，開集合は Hausdroff 空間の一つの抽象的な概念とみなされる．それを示す定理をあげる：

定理 4.1. 一つの集合がある近傍系に関して開集合ならば，それと同値な近傍系に関しても開集合である．

証明. A が $\mathfrak{N}$ に関して開集合ならば，各 $x \in A$ に対して $N_x \subset A$ である $N_x \in \mathfrak{N}$ が存在する．$\mathfrak{M}$ が $\mathfrak{N}$ と同値ならば，$M_x \subset N_x$ である $M_x \in \mathfrak{M}$ が存在し，$M_x \subset A$ となる．

定理 4.2. 空間の任意な近傍系は，それに関して空でないすべての開集合から成る系と同値である．

証明. 与えられた近傍系 $\mathfrak{N}$ に対して，各 $N_x \in \mathfrak{N}$ はそれに関して開集合である．点 x を含むすべての開集合を考える；代表的に O_x で表す．x が全空間にわたるときのこれらの全体を $\mathfrak{D} = \{O_x\}$ で表す．（i）$\mathfrak{D}$ が近傍系であることを示そう．1°．各 x に対して $N_x \in \mathfrak{N}$ が存在し，N_x は O_x の一種であるから，$O_x \in \mathfrak{D}$ が存在して $x \in O_x$．2°．任意な $'O_x$, $''O_x \in \mathfrak{D}$ は開集合であるから，$'N_x \subset {}'O_x$, $''N_x \subset {}''O_x$ である $'N_x$, $''N_x \in \mathfrak{N}$ が存在する．$N_x \subset {}'N_x \cap {}''N_x$ である $N_x \in \mathfrak{N}$ に対して $N_x \subset {}'O_x \cap {}''O_x$ であり，N_x は一つの O_x であるから，$N_x \in \mathfrak{D}$. 3°．$y \in O_x \in \mathfrak{D}$ とすれば，O_x は開集合であるから，$N_y \subset O_x$ である $N_y \in \mathfrak{N}$ が存在し，N_y は一つの O_y である．4°．$x \neq y$ とすれば，$N_x \cap N_y = \emptyset$ である N_x, $N_y \in \mathfrak{N}$ が存在し，N_x は一つの O_x，N_y は一つの O_y である．（ii）$\mathfrak{D}$ が $\mathfrak{N}$ と同値なことを示そう．$O_x \in \mathfrak{D}$ は開集合であるから，$N_x \subset O_x$ である $N_x \in \mathfrak{N}$ が存在する．逆に，$N_x \in \mathfrak{N}$ ならば，N_x は一つの $O_x \in \mathfrak{D}$ であるから，$O_x \subset N_x$ である $O_x \in \mathfrak{D}$ は存在する．

定義. 近傍系と同値な高々可算開集合系が存在するという命題を，**可算公理**という．

注意. くわしくは，これを**第二可算公理**という．ちなみに（本書では利用しないが)，**第一可算公理**は，各点を含む高々可算個の開集合があってそれらが全体として空間の近傍系と同値であることを主張する.

定理 4.3. A, B がともに開集合ならば，$A\cup B$ および $A\cap B$ は開集合である.

証明. (i) $x\in A\cup B$ とすれば，$N_x\subset A$ または $N_x\subset B$ である $N_x\in\mathfrak{N}$ が存在して $N_x\subset A\cup B$. (ii) $x\in A\cap B$ とすれば，$'N_x\subset A$, $''N_x\subset B$ である $'N_x$, $''N_x\in\mathfrak{N}$ が存在し，$N_x\subset {}'N_x\cap{}''N_x$ である $N_x\in\mathfrak{N}$ をとれば，$N_x\subset A\cap B$.

全空間は一つの開集合である．空集合は一つの開集合と規約される.

定義. 空間の部分集合 A は，A^c が開集合であるとき，**閉集合**であるという.

全空間および空集合は，いずれも閉集合である.

定理 4.4. A, B がともに閉集合ならば，$A\cup B$ および $A\cap B$ は閉集合である.

証明. A^c, B^c は開集合であるから，定理3により $A^c\cap B^c$, $A^c\cup B^c$ は開集合である．ゆえに，$(A^c\cap B^c)^c=A\cup B$, $(A^c\cup B^c)^c=A\cap B$ は閉集合である.

全空間および空集合はいずれも，開集合であると同時に閉集合である．このような性質をもつ集合は，それら以外にも現れることがある．例えば，数直線 $\boldsymbol{R}^1$ 上で $1<|x|<2$ をみたす(実数) x の全体を一つの空間と考え，近傍系としてこの空間に含まれる($\boldsymbol{R}^1$ 上での)すべての開区間をとる．このとき，$\{x|-2<x<-1\}$ および $\{x|1<x<2\}$ のおのおのは，同時に開集合かつ閉集合である.

そこで，つぎの定義を設ける:

定義. 同時に開集合かつ閉集合であるものが，全空間と空集合に限るとき，空間は**連結**であるという.

有限個の集合については，開集合の和と積，閉集合の和と積は，それぞれ開集合，閉集合である．開集合の和と閉集合の積に関しては，この事実は無限個の集合の場合へ拡張される．しかし，開集合の積と閉集合の和に関しては，そうなるとは限らない．例えば，数直線上で，開集合

$\{x \mid -1/\nu < x < 1+1/\nu\}$ $(\nu=1, 2, \cdots)$ の積 $\{x \mid 0 \leqq x \leqq 1\}$ は閉集合であり，閉集合 $\{x \mid 1/\nu \leqq x \leqq 1-1/\nu\}$ $(\nu=1, 2, \cdots)$ の和 $\{x \mid 0 < x < 1\}$ は開集合である；開集合 $\{x \mid 0 < x < 1+1/\nu\}$ の積および閉集合 $\{x \mid 1/\nu \leqq x \leqq 1\}$ の和はともに $\{x \mid 0 < x \leqq 1\}$ であるが，これは開集合でも閉集合でもない．

定義．開集合の可算積，閉集合の可算和として表される集合の全体を，それぞれ $\mathfrak{G}_\delta$ **集合族**，$\mathfrak{F}_\sigma$ **集合族**という．それらのメンバーをそれぞれ $\mathfrak{G}_\delta$ **集合**，$\mathfrak{F}_\sigma$ **集合**という；なお，§7 参照．

距離空間．空間につぎの定義で規定される距離を導入すると，**距離空間**となる．

定義．空間の各点対 x, y に対して，つぎの条件をみたす実数値関数 ρ が定義されているとき，これを**距離関数**または**計量**あるいは単に**距離**という：

1°．$x \neq y$ に対して $\rho(x, y) > 0$; $\rho(x, x) = 0$;

2°．$\rho(x, y) = \rho(y, x)$;

3°．$\rho(z, x) \leqq \rho(x, y) + \rho(y, z)$　(**三角公理**)．

注意．上記の三条件は独立ではない．例えば，1° と 3° から 2° がえられる．じっさい，3° で $z=y$ とおけば，1° により $\rho(y, x) \leqq \rho(x, y)$．これが任意な対 x, y に対して成り立つから，x と y を交換してもよく，$\rho(y, x) = \rho(x, y)$ すなわち 2° がえられる．また，2° と 3° へ $\rho(x, y) = 0$ と $x=y$ とが同値であるという条件を追加すれば，$x \neq y$ に対して $\rho(x, y) > 0$ がえられる．じっさい，3° で $z=x$ とおけば，2° により

$$0 = \rho(x, x) \leqq \rho(x, y) + \rho(y, x) = 2\rho(x, y)$$

から $\rho(x, y) \geqq 0$．$x \neq y$ ならば，$\rho(x, y) \neq 0$ であるから，$\rho(x, y) > 0$．

定義．距離の定義されている集合を**距離集合**または**計量集合**という．

距離集合において，その元 x_0 と実数 $r>0$ に対して，$S(x_0; r) \equiv \{x \mid \rho(x, x_0) < r\}$ を，中心が x_0 で半径が r である(開)**球**という．これは x_0 を含むから，空ではない．

定理 4.5. 距離集合において，各元の近傍としてそれを中心とするすべての球をとれば，近傍系の公理がみたされる．——これにもとづいて，

距離集合はつねに Hausdorff 空間化され，距離空間となる.

証明. 1°. $S(x;\ 1)$ が存在して x を含む.

2°. $S(x;\ 'r)$, $S(x;\ ''r)$ に対して

$$S(x;\ \min('r,\ ''r)) \subset S(x;\ 'r) \cap S(x;\ ''r).$$

3°. $y \in S(x;\ r)$ とすれば，$\rho(x,\ y) < r$ であり，任意な $z \in S(y;\ r-\rho(x,\ y))$ に対して

$$\rho(x,\ z) \leqq \rho(x,\ y) + \rho(y,\ z) < \rho(x,\ y) + (r-\rho(x,\ y)) = r$$

となるから，

$$S(y;\ r-\rho(x,\ y)) \subset S(x;\ r).$$

4° $x \neq y$ ならば，$\rho(x,\ y) > 0$ であるから，

$$S(x;\ \rho(x,\ y)/3) \cap S(y;\ \rho(x,\ y)/3) = \emptyset.$$

上に，二点 x, y の距離 $\rho(x,\ y)$ を導入した．これを用いて，二集合 A, B の**距離** $\rho(A,\ B)$ がつぎのように定義される:

$$\rho(A,\ B) = \inf_{x \in A,\ y \in B} \rho(x,\ y).$$

また，A の**直径** $\delta(A)$ がつぎの式で定義される:

$$\delta(A) = \sup_{x,\ y \in A} \rho(x,\ y).$$

線形空間. つぎの公理をみたす空間 L を(実)**線形空間**という:

1° 各対 x, $y \in L$ に対して加法 $x+y \in L$ が定義され，それによって点の全体が加法群をなす；群の単位元を原点といい，0 で表す；

2° 実数(スカラー) α による乗法 $\alpha x \in L$ が定義され，結合法則と加法に関する二様の分配法則とが成り立つ:

$$\alpha(\beta x) = (\alpha\beta)x; \qquad (\alpha+\beta)x = \alpha x + \beta x, \qquad \alpha(x+y) = \alpha x + \alpha y;$$

さらに $1x = x$.

便宜上，$x+(-1)y$ を $x-y$ と記す．定義からわかるように，

$$0x = 0, \qquad \overset{1}{\breve{x}} + \cdots + \overset{n}{\breve{x}} = nx.$$

注意. $0x=0$ において，左辺の 0 はスカラー，右辺の 0 は点を表している.

線形空間に計量 ρ が定義され，それが平行移動に関する不変性と伸縮に関する正斉次性を具えているとする: 各点 x, y, z と各実数 α に対

して,

（i）　$\rho(x+z, y+z)=\rho(x, y)$;

（ii）　$\rho(\alpha x, \alpha y)=|\alpha|\rho(x, y)$.

条件（i）によって, $\rho(x, y)=\rho(0, y-x)$.

定義. $\|x\|\equiv\rho(0, x)$ を x の***ノルム***という.

ノルムは非負の実数値関数であって, $\|x\|>0$ $(x\neq 0)$, $\|0\|=0$ かつ

$$\|x+y\|\leqq\|x\|+\|y\|, \qquad \|\alpha x\|=|\alpha|\|x\|.$$

逆に, これらの性質で規定されるノルムの概念が定義されている線形空間から出発すれば,

$$\rho(x, y)=\|y-x\|$$

とおくことによって, それは距離空間となる; この距離は平行移動に関する不変性と伸縮に関する正斉次性を具えている.

定義. ノルムの定義されている線形空間を**線形ノルム空間**という.

線形ノルム空間における球 $S(x_0; r)$ は $\{x\,|\,\|x-x_0\|<r\}$ で表される. このような空間で, 二種類のノルム $\|\ \|_P$, $\|\ \|_Q$ について, 正の定数 u, v が存在して $u\|x\|_P\leqq\|x\|_Q\leqq v\|x\|_P$ がつねに成り立つとき, これらのノルムは**同値**であるという.

定理 4.6. ノルムが同値であるための条件は, それらによって定まる近傍系が同値なことである.

ユークリッド空間. N 個の実数の順序のついた組

$$x=(x_1, \cdots, x_N)$$

の全体から成る線形空間が **N 次元ユークリッド(実)空間**である; $\boldsymbol{R}^N$ で表すことにする. $x=(x_1, \cdots, x_N)$, $y=(y_1, \cdots, y_N)\in\boldsymbol{R}^N$ と実数 α について, 加法とスカラー倍が

$$x+y=(x_1+y_1, \cdots, x_N+y_N), \qquad \alpha x=(\alpha x_1, \cdots, \alpha x_N)$$

によって定義される.

ノルムがつぎのように導入される:

$$\|x\|=\left(\sum_{j=1}^{N} x_j^2\right)^{1/2}.$$

したがって, 距離関数は

$$\rho(x,\ y)=\left(\sum_{j=1}^{N}(x_j-y_j)^2\right)^{1/2}.$$

時には，これと同値なつぎのノルムが用いられる：$1\leqq p\leqq\infty$ として

$$\|x\|_p=\left(\sum_{j=1}^{N}|x_j|^p\right)^{1/p};$$

ただし $p=\infty$ に対しては $\|x\|_\infty=\max_{1\leqq j\leqq N}|x_j|$ とする．これが距離の公理の条件 1°，2° をみたすことは明らかであるが，三角公理 3° をみたすことは節末の Minkowski の不等式からわかる．また，$1<p_1<p_2<\infty$ に対して

$$\|x\|_\infty\leqq\|x\|_{p_2}\leqq\|x\|_{p_1}\leqq\|x\|_1\leqq N\|x\|_\infty.$$

さて，$\boldsymbol{R}^N$ においては，$\{S(x;\ r)\}$ と同値な近傍系として，$a_j<b_j$ $(j=1,\ \cdots,\ N)$ である N 対の実数 $a_j,\ b_j$ をもって

$$\{x\,|\,a_j<x_j<b_j\ (j=1,\ \cdots,\ N)\}\qquad(x=(x_1,\ \cdots,\ x_N))$$

をとることができる．この型の集合を**区間**，くわしくは**開区間**という．

ちなみに，$\{x\,|\,a_j\leqq x_j\leqq b_j\ (j=1,\ \cdots,\ N)\}$ を**閉区間**，$\{x\,|\,a_j\leqq x_j<b_j\ (j=1,\ \cdots,\ N)\}$ および $\{x\,|\,a_j<x_j\leqq b_j\ (j=1,\ \cdots,\ N)\}$ を**半開**または**半閉区間**という．

付．ここで，Hölder の不等式および Minkowski の不等式の証明をあげておこう．

Hölder の不等式．$p>1$，$1/p+1/q=1$ のとき，

$$\sum_{j=1}^{N}|x_jy_j|\leqq\left(\sum_{j=1}^{N}|x_j|^p\right)^{1/p}\left(\sum_{j=1}^{N}|y_j|^q\right)^{1/q};$$

等号は $\alpha|x_j|^p=\beta|y_j|^q$ $(j=1,\ \cdots,\ N)$ である同時には0でない $\alpha,\ \beta$ が存在するときに限って成り立つ．

証明．$x\neq 0,\ y\neq 0$ の場合を示せばよい．$\log w$ は w について狭義の凹関数であるから，$u>0,\ v>0$ のとき

$$\frac{1}{p}\log u+\frac{1}{q}\log v\leqq\log\left(\frac{u}{p}+\frac{v}{q}\right)\quad すなわち\quad u^{1/p}v^{1/q}\leqq\frac{u}{p}+\frac{v}{q};$$

最後の式で等号は $u=v$ のときに限る．特に

$$u=\frac{|x_j|^p}{X},\ \ v=\frac{|y_j|^q}{Y};\qquad X=\sum_{j=1}^{N}|x_j|^p,\ \ Y=\sum_{j=1}^{N}|y_j|^q$$

とおけば，

$$\frac{|x_j y_j|}{X^{1/p}Y^{1/q}} \leqq \frac{1}{p}\frac{|x_j|^p}{X} + \frac{1}{q}\frac{|y_j|^q}{Y}.$$

これを j について加えれば，

$$\sum_{j=1}^{N}|x_j y_j| \Big/ X^{1/p}Y^{1/q} \leqq \frac{1}{p} + \frac{1}{q} = 1.$$

等号の成立に関しては，容易にわかる．

注意．Hölder の不等式で特に $p=2$ の場合が Cauchy の不等式である．後者だけならば，直接にもっと簡単に証明される．

Minkowski の不等式．$p \geqq 1$ のとき，

$$\left(\sum_{j=1}^{N}|x_j+y_j|^p\right)^{1/p} \leqq \left(\sum_{j=1}^{N}|x_j|^p\right)^{1/p} + \left(\sum_{j=1}^{N}|y_j|^p\right)^{1/p}.$$

$p>1$ のときの等号は $\alpha x_j = \beta y_j$ $(j=1, \cdots, N)$ である同時には 0 でない非負の α, β が存在するときに限って成り立つ．

証明．$p=1$ のときならびに $x=0$ または $y=0$ の場合は明らかである．$p>1$, $x \neq 0$, $y \neq 0$ ならば，Hölder の不等式を利用して

$$\sum|x_j+y_j|^p \leqq \sum|x_j||x_j+y_j|^{p-1} + \sum|y_j||x_j+y_j|^{p-1}$$

$$\leqq (\sum|x_j|^p)^{1/p}(\sum|x_j+y_j|^p)^{1-1/p} + (\sum|y_j|^p)^{1/p}(\sum|x_j+y_j|^p)^{1-1/p};$$

両辺を $(\sum|x_j+y_j|^p)^{1-1/p}$ で割ればよい．等号の成立に関しては，容易にわかる．

問　題　4

1. 任意個数の集合について，開集合の和は開集合であり，閉集合の積は閉集合である．

2. 有限集合は閉集合である．

3. $\boldsymbol{R}^N$ は連結である．

4. $\boldsymbol{R}^N$ で有理点の全体から成るその部分空間は連結でない．

5. E で定義された複素数値関数 x の全体から成る集合は，$\rho(x, y) = \sup_{t \in E}|x(t)-y(t)|$ をもって距離空間とみなされる．

6. 距離空間で，集合の直径 δ と二つの集合の距離 ρ について，

$$\delta(A \cup B) \leqq \delta(A) + \delta(B) + \rho(A, B).$$

7. 距離空間で，閉集合列 $\{F_\nu\}$ と一点 p について $\rho(p, F_\nu) \to \infty$ な

らば，$\bigcup F_\nu$ は閉集合である．

8. $\boldsymbol{R}^N$ でのノルム $\|x\|_p=(\sum_{j=1}^N|x_j|^p)^{1/p}$ $(1\leqq p\leqq\infty)$ に対して，$1<p_1<p_2<\infty$ ならば，$\|x\|_\infty\leqq\|x\|_{p_2}\leqq\|x\|_{p_1}\leqq\|x\|_1\leqq N\|x\|_\infty$．

9. $p_\nu>0$ $(\nu=1,\cdots,n)$，$\sum_{\nu=1}^n(1/p_\nu)=1$ のとき，

$$\sum_{j=1}^N\prod_{\nu=1}^n|x_{\nu j}|\leqq\prod_{\nu=1}^n\left(\sum_{j=1}^N|x_{\nu j}|^{p_\nu}\right)^{1/p_\nu}.$$

10. $$\left(\sum_{j=1}^N\left|\sum_{\nu=1}^n x_{\nu j}\right|^p\right)^{1/p}\leqq\sum_{\nu=1}^n\left(\sum_{j=1}^N|x_{\nu j}|^p\right)^{1/p}\qquad(p\geqq 1).$$

§5. 点 集 合

Hausdorff 空間の点集合に関して，次章以下の本論で必要となる定義を順次にあげる．

定義．集合 E について，点 x を含む任意な開集合が x 以外に E の点を含むならば，x を E の**集積点**という．E の集積点の全体から成る集合を E の**導集合**といい，E' で表す．

$x\in E'$ は，x の任意な近傍 N_x に対して $N_x\cap E$ が無限集合であることにほかならない．特に，距離空間においては，$x\in E'$ であることは，$x_\nu\in E$, $x_\nu\neq x$, $x_\nu\to x$ $(\nu\to\infty)$ をみたす点列 $\{x_\nu\}$ が存在することと同値である；ここに $x_\nu\to x$ は $\rho(x_\nu,x)\to 0$ を意味する．

定義．$E-E'\equiv E-E'\cap E$ の点を E の**孤立点**という．孤立点だけから成る集合を**孤立集合**という．

x が E の孤立点であることは，x のある近傍 N_x に対して $N_x\cap E=\{x\}$ であることにほかならない．

定義．$\bar{E}\equiv E\cup E'$ を E の**閉包**という．

定理 5.1. (任意な集合の)導集合は閉集合である．

証明．$x\in E'^{\mathrm{c}}$ とすれば，ある N_x に対して $N_x\cap E\subset\{x\}$．したがって，任意な $y\in N_x$ に対して $N_y\subset N_x$ とすれば，$N_y\cap E\subset\{x\}$ となり，$N_x\subset E'^{\mathrm{c}}$．ゆえに，$E'^{\mathrm{c}}$ は開集合，したがって E' は閉集合である．

定理 5.2. 閉包は閉集合である．

証明．$x\in\bar{E}^{\mathrm{c}}$ とすれば，ある N_x に対して $N_x\cap E=\varnothing$．したがって，定理1の証明と同様に，$N_x\subset E^{\mathrm{c}}\cap E'^{\mathrm{c}}=\bar{E}^{\mathrm{c}}$．ゆえに，$\bar{E}^{\mathrm{c}}$ は開集合，$\bar{E}$

は閉集合である.

定理 5.3. E が閉集合であるための条件は, $E'\subset E$ あるいは, 同じことであるが, $\bar{E}=E$.

証明. (i) E が閉集合ならば, E^c は開集合であるから, 任意な $x\in E^c$ に対して $N_x\subset E^c$ である N_x が存在する. $N_x\cap E=\emptyset$ であるから, $x\in E'^c$. ゆえに, $E^c\subset E'^c$ すなわち $E'\subset E$. (ii) $E'\subset E$ と $\bar{E}=E$ とは同値であり, $\bar{E}$ は定理2により閉集合である.

閉集合は開集合の余集合として定義された. しかし, 定理3にもとづいて, その条件を定義に用いることもできる. すなわち, 閉集合とはその集積点をすべて含む集合である.

定義. $E\subset E'$ あるいは, 同じことであるが, $\bar{E}=E'$ である集合 E は**自己稠密**であるという.

定義. $E'=E\neq\emptyset$ である集合は**完全**であるという. いいかえれば, 空でない自己稠密な閉集合を**完全集合**という.

定義 (Lindelöf). E の点 x の任意な近傍が E の非可算無限部分集合を含むならば, x を E の**凝集点**という.

定義 (W. H. Young). E に属する E の凝集点の全体から成る集合を E の**核**という.

さて, 一つの集合 E を規準として, 空間のすべての点が三種類に分類される; ただし, 場合によっては, そのあるものは空となる.

定義. ある近傍 $N_x\subset E$ が存在するとき, x を E の**内点**という. E の(空間に関する)余集合 E^c の内点を E の**外点**という. E の内点でも外点でもない点を E の**境界点**という. E の内点の全体, 外点の全体, 境界点の全体から成る集合を, E のそれぞれ**内部**, **外部**, **境界**という. 内部のことを**開核**ともいう.

E の内部を E°, 境界を ∂E で表す. このとき,

$$\partial E^c=\partial E,\ \ \bar{E}=E^\circ\cup\partial E,\ \ E^\circ=(\overline{E^c})^c,\ \ \bar{E}^c=E^{c\circ},\ \ \partial E=\bar{E}\cap\overline{E^c},\ \text{など}.$$

定理 5.4. 集合の内部および外部は開集合であり, 境界は閉集合である.

定義. $\bar{A}^\circ\cap E=\emptyset$ であるとき, A は E において**粗**であるという. 特

に，全空間において粗な集合は，**いたるところ粗**(**いたるところ非稠密**)であるという．

定義．$\bar{A}\supset E$ であるとき，A は E において**稠密**であるという．特に，全空間において稠密な集合は，**いたるところ稠密**であるという．

定義．E において稠密な可算集合が存在するとき，E は**可分**であるという．

例えば，ユークリッド空間 $\boldsymbol{R}^N$ は可分である．じっさい，有理点の全体から成る可算集合の閉包は空間自身と一致する．

定理 5.5. 可分距離空間は可算公理をみたす．

証明．可分性にもとづいて，いたるところ稠密な可算集合 $\{x_\nu\}$ が存在する．任意な点 x に対して，有理数を半径とする開球 $S(x;\ r)\subset N_x$ が存在する．$x_\nu\in S(x;\ r/2)$ である x_ν が存在し，それに対しては $x\in S(x_\nu;\ r/2)\subset N_x$．このような $S(x_\nu;\ r/2)$ の全体は可算近傍系をつくり，近傍系 $\{N_x\}$ と同値である．

系． $\boldsymbol{R}^N$ は可算公理をみたす．

定義．各無限集合 $A\subset E$ が $A'\cap E\neq\emptyset$ をみたすとき，E は**コンパクト**であるという．各 $x\in E$ に対して，その適当な近傍 N_x をえらぶと $\bar{N}_x\cap E$ がコンパクトであるとき，E は**局所コンパクト**であるという．

コンパクトな集合の部分閉集合はコンパクトである．

特に，距離空間ではコンパクトな集合は閉集合である．じっさい，コンパクトな E の任意な集積点 x に対して，x に収束する E の点列が存在する．x はこの点列の唯一の集積点であるから，$x\in E$；すなわち，E は閉じている．

さらに，$\boldsymbol{R}^N$ ではコンパクト性は有界閉集合であることと同値である．じっさい，E がコンパクトならば，閉集合である．もし E が有界でなかったならば，E から点列 $\{x_1^\nu,\ \cdots,\ x_N^\nu\}_{\nu=1}^\infty$ を $|x_1^\nu|+\cdots+|x_N^\nu|\to\infty$ $(\nu\to\infty)$ となるようにえらぶことができ，コンパクト性に反する．逆に，有界閉集合がコンパクトなことは，よく知られている **Bolzano-Weierstrass の定理**の内容にほかならない．

$\boldsymbol{R}^N$ 自身はコンパクトでないが，局所コンパクトである．

定理 5.6. $\{E_\nu\}$ が空でないコンパクトな閉集合の減少列ならば，$\bigcap E_\nu \neq \emptyset$.

証明. 無限列の場合を考えればよい．$x_\nu \in E_\nu$ $(\nu=1, 2, \cdots)$ である無限列 $\{x_\nu\}$ に含まれる相異なる点の全体から成る部分列を $\{y_\mu\}$ とする．$\{y_\mu\}$ が有限列ならば，$\{x_\nu\}$ には同じ点が無限回反復され，その点は減少列 $\{E_\nu\}$ のすべての E_ν に共有される．$\{y_\mu\}$ が無限列ならば，これはコンパクトな E_1 からの列として，集積点 y をもつ．各 ν に対して $y_\mu \in E_\nu$ $(\mu \geqq \nu)$ であるから，y は閉集合 E_ν の集積点として $y \in E_\nu$; すなわち $y \in \bigcap E_\nu$.

系 (Cantor). $\boldsymbol{R}^N$ において，空でない有界閉集合の減少列 $\{E_\nu\}$ に対しては $\bigcap E_\nu \neq \emptyset$.

定理 5.7. 距離空間でコンパクトな二つの集合が互いに素ならば，それらの距離は正である．

証明. A, B を互いに素なコンパクト集合とする．適当な点列 $\{x_\nu\} \subset A$, $\{y_\nu\} \subset B$ をえらべば，

$$\rho(A, B) = \lim \rho(x_\nu, y_\nu).$$

これらの点列はそれぞれ $\xi \in A$, $\eta \in B$ に収束する部分列を含むから，$\xi \neq \eta$ に注意して，$\rho(A, B) = \rho(\xi, \eta) > 0$.

一つの Hausdorff 空間では，集合が開いているとか閉じているとかいう性質は，絶対的に定まる．それに対して，集合のこのような性質を，あらかじめ指定された集合に関して，相対的に定める概念が導入される．

定義. $A \subset B$ であり，各 $x \in A$ に対して $N_x \cap B \subset A$ である近傍 N_x が存在するとき，A は B **上で開いている**という．

特に，距離空間では，A が B 上で開いていることは，各 $x \in A$ に対して $\rho(x, B-A) > 0$ であるという条件で規定される; $B-A=\emptyset$ のとき，つねに $\rho(x, \emptyset) > 0$ と規約する．

定義. $A \subset B$ であり，$A' \cap B \subset A$ のとき，A は B **上で閉じている**という．

定義. B 上で閉じた自己稠密集合は，B 上で**完全**であるという．

定義. B 上で同時に開かつ閉である真部分集合が空集合に限るとき，

B は**連結**であるという.

以上の定義で B が空間自身となった場合が，以前の絶対概念にあたる.

定義. 二点 $x, y \in A$ を含む A の連結部分集合が存在するならば，x と y は A で**連結可能**であるという.

定理 5.8. $A(\subset B)$ が B 上で閉じているための条件は，$B-A$ が B 上で開いていることである.

証明. (i) A が B 上で閉じていれば，$A \subset B$, $A' \cap B \subset A$ から $\emptyset = A' \cap B \cap (B-A) = A' \cap (B-A)$. したがって，$(B-A) \cap \bar{A} = \emptyset$ となり，各 $x \in B-A$ は A の外点であるから，ある N_x は A と素である. ゆえに，$N_x \cap B \subset B-A$, すなわち $B-A$ は B 上で開いている. (ii) $B-A$ が B 上で開いていれば，各 $x \in B-A$ に対してある近傍 N_x をえらべば，$N_x \cap B \subset B-A$. ゆえに，$N_x \cap A = \emptyset$, すなわち x は A の外点である. これから $A' \cap (B-A) = \emptyset$ となり，$A' \cap B = (A' \cap A) \cup (A' \cap (B-A)) \subset A$, すなわち A は B 上で閉じている.

定理 5.9. A が B 上で閉じているための条件は，ある閉集合 F が存在して $A = F \cap B$.

証明. (i) $A \subset B$, $A' \cap B \subset A$ ならば，

$$A = A \cap B = (A \cap B) \cup (A' \cap B) = \bar{A}B;$$

$\bar{A}$ は一つの F である. (ii) $A = F \cap B$ ならば，

$$A' \cap B = (F \cap B)' \cap B \subset F' \cap B \subset F \cap B = A.$$

系. A が閉集合上で閉じているための条件は，A が閉集合であることである.

定理 5.10. A が B 上で開いているための条件は，ある開集合 O が存在して $A = O \cap B$.

証明. 定理 8, 9 によって，条件は $B-A = F \cap B$ である閉集合 F が存在することである. これは $A = O \cap B$ と同値である; ここに O は F の(空間に関する)余集合を表す.

系. A が開集合上で開いているための条件は，A が開集合であることである.

問　題 5

1. 有限集合は集積点をもたない.

2. $\bar{E}$ はすべての N_x が E と素でないような x の全体から成っている.

3. $\bar{\bar{E}}=\bar{E}$, $E^{\circ\circ}=E^{\circ}$, $\bar{E}=E\cup\partial E$, $\bar{E}\cap\overline{E^{c}}=\partial E$.

4. E が開集合ならば, $E\subset\overline{E}^{\circ}$; E が閉集合ならば, $E\supset\overline{E^{\circ}}$.

5. $\overline{A\cup B}=\bar{A}\cup\bar{B}$, $\overline{A\cap B}\subset\bar{A}\cap\bar{B}$.

6. A が開集合ならば, $A\cap\bar{B}\subset\overline{A\cap B}$.

7. E が開集合ならば, $E^{-c-c}=E$; 任意な E に対して $E^{-c-c-c-c}=E^{-c-c}$.

8. Hausdorff 空間で, $B_\alpha(\alpha\in A)$ が連結, $\bigcap_{\alpha\in A}B_\alpha\neq\emptyset$ ならば, $\bigcup_{\alpha\in A}B_\alpha$ は連結である.

9. E が連結ならば, $\bar{E}$ も連結である.

10. $\boldsymbol{R}^1$ で少なくとも二点を含む連結集合は区間である.

11. $\boldsymbol{R}^N$ で空でない開集合が連結であるための条件は, 集合の任意な二点が集合に属する屈折線で結べることである.

12. 一つの空間での二つの近傍系が同値ならば, 一方の系に関して開, 閉, コンパクト, 局所コンパクト, 連結, 可分という性質は, 他方の系でも保たれる. また, 集積点, 閉包, 内部, 外部, 境界は, 両系について同じである.

13. コンパクト集合 E と閉集合 $E_\nu\subset E$ $(\nu=1, 2, \cdots)$ について, 任意な自然数 n に対して $\bigcap_{\nu=1}^{n}E_\nu\neq\emptyset$ ならば, $\bigcap_{\nu=1}^{\infty}E_\nu\neq\emptyset$.

14. 区間 $[0, 1]\subset\boldsymbol{R}^1$ の点で三進無限小数が数字 1 を含まない(すなわち 0 または 2 だけから成る)ものの全体から成る集合(**Cantor の三進集合**; §40 例 1 参照)は, 完全である.

§6. $\boldsymbol{R}^N$ の 網 系

N 次元ユークリッド空間 $\boldsymbol{R}^N$ において理論を展開するためには, 網系の概念が有用である.

$\boldsymbol{R}^N$ の各座標軸に等間隔な点列を記す; 間隔は軸ごとに異なってもよ

い．それらの各点を通りそれをのせている軸に垂直な $N-1$ 次元超平面をえがけば，合同な区間から成る**格子** γ_1 がえられる．各区間を $a_j \leqq x_j < b_j$ $(j=1, \cdots, N)$ の型の半閉区間とみなし，それを**網目**と呼ぶ．格子 γ_1 により，$\boldsymbol{R}^N$ が可算個の互いに素な網目に分けられている．──時には，網目を閉区間とみなすが，そのときには γ_1 によって $\boldsymbol{R}^N$ が可算個の高々境界を共有する区間に分けられる；しかし，以下の議論にとって，この相異は重要ではない．つぎに，$\boldsymbol{R}^N$ の各座標軸上に以前の点列を含みかつそれより密な等間隔点列をとって，γ_1 の細分にあたる第二の格子 γ_2 をつくる．以下同様にして(帰納法の論法により)，次第に前者の細分である格子の可算列

$$\gamma_\nu \qquad (\nu=1, 2, \cdots)$$

がえられる．可算格子系 $\{\gamma_\nu\}_{\nu=1}^\infty$ から成る図形を**網系**という．網系は全体として可算個の網目を含み，格子 γ_ν に属する網目の辺長は，$\nu\to\infty$ のとき単調に0に近づく．

各 $p\in\boldsymbol{R}^N$ は各格子 γ_ν の一つの網目 $V_\nu \equiv V_\nu(p)$ の内点またはいくつかの隣接網目に共通な境界点である．後者の場合には，p を境界点とするすべての網目をまとめて，p を内点とする一つの区間 $\tilde{V}_\nu \equiv \tilde{V}_\nu(p)$ をつくる．このような V_ν または $\tilde{V}_\nu$ を p の γ_ν に属する**区間近傍**(**格子近傍**)という；これは半閉区間であるから，固有な意味での近傍ではない．

さて，p の γ_ν に属する区間近傍を $U_\nu \equiv U_\nu(p)$ で表せば，$\{U_\nu\}_{\nu=1}^\infty$ は p を内点とする減少区間列であって，$\nu\to\infty$ のとき点 p に縮む；すなわち，任意な $\delta>0$ に対して適当な ν をえらべば，$U_\nu(p) \subset S(p;\ \delta)$．逆に，各 ν に対して適当な $\delta>0$ をえらべば，$S(p;\ \delta) \subset U_\nu(p)$．

一つの網系において，網目の全体から成る集合は可算である．そして，各網目の点の全体には，有限個の区間近傍しか対応しない．ゆえに，一つの網系において，すべての区間近傍から成る集合は可算である．

網系を利用して，$\boldsymbol{R}^N$ の点集合に関するいくつかの定理をみちびこう．

定理 6.1. $E \cap E' = \emptyset$ ならば，E は高々可算である．

証明．$E \cap E' = \emptyset$ ならば，E は孤立集合である．したがって，E の

各点はそれ以外の E の点を含まない区間近傍をもつ.

定理 6.2. E' が高々可算ならば, E 自身が高々可算である.

証明. $(E-E\cap E')\cap(E-E\cap E')'\subset(E-E\cap E')\cap E'=E\cap E'-E\cap E'=\emptyset$ であるから, 定理1によって, $E-E\cap E'$ は可算である. $E=(E-E\cap E')\cup(E\cap E')\subset(E-E\cap E')\cup E'$ であるから, E もまた高々可算である.

定理 6.3. 非可算集合は, 凝集点をもつ.

証明. E が非可算ならば, γ_1 の網目は可算個であるから, その少なくとも一つの網目 V_1 と E との共通部分は非可算である. 帰納的に, $\gamma_{\nu-1}$ の網目 $V_{\nu-1}$ と E との共通部分が非可算ならば, $V_{\nu-1}$ に含まれる γ_ν の網目は有限個であるから, その少なくとも一つの網目 V_ν と E との共通部分は非可算である. このようにえられた減少閉集合列 $\{\bar{V}_\nu\}$ は, 定理5.6により, 一点 p に縮む; $\bigcap\bar{V}_\nu=\{p\}$. p の任意な近傍 $S(p;\ \delta)$ は殆んどすべての V_ν を含むから, この近傍には E の非可算部分集合が含まれている. すなわち, p は E の一つの凝集点である. ——つぎの定理4参照.

定理 6.4. 凝集点を含まない集合は, 高々可算であり, したがってそれ自身は凝集点をもたない.

証明. このような集合の各点には, それの高々可算部分集合を含む互いに素な区間近傍が存在する. このような区間近傍によって集合が覆われる. そして, 区間近傍は全体として高々可算個しか存在しない.

定理 6.5. 任意な集合 E はつぎの形に分解される: $E=N\cup A$; ここに N は E の核, A は高々可算集合であって, $N\cap A=\emptyset$.

証明. $E-N$ は, 定理4によって, 高々可算である.

定理 6.6. 一つの集合のすべての凝集点から成る集合は, 空でない限り, 完全である.

証明. E のすべての凝集点から成る集合 C は, 明らかに閉集合である: $C'\subset C$. 仮に C の孤立点 p が存在したとすれば, そのある近傍 U は $C-\{p\}$ と互いに素である. したがって, $U\cap(E-\{p\})$ は C と互いに素であるから, 定理4により, それは高々可算である. これは $p\in C$

であることと矛盾する．ゆえに，$C \subset C'$．

定理 6.7 (Cantor–Bendixon)． 閉集合は，高々可算であるか，あるいは互いに素な完全集合と高々可算集合との和として表される．

証明．閉集合 F が高々可算でないとすると，定理5によって $F=N \cup A$，$N \cap A=\emptyset$； ここに N は F の核，A は高々可算集合である．F は閉集合であるから，N は F のすべての凝集点をつくしている．ゆえに，定理6によって，N は完全である．

注意．定理7において，高々可算でない閉集合に対して，ここにあげた分解は一意であることが示される．──そのことからさらに，完全集合は非可算であることがみちびかれる．

さて，$\boldsymbol{R}^N$ の開集合の構造に関するつぎの定理は重要である：

定理 6.8． 開集合は内点を共有しない閉区間の可算和とみなされる．

証明．一般に，任意な網系について，一つの開集合の各点に対して，そのある格子 γ_ν に属する区間近傍の閉包は，集合に含まれる．いま，与えられた開集合 O に閉包が含まれるような γ_1 の区間近傍の全体を U_1^κ $(\kappa=1, 2, \cdots)$ で表す；これは空であるかもしれない．このとき $\bigcup \overline{U_1^\kappa}$ は閉集合であり，したがって $O-\bigcup \overline{U_1^\kappa}$ は空でない開集合である．帰納的に，第 $\nu-1$ 段階まで完了したならば，閉包が開集合

$$O-\bigcup_{\mu=1}^{\nu-1} \bigcup_{\kappa} \overline{U_\mu^\kappa} \neq \emptyset$$

に含まれるような γ_ν の区間近傍の全体を U_κ^ν $(\kappa=1, 2, \cdots)$ で表す．このとき，$O-\bigcup_{\mu=1}^{\nu} \bigcup_{\kappa} \overline{U_\mu^\kappa}$ は空でない開集合である．最初にのべた注意によって，この操作は無限に続く．それによって，閉区間の可算和としての表示がえられる：

$$O=\bigcup_{\mu=1}^{\infty} \bigcup_{\kappa} \overline{U_\mu^\kappa}.$$

系． 開集合は一つの $\mathfrak{F}_\sigma$ 集合である．

注意．定理8の証明で，各点の区間近傍とあるところをすべてその点を含む網目でおきかえてもよい．

定理 6.9． 開集合は任意な一つの網系における互いに素な網目の可算和として表される．──規準表示．

証明. 定理 8 の証明における記号を用いれば，各点 $p \in O$ はある U^{κ}_{μ} の点となっているから,

$$O \subset \bigcup_{\mu=1}^{\infty} \bigcup_{\kappa} U^{\kappa}_{\mu} \subset \bigcup_{\mu=1}^{\infty} \bigcup_{\kappa} \overline{U^{\kappa}_{\mu}} = O.$$

したがって，互いに素な網目の可算和として

$$O = \bigcup_{\mu=1}^{\infty} \bigcup_{\kappa} U^{\kappa}_{\mu}.$$

定理 8，9 は任意な $\boldsymbol{R}^N$ に対して成り立つ．特に，$\boldsymbol{R}^1$ においては，開集合を開区間の和として表すこともできる．そして，一重積分に限定した理論では，この分解を基礎におくことができる．

定理 6.10. 一次元開集合は，互いに素な(有限または無限)開区間の高々可算和として表される．しかも，項の順序を除いて，この表現は一意である．

証明. (i) O を開集合とする．各 $x \in O$ に対して適当な正数 α, β をとれば，$(x-\alpha, x+\beta) \subset O$．この性質をもつ α, β の上限を $\alpha_x = \sup \alpha$, $\beta_x = \sup \beta$ とすれば,

$$i(x) \equiv (x-\alpha_x, x+\beta_x) \subset O; \quad x-\alpha_x \notin O, \quad x+\beta_x \notin O;$$

ただし，$\alpha_x = \infty$ または $\beta_x = \infty$ のときはそれぞれ $x-\alpha_x = -\infty$ または $x+\beta_x = +\infty$ とする．$\{i(x)\}_{x \in O}$ のうちから相異なるものの全体をえらび出す．それらは互いに素な区間から成り，高々可算個しか存在しない．それらを $\{i_\nu\}$ で表せば,

$$O = \bigcup_{x \in O} i(x) = \bigcup_{\nu} i_\nu.$$

(ii) 二つの表示 $O = \bigcup_\nu i_\nu = \bigcup_\rho j_\rho$ があったとする．j_ρ と素でない i_ν の全体を $\{i^\rho_\kappa\}_\kappa$ とすれば，$\bigcup_\kappa i^\rho_\kappa = j_\rho$．仮にこれが唯一の i_ν から成ってはいないとすれば,

$$j_\rho - i^\rho_1 = \bigcup_{\kappa>1} i^\rho_\kappa$$

において，右辺は開集合であるのに左辺は開集合でないという矛盾が生じる．ゆえに，各 j_ρ はある i_ν と一致しなければならない．

問　題　6

1. $\boldsymbol{R}^N$ で開集合は増加閉集合列の極限とみなされる．

2. $\boldsymbol{R}^N$ で閉集合は減少開集合列の極限とみなされる.

§7. Borel 集合

一つの集合 Ω の部分集合から成る集合族 $\mathfrak{E}$ について考える.

$A, B \in \mathfrak{E}$ である限り $A \cup B$, $A \cap B \in \mathfrak{E}$ ならば, $\mathfrak{E}$ は**集合環**であるという. $A, B \in \mathfrak{E}$ である限り $A \cup B$, $A - B \in \mathfrak{E}$ ならば, $\mathfrak{E}$ は**集合体**であるという.

$\mathfrak{E}$ が体ならば, 必然的に環である. じっさい, つねに

$$A \cap B = A - (A - B).$$

任意な可算列 $\{E_\nu\} \subset \mathfrak{E}$ に対して $\bigcup E_\nu \in \mathfrak{E}$ ならば, $\mathfrak{E}$ は σ **集合族**であるという. また, $\bigcap E_\nu \in \mathfrak{E}$ ならば, $\mathfrak{E}$ は δ **集合族**であるという.

定義. $\mathfrak{B}$ が同時に σ 族かつ δ 族であるとき, すなわち任意な可算列 $\{E_\nu\} \subset \mathfrak{B}$ に対して $\bigcup E_\nu$, $\bigcap E_\nu \in \mathfrak{B}$ であるならば, $\mathfrak{B}$ は **Borel 集合族**であるという.

定理 7.1. 任意な集合族に対して, それを含む最小な Borel 集合族が存在する.

証明. $\mathfrak{E}$ を Ω の部分集合から成る一つの集合族とする. $\mathfrak{E}$ を部分族とする Borel 集合族は存在する; 例えば, Ω のすべての部分集合から成る部分族. $\mathfrak{E}$ を含むすべての Borel 集合族の共通部分族 $\mathfrak{B}$ が Borel 集合族であることを示せばよい. 任意な可算列 $\{B_\nu\} \subset \mathfrak{B}$ は, $\mathfrak{E}$ を含むいかなる Borel 集合族に対しても, それからの可算列とみなされるから, $\bigcup B_\nu$, $\bigcap B_\nu \in \mathfrak{B}$.

次章以下では, もっぱらユークリッド空間について考えるから, ここで特殊な型の Borel 集合族だけを考察の対象とする:

規約. $\boldsymbol{R}^N$ におけるすべての閉区間(一つの網系の網目の閉包に限ってもよい)の全体から成る集合族を構成礎石として, それを含む最小な Borel 集合族を, 今後は単に **Borel 集合族**といい, $\mathfrak{B}$ で表す. $\mathfrak{B}$ の各メンバーを **Borel 集合**という.

定理 7.2. Borel 集合族 $\mathfrak{B}$ は B と同時に $B^c \equiv \boldsymbol{R}^N - B$ を含む.

証明. $\mathfrak{B}^c = \{E \mid E^c \in \mathfrak{B}\}$ とおく. 定理 6.8 により任意な開集合 O は

$\mathfrak{B}$ に属するから，任意な閉集合 $F=O^c\equiv\boldsymbol{R}^N-O$ は $\mathfrak{B}^c$ に属する．任意な可算列 $\{E_\nu\}\subset\mathfrak{B}^c$ に対して $\{E_\nu^c\}\subset\mathfrak{B}$ であるから，

$$\bigcup E_\nu=(\bigcap E_\nu^c)^c\in\mathfrak{B}^c,\qquad \bigcap E_\nu=(\bigcup E_\nu^c)^c\in\mathfrak{B}^c.$$

ゆえに，$\mathfrak{B}^c$ はすべての閉区間を含む(広義の) Borel 族であり，$\mathfrak{B}$ の最小性によって $\mathfrak{B}\subset\mathfrak{B}^c$．したがって，$B\in\mathfrak{B}$ とすれば，$B\in\mathfrak{B}^c$ となり，$B^c\in\mathfrak{B}$.

さて，定理 2 の証明でも注意したように，$O\in\mathfrak{B}$．特に $\boldsymbol{R}^N\in\mathfrak{B}$ であるから，$F=\boldsymbol{R}^N-O\equiv O^c\in\mathfrak{B}$．また，$A, B\in\mathfrak{B}$ ならば，$A-B=AB^c\in\mathfrak{B}$．さらに，$\{E_\nu\}\subset\mathfrak{B}$ に対して $\overline{\lim}\,E_\nu$, $\underline{\lim}\,E_\nu\in\mathfrak{B}$．したがって，$\mathfrak{B}$ は定義にもとづく和と積のほかに，余集合や差や極限をつくる操作についても閉じている．O と F から出発すれば，まず $\mathfrak{G}_\delta$, $\mathfrak{F}_\sigma\in\mathfrak{B}$．さらに，$\mathfrak{G}_\delta$ の集合の可算和として表される集合の全体から成る族 $\mathfrak{G}_{\delta\sigma}$ ならびに $\mathfrak{F}_\sigma$ の集合の可算積として表される集合の全体から成る族 $\mathfrak{F}_{\sigma\delta}$ もまた，$\mathfrak{B}$ に含まれる．同様に定義される族 $\mathfrak{G}_{\delta\sigma\delta}$, $\mathfrak{F}_{\sigma\delta\sigma}$, $\mathfrak{G}_{\delta\sigma\delta\sigma}$ etc. はすべて $\mathfrak{B}$ に含まれる．

一般に，可算回の可算操作は，一回の可算操作で行える．したがって，上に列挙した型の集合族に属する各集合は，閉区間から出して和，差，積から成る一回の可算操作を施してえられる．$\mathfrak{B}$ の最小性に注意すれば，このようにしてえられる集合の全体が $\mathfrak{B}$ を構成している．

問　題 7

1. 与えられた集合族を部分族とする最小な環，体，σ 族，δ 族が存在する．

2. $\boldsymbol{R}^N$ における Borel 集合族 $\mathfrak{B}$ は，すべての開集合を含む最小な Borel 集合族としても定義できる．

3. 高々可算集合は Borel 集合である．

§8. 被覆定理

一般に，可算公理をみたす空間について考える．

一つの集合 E と一つの集合系 $\mathfrak{A}$ があって，各 $p\in E$ に対して $p\in A$ である $A\in\mathfrak{A}$ が存在するとき，E は $\mathfrak{A}$ によって**覆われている**または $\mathfrak{A}$

は E を**覆っている**という．特に，空間自身は近傍系と同値な可算開集合系によって覆われているわけである．

Lindelöf および Heine–Borel に由来する二つの有用な被覆定理についてのべる．

定理 8.1 (Lindelöf). 可算公理をみたす空間で，E が開集合系 $\mathfrak{O}$ によって覆われているならば，E を覆うのに $\mathfrak{O}$ からの高々可算個の集合の系で十分である．

証明．空間の近傍系と同値な可算開集合系 $\mathfrak{N}$ に属する集合のうちで，$\mathfrak{O}$ に属する集合の部分集合であるものの全体を $\{N_\kappa\}$ で表す．N_κ に $N_\kappa \subset O_\kappa$ である一つの $O_\kappa \in \mathfrak{O}$ を対応させる；$\{O_\kappa\}$ のうちに重複するものがあってもよい．各 $p \in E$ に対して $p \in O$ である $O \in \mathfrak{O}$ が存在し，可算公理によって $p \in N \subset O$ である $N \in \mathfrak{N}$ が存在する．このような N は一つの N_κ であるから，$p \in N_\kappa \subset O_\kappa$．$p \in E$ は任意であるから，

$$E \subset \bigcup N_\kappa \subset \bigcup O_\kappa.$$

定理 8.2 (Heine–Borel). 可算公理をみたす空間で，コンパクトな閉集合 E が開集合系 $\mathfrak{O}$ によって覆われているならば，E を覆うのに $\mathfrak{O}$ からの有限個の集合の系で十分である．

注意．可算公理をみたす空間では，コンパクトな集合は実は必然的に閉じている．

証明．定理 1 により $\mathfrak{O}$ は可算系であるとしてよい: $\mathfrak{O} = \{O_\kappa\}$．仮に E が $\mathfrak{O}$ からの有限個の系で覆われなかったとすれば，

$$C_\nu = E - \bigcup_{\kappa=1}^{\nu} O_\kappa \qquad (\kappa = 1, 2, \cdots)$$

はコンパクトな閉集合であって $C_\nu \supset C_{\nu+1} \neq \emptyset$．ゆえに，定理 5.6 によって，$p \in E$ が存在して $p \in \bigcap C_\nu$．したがって，$p \notin \bigcup O_\kappa$ となるが，これは $p \in E \subset \bigcup O_\kappa$ と矛盾する．

$\boldsymbol{R}^N$ は可算公理をみたすから，定理 1, 2 はそこではもちろんそのままの形で成り立つ．しかし，$\boldsymbol{R}^N$ についてだけならば，これらはつぎのようにも証明される．類似ではあるが，別証を追記しておこう．

Lindelöf の定理． $\boldsymbol{R}^N$ において，E が開集合系 $\mathfrak{O}$ で覆われている

ならば, E は $\mathfrak{O}$ からの高々可算個の集合の系で覆われる.

証明. 一つの網系について, 各 $O \in \mathfrak{O}$ は定理 6.9 により可算個の網目の和として表される. すべての $O \in \mathfrak{O}$ をこのように表したとき, そこに現れる相異なる網目は全体として可算である. そして, これらの可算個の相異なる網目は E を含み, 各網目は少なくとも一つの $O \in \mathfrak{O}$ に含まれる.

Heine–Borel の定理. $\boldsymbol{R}^N$ において, コンパクトな E が開集合系 $\mathfrak{O}$ によって覆われているならば, E は $\mathfrak{O}$ からの有限個の集合の系で覆われる.

証明. Lindelöf の定理にもとづいて, $\mathfrak{O}=\{O_\kappa\}_{\kappa=1}^{\infty}$, $E \subset \bigcup O_\kappa$ としてよい. 各 $p \in E$ に対して $p \in O_\kappa$ である κ の最小な値を $\kappa(p)$ で表すとき, $\{\kappa(p)\}_{p \in E}$ が有界なことを示せばよい. 仮にそうでなかったとすれば, ある点列 $\{p_\lambda\} \in E$ に対して $\kappa(p_\lambda) \to \infty$ $(\lambda \to \infty)$. E はコンパクトであるから, $\{p_\lambda\}$ の集積点 $p \in E$ が存在する. $p \in E'$ であるから, 無限に多くの λ に対して $p_\lambda \in O_{\kappa(p)}$, したがって $\kappa(p_\lambda) \leqq \kappa(p)$. これは $\kappa(p_\lambda) \to \infty$ であることと矛盾する.

問 題 8

1. $E \subset \boldsymbol{R}^N$ を覆う各開集合系が E を覆う有限部分集合系を含むならば, E はコンパクトである. ——Heine–Borel の定理の逆.

2. 有界閉集合 $F \subset \boldsymbol{R}^N$ で有限連続な実数値関数は, F で有界であってかつ最大な値および最小な値をとることを, 被覆定理を利用して証明せよ.

第2章　測　　度

§9.　測度問題

本書の主要な対象は，N 次元ユークリッド空間 $\boldsymbol{R}^N$ における測度とそれにもとづく積分に関する Lebesgue の古典的な理論である．これは一般な測度の理論に対する典型的なモデルを与えるものである．

$\boldsymbol{R}^N$ における一つの集合の測度は，実はその特性関数の積分とみなされる．逆に，$\boldsymbol{R}^N$ の一つの集合上で定義された関数の積分は，$\boldsymbol{R}^{N+1}$ におけるその縦線集合の測度とみなされる．このように，空間の次元が一般である限り，測度と積分は並行して論じられる．ここでは，まず測度の概念からはじめる．

一つの集合族 $\mathfrak{E}$ において，各 $E\in\mathfrak{E}$ に対して一つの数 $T(E)$ が対応させられているとき，T を**集合関数**，$\mathfrak{E}$ をその定義域という．Lebesgue 測度 $\boldsymbol{m}$ は一つの集合関数であって，二次元ないしは三次元の図形の初等的な面積や体積の概念の一般化を目指したものである．それに応じて，つぎの基本的な諸性質が要請される：

1°．　各 $E\in\mathfrak{E}$ に対して $0\leqq \boldsymbol{m}(E)\leqq\infty$；

2°．　互いに素な $E_\nu\in\mathfrak{E}$ $(\nu=1, 2, \cdots)$ に対して，$\bigcup E_\nu\in\mathfrak{E}$ であって $\boldsymbol{m}(\bigcup E_\nu)=\sum \boldsymbol{m}(E_\nu)$，ここに和は可算無限であってもよい（**完全加法性**）；

3°．　合同な集合は相等しい測度をもつ（**運動と反転の保測性**）；

4°．　単位立方体 W: $0\leqq x_j<1$ $(j=1, \cdots, N)$ に対して $\boldsymbol{m}(W)=1$（**正規化条件**）．

もし $\mathfrak{E}$ が $\boldsymbol{R}^N$ のすべての部分集合を含むように $\boldsymbol{m}$ を定義できたとすれば，それは理想的な測度関数となったであろう．しかし，有界な集合に限ったとしても，そのような $\boldsymbol{m}$ を定めることはできないのである（§15 参照）．したがって，$\mathfrak{E}$ をできるだけ広い集合族としてその上で $\boldsymbol{m}$ を定めるという問題が起る．これによって達せられるのが，Lebesgue の可測集合族と測度である．

さて，可測集合族の構成プランはつぎの通り．まず，初等幾何学的な図形に対しては，測度が面積や体積となるべきことから，性質 4° を採用する．これに 2° と 3° を追加すれば，$\boldsymbol{R}^N$ の任意な区間 I: $a_j<x_j<b_j$ $(j=1, \cdots, N)$ に対して

$$m(I)=\prod_{j=1}^{N}(b_j-a_j)$$

となる．これをもとにして，任意な集合に対して一意に定まる外測度の概念を導入する．外測度は開集合に関する限り上記の性質を具えている．最後に，与えられた集合に対して，それを含む開集合に関するその余集合を考えることによって，可測集合の全体に達するのである．

問　題 9

1. 任意な半開区間 I: $a_j \leqq x_j < b_j$ $(j=1, \cdots, N)$ に対して，測度 m が存在する限り，$m(I)=\prod_{j=1}^{N}(b_j-a_j)$ となる．

2. 任意な半開区間と開区間 I°: $a_j<x_j<b_j$ $(j=1, \cdots, N)$ に対して，測度 m が存在する限り，$m(I^\circ)=\prod_{j=1}^{N}(b_j-a_j)$ となる．

3. $E_1 \subset E_2$ のとき，$E_1, E_2, E_2-E_1 \in \mathfrak{S}$ ならば，$m(E_2)<\infty$ である限り，$m(E_2-E_1)=m(E_2)-m(E_1)$，したがって $m(E_1) \leqq m(E_2)$．

§10. 外 測 度

まず，$\boldsymbol{R}^N$ の任意な開区間 I: $a_j<x_j<b_j$ $(j=1, \cdots, N)$ に対して，その初等幾何学的な測度(N 次元体積)を

$$|I|=\prod_{j=1}^{N}(b_j-a_j)$$

で表す．任意な集合 $E \subset \boldsymbol{R}^N$ に対して，和が E を覆うような高々可算個の開区間の組 $\sigma=\{I_\lambda\}$ を考える：$E \subset \bigcup I_\lambda$．このような σ についての $\sum |I_\lambda|$ の下限を E の**外測度**といい，

$$m^*E=\inf_{\sigma}\sum_{\lambda}|I_\lambda|$$

で表す．$m^*(E)$，m_eE，$\overline{m}E$ などとも記されることがある．

つねに $0 \leqq m^*E \leqq \infty$．以下，しばらくは $m^*E<\infty$ の場合を考える；例えば，E が有界ならば，そうなる．下限としての定義により，任意な $\sigma=\{I_\lambda\}$，$E \subset \bigcup I_\lambda$ に対して $m^*E \leqq \sum |I_\lambda|$；任意な $\varepsilon>0$ に対して適当

な σ をえらべば，$m^*E>\sum|I_\lambda|-\varepsilon$.

つぎの両定理は外測度の定義から明らかであろう．

定理 10.1. 空集合，一点から成る集合 e，全空間に対して

$$m^*\varnothing=0,\qquad m^*e=0,\qquad m^*\boldsymbol{R}^N=\infty.$$

定理 10.2. $E_1\subset E_2$ ならば，$m^*E_1\leqq m^*E_2$.

定理 10.3. 任意な高々可算集合列 $\{E_\nu\}$ に対して

$$m^*\bigcup_\nu E_\nu\leqq\sum_\nu m^*E_\nu.$$

証明. 右辺が有限な場合を示せばよい．任意な $\varepsilon>0$ に対して，各 ν について適当な開区間の可算列 $\{I_\lambda^\nu\}_\lambda$ をえらべば，

$$E_\nu\subset\bigcup_\lambda I_\lambda^\nu,\qquad \sum_\lambda|I_\lambda^\nu|<m^*E_\nu+\frac{\varepsilon}{2^\nu}.$$

$\{I_\lambda^\nu\}_{\lambda,\nu}$ は高々可算列とみなされ，$\bigcup E_\nu$ を覆うから，

$$m^*\bigcup_\nu E_\nu\leqq\sum_{\nu,\lambda}|I_\lambda^\nu|=\sum_\nu\sum_\lambda|I_\lambda^\nu|$$
$$<\sum_\nu\left(m^*E_\nu+\frac{\varepsilon}{2^\nu}\right)\leqq\sum_\nu m^*E_\nu+\varepsilon.$$

$\varepsilon>0$ は任意であるから，定理の不等式がえられる．

定理 10.4. $m^*e=0$ ならば，$m^*(E\cup e)=m^*E$.

証明. $$m^*E\leqq m^*(E\cup e)\leqq m^*E+m^*e=m^*E.$$

定理 10.5. 座標超平面に平行な $N-1$ 次元超平面の外測度は，0 に等しい．

証明. 問題の超平面が方程式 $x_N=h$ で表されているとする；他の場合も同様． 任意な $\varepsilon>0$ に対して，開区間の可算列 $\{I_{\nu_1\cdots\nu_{N-1}}\}_{\nu_1,\cdots,\nu_{N-1}}$ を

$$I_{\nu_1\cdots\nu_{N-1}}:\ \nu_j-1<x_j<\nu_j+1,\qquad h-\varepsilon_{\nu_1\cdots\nu_{N-1}}<x_N<h+\varepsilon_{\nu_1\cdots\nu_{N-1}}$$
$$(j=1,\cdots,N-1;\ \nu_j=0,\pm1,\pm2,\cdots)$$

により定義する；ここに $\varepsilon_{\nu_1\cdots\nu_{N-1}}=2^{-N}3^{-N+1}2^{-|\nu_1|-\cdots-|\nu_{N-1}|}\varepsilon$. この開区間列の和は超平面 $x_N=h$ を覆い，

$$\sum_{\nu_1,\cdots,\nu_{N-1}}|I_{\nu_1\cdots\nu_{N-1}}|=\sum_{\nu_1,\cdots,\nu_{N-1}}2^N\varepsilon_{\nu_1\cdots\nu_{N-1}}=\varepsilon.$$

$\varepsilon>0$ は任意であるから，定理の結論がえられる．

補助定理. 開区間 I が有限個の開区間 I_ν $(\nu=1,\cdots,n)$ の和で覆われ

るならば，$|I|\leqq\sum|I_\nu|$.

証明. 任意な $\varepsilon>0$ に対して，座標がすべて ε の整数倍である点のうちで，I: $a_j<x_j<b_j$ $(j=1, \cdots, N)$，I_ν: $a_{\nu j}<x_j<b_{\nu j}$ $(j=1, \cdots, N)$ に含まれるものの個数をそれぞれ $t(\varepsilon)$, $t_\nu(\varepsilon)$ とすれば，

$$t(\varepsilon)\geqq\prod_{j=1}^{N}\left(\frac{b_j-a_j}{\varepsilon}-1\right), \qquad t_\nu(\varepsilon)<\prod_{j=1}^{N}\left(\frac{b_{\nu j}-a_{\nu j}}{\varepsilon}+1\right).$$

仮定 $I\subset\bigcup_{\nu=1}^{n}I_\nu$ から $t(\varepsilon)\leqq\sum_{\nu=1}^{n}t_\nu(\varepsilon)$，したがって

$$\prod_{j=1}^{N}(b_j-a_j-\varepsilon)<\sum_{\nu=1}^{n}\prod_{j=1}^{N}(b_{\nu j}-a_{\nu j}+\varepsilon).$$

$\varepsilon\to 0$ として $|I|\leqq\sum_{\nu=1}^{n}|I_\nu|$.

定理 10.6. 開区間 I，その閉包としての閉区間 $\bar{I}$ に対して

$$m^*I=m^*\bar{I}=|I|.$$

証明. I の(同時に $\bar{I}$ の)境界の各面は，定理5によって，外測度0である．ゆえに，定理4により $m^*\bar{I}=m^*I$. つぎに，任意な $\varepsilon>0$ に対して適当な開区間列 $\{I_\nu\}$ をえらべば，$\bar{I}\subset\bigcup I_\nu$, $m^*\bar{I}>\sum|I_\nu|-\varepsilon$. Borel の被覆定理(§8)によって，$\bar{I}$ は $\{I_\nu\}$ からの有限和で覆われる：$I\subset\bar{I}\subset\bigcup_{\nu=1}^{n}I_\nu$. 補助定理を用いると，

$$|I|\leqq\sum_{\nu=1}^{n}|I_\nu|\leqq\sum_{\nu}|I_\nu|<m^*\bar{I}+\varepsilon.$$

$\varepsilon>0$ は任意であるから，$|I|\leqq m^*\bar{I}=m^*I$. 他方で，I はそれ自身で覆われているから，$m^*I\leqq|I|$. ゆえに，$m^*I=m^*\bar{I}=|I|$.

系. 開区間 I にその境界の任意な部分集合を追加してえられる集合の外測度は，$|I|$ に等しい．

以下，外測度が ∞ の集合も許容する．特にことわらない限り，一般に O は開集合を，F は閉集合を表すものとする；必要ならば，それぞれ O_ν, F_ν などと記す．

定理 10.7 (W. H. Young). 任意な集合 E の外測度は，それを含む開集合の外測度の下限に等しい：

$$m^*E=\inf_{O\supset E}m^*O.$$

証明. $E\subset O$ ならば，つねに $m^*E\leqq m^*O$. $m^*E=\infty$ のときは自明であるから，$m^*E<\infty$ とする．任意な $\varepsilon>0$ に対して，適当な開区間

列 $\{I_\nu\}$ をえらべば，$E\subset\bigcup I_\nu$，$\sum|I_\nu|<m^*E+\varepsilon$．特に $O=\bigcup I_\nu$ ととれば，

$$m^*O\leqq\sum m^*I_\nu=\sum|I_\nu|<m^*E+\varepsilon.$$

定理 10.8. E が互いに素な(境界が任意な)区間の高々可算和として $E=\bigcup J_\nu$ と表されるならば，$m^*E=\sum|J_\nu|$．

証明. まず，定理3と定理6系によって

$$m^*E\leqq\sum m^*J_\nu=\sum|J_\nu|.$$

ゆえに，$m^*E\geqq\sum|J_\nu|$ を示せばよい．$m^*E<\infty$ と仮定してよい．任意な $\varepsilon>0$ に対して適当な開区間列 $\{I_\lambda\}$ をえらべば，

$$E\subset\bigcup I_\lambda,\qquad \sum|I_\lambda|<m^*E+\varepsilon.$$

$I_{\lambda\nu}\equiv I_\lambda\cap J_\nu$ は空であるか，さもなければ一つの区間である．各 λ に対して，$I_{\lambda\nu}$ $(\nu=1,2,\cdots)$ は互いに素であって $I_{\lambda\nu}\subset I_\lambda$．ゆえに，任意な n について $\sum_{\nu=1}^{n}|I_{\lambda\nu}|\leqq|I_\lambda|$；$n$ は任意であるから，$\sum_\nu|I_{\lambda\nu}|\leqq|I_\lambda|$．他方で，$J_\nu=\bigcup_\lambda I_{\lambda\nu}$ から $|J_\nu|\leqq\sum_\lambda|I_{\lambda\nu}|$．したがって，

$$\sum_\nu|J_\nu|\leqq\sum_\nu\sum_\lambda|I_{\lambda\nu}|=\sum_\lambda\sum_\nu|I_{\lambda\nu}|\leqq\sum_\lambda|I_\lambda|<m^*E+\varepsilon.$$

$\varepsilon>0$ は任意であるから，$\sum|J_\nu|\leqq m^*E$．

注意. E が互いに素な区間の和として表されるならば，そのような表示は多様に存在する．定理8は，どのような表示 $E=\bigcup J_\nu$ に対しても，$\sum|J_\nu|$ が表示に無関係に確定した値 m^*E を和としてもつことを示している．

定理 10.9. 互いに素な集合 E_ν $(\nu=1,2,\cdots)$ のおのおのが区間の高高可算和として表されるならば，$E=\bigcup E_\nu$ に対して $m^*E=\sum m^*E_\nu$．

証明. まず，互いに素な区間の和としての表示 $E_\nu=\bigcup_\nu J_{\nu\lambda}$ に対して $m^*E_\nu=\sum_\lambda|J_{\nu\lambda}|$．他方で，$E=\bigcup_{\nu,\lambda}J_{\nu\lambda}$ は互いに素な区間の和としての E の表示であるるから，

$$m^*E=\sum_{\nu,\lambda}|J_{\nu\lambda}|=\sum_\nu\sum_\lambda|J_{\nu\lambda}|=\sum_\nu m^*E_\nu.$$

注意. この定理の仮定で，E_ν は互いに高々境界を共有するとしても，結論はそのまま成り立つ．

系. O_ν $(\nu=1,2,\cdots)$ を互いに素な開集合列とすれば，

$$m^*(\bigcup_\nu O_\nu)=\sum m^*O_\nu.$$

この系は，§9 における測度についての要請 2°（完全加法性）が，開集合に関する限り，外測度によってみたされることを示している．

定理 10.10. 任意な開集合 O_1，O_2 に対して

$$m^*(O_1\cup O_2)+m^*(O_1\cap O_2)=m^*O_1+m^*O_2.$$

証明. 同じ網系による規準表示を $O_1=\bigcup V_{1\mu}$，$O_2=\bigcup V_{2\nu}$ とする．一対の $V_{1\mu}$，$V_{2\nu}$ は互いに素かまたは一方が他方を含む．すべての $V_{2\nu}$ と素な $V_{1\mu}$ およびすべての $V_{1\mu}$ と素な $V_{2\nu}$ の全体を $\{V_\kappa\}$ とし，また $V_{1\mu}\cap V_{2\nu}\neq\emptyset$ である対について $U_\lambda=V_{1\mu}\cup V_{2\nu}$, $W_\lambda=V_{1\mu}\cap V_{2\nu}$ $(\lambda=\lambda(\mu,\nu))$ とおけば，

$$O_1\cup O_2=(\bigcup_\kappa V_\kappa)\cup(\bigcup_\lambda{}' U_\lambda),\qquad O_1\cap O_2=\bigcup_\lambda W_\lambda;$$

ただし $\bigcup_\lambda'$ は U_λ のうちで相異なるもの全体の和．これらはいずれも互いに素な区間の和としての表示であるから，定理 9 によって，

$$m^*(O_1\cup O_2)+m^*(O_1\cap O_2)=\sum|V_\kappa|+\sum{}'|U_\lambda|+\sum|W_\lambda|.$$

ここで $\{V_\kappa,\ U_\lambda,\ W_\lambda\}$ は全体として $\{V_{1\mu};\ V_{2\nu}\}$ と一致するから，

$$\sum|V_\kappa|+\sum{}'|U_\lambda|+\sum|W_\lambda|=\sum|V_{1\mu}|+\sum|V_{2\nu}|=m^*O_1+m^*O_2.$$

この定理で，特に $O_1\cap O_2=\emptyset$ ならば，$m^*(O_1\cup O_2)=m^*O_1+m^*O_2$ となるが，これは定理 9 系の特別な場合にすぎない．

定理 10.11. $O_1\subset O_2$，$m^*O_1<\infty$ ならば，

$$m^*(O_2-O_1)=m^*O_2-m^*O_1.$$

証明. 一般に $m^*O_2\leqq m^*(O_2-O_1)+m^*O_1$．他方で，$O_1$ を高々境界を共有する閉区間の和として表す：$O_1=\bigcup\bar{V}_\nu$．いま，$Z_n=\bigcup_{\nu=1}^n\bar{V}_\nu$ とおけば，$m^*(\bar{V}_\nu-V_\nu)=0$ であるから，

$$m^*Z_n=\sum_{\nu=1}^n|V_\nu|,\qquad \lim_{n\to\infty}m^*Z_n=\sum_{\nu=1}^\infty|V_\nu|=m^*O_1.$$

任意な $\varepsilon>0$ に対して適当な $n=n(\varepsilon)$ をえらべば，$m^*O_1-m^*Z_n<\varepsilon$．$Z_n$ は O_2 の部分閉集合であるから，O_2-Z_n は開集合であり，したがって互いに素な区間の和とみなされる．定理 8 の注意によって，$O_2=Z_n\cup(O_2-Z_n)$ から $m^*O_2=m^*Z_n+m^*(O_2-Z_n)$．ゆえに，$O_2-O_1\subset O_2-Z_n$ に注意して，

$$m^*(O_2-O_1)\leqq m^*(O_2-Z_n)=m^*O_2-m^*Z_n<m^*O_2-m^*O_1+\varepsilon.$$

$\varepsilon>0$ は任意であるから，$m^*(O_2-O_1)\leqq m^*O_2-m^*O_1$.

定理 10.12. 任意な集合 E_1, E_2 に対して

$$m^*(E_1\cup E_2)+m^*(E_1\cap E_2)\leqq m^*E_1+m^*E_2.$$

証明. 定理7により，任意な $\varepsilon>0$ に対して適当な開集合 O_ν $(\nu=1,2)$ をえらべば，

$$E_\nu\subset O_\nu,\qquad m^*O_\nu<m^*E_\nu+\varepsilon/2\qquad(\nu=1,2).$$

ゆえに，定理 10 によって，

$$\begin{aligned}m^*(E_1\cup E_2)+m^*(E_1\cap E_2)&\leqq m^*(O_1\cup O_2)+m^*(O_1\cap O_2)\\&=m^*O_1+m^*O_2<m^*E_1+m^*E_2+\varepsilon.\end{aligned}$$

$\varepsilon>0$ は任意であるから，定理の関係がえられる.

問　題 10

1. 高々可算集合 e に対して $m^*e=0$.

2. E が一つの区間を含むならば，$m^*E>0$.

3. E が有界ならば，$m^*E<\infty$.

4. 外測度の定義の式 $m^*E=\inf\sum|I_\lambda|$ $(E\subset\bigcup I_\lambda)$ において，$\{I_\lambda\}$ を指定された任意な一つの正数より小さい有理数を稜長とする立方体から成る列に限定してもよい.

5. $\rho(A, B)>0$ ならば，$m^*(A\cup B)=m^*A+m^*B$.

6. $E\subset \boldsymbol{R}^N$ に対して $m^*E>0$ ならば，集合 $\{x_1\,|\,(x_1,\cdots,x_N)\in E\}\subset\boldsymbol{R}^1$ の(一次元)外測度は正である.

§11.　内測度と可測性

前節でみたように，互いに素な(いっそう一般に，高々境界を共有する)区間の高々可算和として表される集合，特に開集合に対しては，外測度は完全加法性を具えている．本節では，開集合をすべて含むものとして，可測集合族を特性づけよう.

いま，外測度が有限な任意な集合 E を一つの開集合 O で覆ったとする；$E\subset O$. 外測度 m^* の一般性質(定理 10.3)によって，$O=E\cup(O-E)$ からは

(a)　$$m^*O \leqq m^*E + m^*(O-E)$$

がえられるだけである．しかし，測度 m に関しては，いっそう強い条件

(b)　$$mO = mE + m(O-E)$$

を要請しようというわけである．この関係は E と $O-E$ について対称な形をもっているから，E と同時に $O-E$ もまた可測であることが要請されるのである．(b)は両者の測度に関しての加法性をのべている．

以下，本節では有限外測度の集合だけを考える；この制限の撤廃については，次節参照．

さて，(a)で等号が成立するとすれば，$m^*O<\infty$ である限り，

(c)　$$m^*E = m^*O - m^*(O-E)$$

となるが，この右辺は見掛け上は E を覆う開集合 O の選択に依存している．しかし，実はそれが O に無関係であることが示されるのである．

定理 11.1. 任意な集合 E に対して $E\subset O$ とすれば，$m^*O<\infty$ である限り，$m^*O-m^*(O-E)$ の値は O の選択に無関係である．

証明. O のほかに $E\subset O_1$，$m^*O_1<\infty$ である任意な開集合 O_1 を考える．$O\cap O_1$ を仲介とすればよいから，$O\subset O_1$ と仮定してよい．まず，$O_1-E=(O_1-O)\cup(O-E)$ から定理 10.3 により

$$m^*(O_1-E) \leqq m^*(O_1-O) + m^*(O-E).$$

他方で，定理 10.7 によって，任意な $\varepsilon>0$ に対して $O_1-E\subset O_2$，$m^*(O_1-E)>m^*O_2-\varepsilon$ である開集合 O_2 が存在し，

$$O-E = O\cap(O_1-E) \subset O\cap O_2,$$

$$O_1-O = (O_1-E)\cap(O_1-O) \subset O_2\cap(O_1-O) \subset O_2-O\cap O_2.$$

ゆえに，定理 10.11 によって，

$$m^*(O_1-E)+\varepsilon > m^*O_2$$
$$= m^*(O_2-O\cap O_2) + m^*(O\cap O_2) \geqq m^*(O_1-O) + m^*(O-E).$$

$\varepsilon>0$ は任意であるから，さきにえられた不等式と比較して

$$m^*(O_1-E) = m^*(O_1-O) + m^*(O-E).$$

再び定理 10.11 を用いれば，これから

$$m^*O_1 - m^*(O_1-E) = m^*O - m^*(O-E).$$

この定理にもとづいて，有限外測度の任意な集合 E に対して，一意に確定する負でない数

$$m_*E=m^*O-m^*(O-E) \qquad (E\subset O,\ m^*O<\infty)$$

を E の**内測度**という；$m_*(E)$，$m_{\mathrm{i}}E$，$\underline{m}E$ などとも記される．

定理 11.2. $$m_*E\leqq m^*E.$$

証明．一般に成立する不等式(a)からわかる．

定義．有限外測度の集合 E に対して，(c)すなわち

(d) $$m_*E=m^*E$$

が成り立つとき，E は**可測**であるという．可測集合 E に対しては，(d)の両辺に共通な値を単に**測度**(**Lebesgue 測度**)とよび，mE で表す．

特に，$mE=0$ である集合 E を**零集合**という；そのための条件は $m^*E=0$．零集合の任意な部分集合は零集合である．

一般に，「一つの零集合を除いて」を略称して，「**殆んどいたるところ**」あるいは「**a.e.**(=almost everywhere)」という．これは Lebesgue 積分の理論を通じて重要な役割を果たす概念である；例えば，定理 26.5 に引続く注意参照．

定理 11.3. E が可測，$E\subset O$，$m^*O<\infty$ とすれば，$O-E$ は可測である．

証明．可測性の条件 (c) すなわち $m^*O=m^*E+m^*(O-E)$ は，E と $O-E$ について対称な形をもっている．

定理 11.4. $E_1\subset E_2$ ならば，$m_*E_1\leqq m_*E_2$.

証明．$E_2\subset O$ とすれば，$O-E_1\supset O-E_2$ であるから，

$$m_*E_1=m^*O-m^*(O-E_1)\leqq m^*O-m^*(O-E_2)=m_*E_2.$$

定理 11.5. 開集合は可測である．

証明．開集合 O に対しては，$O\subset O$ であるから，

$$m_*O=m^*O-m^*(O-O)=m^*O.$$

この定理がえられたからには，これまで開集合 O について m^*O とかいたところをすべて mO とかき直してもよいわけである．

定理 11.6. 閉集合は可測である．

証明．閉集合 F に対して，$F\subset O$ とすれば，$O-F$ は開集合である．

定理5によって $O-F$ は可測，したがって定理3によって $F=O-(O-F)$ は可測である．

定理 11.7. 二つの開集合の差は可測である．

証明． $O_2-O_1=O_2-O_1\cap O_2$ は O_2 に関する $O_1\cap O_2$ の余集合であるから，定理 5,3 により可測である．

可測集合の全体から成る集合族を $\mathfrak{M}$ で表す．

定理 11.8. 任意な集合 E の外測度は $E\subset M$ である $M\in\mathfrak{M}$ の測度の下限に等しい:

$$m^*E=\inf_{E\subset M\in\mathfrak{M}} mM.$$

証明． $m^*E\leqq\inf_{M\supset E}mM$ は明白．他方で，定理5により $O\in\mathfrak{M}$ であるから，定理 10.7 によって $m^*E=\inf_{O\supset E}mO\geqq\inf_{M\supset E}mM$.

定理 11.9. 任意な集合 E の内測度は $E\supset M$ である $M\in\mathfrak{M}$ の測度の上限に等しい:

$$m_*E=\sup_{M\subset E,\ M\in\mathfrak{M}} mM.$$

証明． $m_*E\geqq\sup_{M\subset E}mM$ は明白．他方で，$E\subset O$ のとき，定理 10.7 により，任意な $\varepsilon>0$ に対して適当な O_1 をえらべば，$O-E\subset O_1$, $m^*(O-E)>mO_1-\varepsilon$. 特に，$M=O-O_1$ とおけば，$M\in\mathfrak{M}$, $M\subset O-(O-E)=E$ であるから，

$$m_*E=mO-m^*(O-E)<mO-mO_1+\varepsilon$$
$$\leqq mO-m(O\cap O_1)+\varepsilon=mM+\varepsilon.$$

定理 11.10. 任意な集合 E_1, E_2 に対して

$$m_*(E_1\cup E_2)+m_*(E_1\cap E_2)\geqq m_*E_1+m_*E_2.$$

証明． $E_1\cup E_2\subset O$ として，定理 10.12 の E_1, E_2 をそれぞれ $O-E_1$, $O-E_2$ でおきかえれば，

$$(O-E_1)\cup(O-E_2)=O-E_1\cap E_2,$$
$$(O-E_1)\cap(O-E_2)=O-E_1\cup E_2$$

に注意して，

$$m^*(O-E_1\cap E_2)+m^*(O-E_1\cup E_2)\leqq m^*(O-E_1)+m^*(O-E_2)$$

をえる．内測度の定義によって，これから定理の関係がみちびかれる．

問　題　11

1. E が一つの区間を含むならば，$m_*E>0$.

2. $me=0$ ならば，$m_*(E\cup e)=m_*E$.

3. $\{E_\nu\}$ が互いに素ならば，$m_*(\bigcup E_\nu)\geqq\sum m_*E_\nu$.

4. $E_1\cap E_2=\emptyset$ ならば，$m_*(E_1\cup E_2)\leqq m_*E_1+m^*E_2\leqq m^*(E_1\cup E_2)$.

5. $mE=0$, $e\subset E$ ならば，$me=0$.

6. 一般に，$m^*E<\infty$ のとき，$\delta(E)\equiv m^*E-m_*E$ とおき，これを E の**非測度**という．$m^*E_1<\infty$, $m^*E_2<\infty$, $E_1\cap E_2=\emptyset$ ならば，

$$|\delta(E_1)-\delta(E_2)|\leqq\delta(E_1\cup E_2)\leqq\delta(E_1)+\delta(E_2).$$

§12. 可 測 集 合

まず，可測集合族 $\mathfrak{M}$ に関する諸性質を列挙する．しばらくは，再び有限外測度の集合だけを考える．

定理 12.1. E_1, $E_2\in\mathfrak{M}$ ならば，$E_1\cup E_2$, $E_1\cap E_2\in\mathfrak{M}$ であって

$$m(E_1\cup E_2)+m(E_1\cap E_2)=mE_1+mE_2.$$

証明. 定理 11.10, 10.12 によって

$$mE_1+mE_2\leqq m_*(E_1\cup E_2)+m_*(E_1\cap E_2)$$
$$\leqq m^*(E_1\cup E_2)+m^*(E_1\cap E_2)\leqq mE_1+mE_2;$$

一般に $m_*E\leqq m^*E$ であるから，定理の結論がえられる．

定理 12.2. E_1, $E_2\in\mathfrak{M}$ ならば，$E_1-E_2\in\mathfrak{M}$.

証明. $E_1\cup E_2\subset O$ とすれば，

$$E_1-E_2=E_1-E_1\cap E_2=O-(E_1\cap E_2)\cup(O-E_1);$$

右辺は定理 11.3 と定理1によって可測である．

定理1において，特に $E_1\cap E_2=\emptyset$ ならば，$m(E_1\cup E_2)=mE_1+mE_2$. この加法性は，帰納法によって，有限個の互いに素な集合の場合へ拡張される．実はさらに，可算個の集合に関する完全加法性にまで拡められる：

定理 12.3. $\{E_\nu\}$ を $\mathfrak{M}$ からの互いに素な集合から成る列とすれば，$E\equiv\bigcup E_\nu\in\mathfrak{M}$ であって

$$mE=\sum mE_\nu.$$

証明. 有限列の場合は，すぐ上に注意した通り．無限列の場合には，まず定理 10.3 によって $m^*E \leqq \sum mE_\nu$. また，任意な n に対して $\sum_{\nu=1}^{n} mE_\nu = m(\bigcup_{\nu=1}^{n} E_\nu) \leqq m_* E$; $n \to \infty$ として $\sum mE_\nu \leqq m_* E$. ゆえに，$E \in \mathfrak{M}$, $mE = \sum mE_\nu$.

注意. この定理の証明では，暗に $m^*E < \infty$ が仮定されているが，この制限は後に除かれる；定理 7 に続く注意参照．

定理 12.4. $\{E_\nu\}$ を $\mathfrak{M}$ からの任意な集合列とすれば，

$$\bigcup E_\nu \in \mathfrak{M}, \qquad \bigcap E_\nu \in \mathfrak{M}.$$

証明. $E^n = \bigcup_{\nu=1}^{n} E_\nu$ とおけば，

$$\bigcup_\nu E_\nu = E^1 \cup \bigcup_n (E^{n+1} - E^n)$$

において，右辺は互いに素な可測集合の和であるから，前定理によって可測である．つぎに，$E_1 \subset O$ とすれば，

$$O - \bigcap E_\nu = O - \bigcap (E_1 \cap E_\nu) = \bigcup (O - E_1 \cap E_\nu).$$

ゆえに，$O - \bigcap E_\nu \in \mathfrak{M}$, したがって $\bigcap E_\nu \in \mathfrak{M}$. あるいは，積は和と差をつくる操作に帰着されることに注意してもよい．

注意. この定理の証明で，和については $m^*(\bigcup E_\nu) < \infty$, 積についいては $mE_\nu < \infty$ が暗に仮定されているが，この制限は後に除かれる；定理 7 参照．

以上によって，外測度が ∞ の集合が現れない限り，可測集合の高々可算和と高々可算積ならびに差をつくる操作によって，つねに可測集合がえられる．すなわち，可算集合族は閉じた集合体である．

ここで外測度が有限であるという制限は，新たに測度が ∞ の可測集合の概念を導入することによって除かれる．

さて，外測度が有限であることは，内測度の定義

$$m_* E = m^* O - m^*(O - E),$$

したがってまた可測性の条件 $m_* E = m^* E$ において本質的であった．そこで，後者の条件すなわち任意な有限測度の O に対して

(a) $$m^* O = m^* E + m^*(O - E) \qquad (E \subset O)$$

であるという条件を，つぎの定理にあげるこれと同値な条件でおきかえる：

定理 12.5. $m^*E<\infty$ である限り，（a）が任意な O に対して成り立つことは，

（b）　　　　$m^*O=m^*(O\cap E)+m^*(O-O\cap E)$

が任意な O に対して成り立つことと同値である．

証明. $m^*O=\infty$ のとき，（a）も（b）も $\infty=\infty$ となるから，これらの条件は $mO=m^*O<\infty$ のときだけ本質的である．そのとき，（b）を仮定すれば，単に $E\subset O$ とえらぶことにより（a）がえられる．逆に，（a）を仮定すれば，E が可測，したがって $O\cap E$ が可測であるから，（b）が成り立つ．

この証明からわかるように，（b）は $m^*O=\infty$ ならばつねに成立し，$mO=m^*O<\infty$ ならば $O\cap E$ が可測なことをのべている．そこであらためて，つぎの定義を設ける：

定義. $m^*E=\infty$ であって任意な O に対して（b）をみたす集合 E を，**測度が ∞ の可測集合**という．

すぐ上の注意によって，E が新しい意味で（測度 ∞ の場合も含めて）可測なことは，$O\cap E$ が任意な有限測度の O に対して従来の意味で可測なことと同値である．

定理 12.6. E が可測であるための条件は，任意な（必ずしも可測とは限らない）M に対して，つぎの関係が成り立つことである：

（c）　　　　$m^*M=m^*(M\cap E)+m^*(M-M\cap E)$.

証明. まず，E を可測とする．$m^*M=\infty$ ならば，（c）は $\infty=\infty$ として成り立つ．$m^*M<\infty$ ならば，任意な $\varepsilon>0$ に対して適当な $O\supset M$ をえらべば，

$$m^*M>mO-\varepsilon=m(O\cap E)+m(O-O\cap E)-\varepsilon$$
$$\geqq m^*(M\cap E)+m^*(M-M\cap E)-\varepsilon;$$

$\varepsilon>0$ は任意であるから，$m^*M\geqq m^*(M\cap E)+m^*(M-M\cap E)$．逆向きの不等式は明白．つぎに，（c）が成り立てば，特に $M=O$ として（b）がえられるから，E は可測である．

定理 12.7. 可測集合族 $\mathfrak{M}$ は集合体である．

証明. $\{E_\nu\}\subset\mathfrak{M}$ とする．$E=\bigcup E_\nu$ とおけば，$O\cap E=\bigcup(O\cap E_\nu)$.

$mO<\infty$ である任意な O に対して $O\cap E_\nu\in\mathfrak{M}$, したがって定理 4 により $O\cap E\in\mathfrak{M}$; ゆえに $E\in\mathfrak{M}$. 同様に, $O\cap(E_1-E_2)=O\cap E_1-O\cap E_2$ によって, $E_1, E_2\in\mathfrak{M}$ から $E_1-E_2\in\mathfrak{M}$ がえられる.

これは定理 2, 4 に対する補遺であるが, ここで定理 3 に対しても同様な注意をのべておこう. その仮定のもとで, もしある ν に対して $mE_\nu=\infty$ ならば, $\sum mE_\nu=\infty$ であり, $E_\nu\subset E$ から $mE=\infty$ である. また, すべての ν に対して $mE_\nu<\infty$ であるが $\sum mE_\nu=\infty$ となるならば, 任意な n に対して $mE\geqq\sum_{\nu=1}^{n}mE_\nu$ であるから, $mE=\infty$ となる. 逆に, $mE=\infty$ ならば, つねに $mE\leqq\sum mE_\nu$ であるから, $\sum mE_\nu=\infty$ となる. いずれにしても, 測度が ∞ の集合が関与する限り, 定理 3 の関係は $\infty=\infty$ として成り立つ.

閉区間を構成礎石として和, 差, 積の可算操作を施してつくりあげられる Borel 集合は, すべて可測である. Borel 集合族 $\mathfrak{B}$ は, Lebesgue 可測集合族 $\mathfrak{M}$ の一つの重要な部分族であって, Borel が Lebesgue に先立って測度の概念を展開したさいに導入された. 可測集合が特に Borel 集合であるとき, **Borel 可測**あるいは略して**B 可測**な集合であるという.

後に利用するために, つぎの定理を追記しておく:

定理 12.8. 任意な $E\in\mathfrak{M}$ は, 互いに素な有限測度の可測集合の高々可算和として表される.

証明. $\boldsymbol{R}^N$ をある一つの格子の網目の和として表す: $\boldsymbol{R}^N=\bigcup V_\nu$. $E=\bigcup(E\cap V_\nu)$ において $E\cap V_\nu$ は互いに素な有限測度の可測集合である.

注意. この定理の内容を, 集合関数 m は**弱有限**であるといい表す.

定理 12.9. $E\in\mathfrak{M}$ のとき, $0\leqq\eta\leqq mE$ である任意な η に対して $E_1\subset E$, $mE_1=\eta$ である $E_1\in\mathfrak{M}$ が存在する.

証明. $\eta=mE$ ならば, $E_1=E$ とおけばよいから, $\eta<mE$ とする; 特に $\eta<\infty$. 一つの網系を考え, 格子 γ_1 の網目 $\{V_1^\kappa\}$ をもって E を分割する:

$$E=\bigcup e_1^\kappa,\qquad e_1^\kappa\equiv E\cap V_1^\kappa;\qquad \sum me_1^\kappa=mE.$$

まず, 空な和は 0 を表すと規約して,

$$\sum_{\kappa=1}^{\kappa_1} me_1^\kappa \leqq \eta < \sum_{\kappa=1}^{\kappa_1+1} me_1^\kappa$$

となる κ_1 を定める．$e_1^{\kappa_1+1}$ を γ_2 の網目 $\{V_2^\kappa\}$ によって分割する:

$$e_1^{\kappa_1+1} = \bigcup e_2^\kappa, \qquad e_2^\kappa \equiv e_1^{\kappa_1+1} \cap V_2^\kappa; \qquad \sum me_2^\kappa = me_1^{\kappa_1+1}.$$

これに対して

$$\sum_{\kappa=1}^{\kappa_2} me_2^\kappa \leqq \eta - \sum_{\kappa=1}^{\kappa_1} me_1^\kappa < \sum_{\kappa=1}^{\kappa_2+1} me_2^\kappa$$

となる κ_2 を定める．以下同様に進む；帰納法！

$$E_1 = \bigcup_{\nu=1}^{\infty} \bigcup_{\kappa=1}^{\kappa_\nu} e_\nu^\kappa$$

とおけば，$E_1 \subset E$ は可測であって，$me_\nu^{\kappa_\nu+1} \to 0$ $(\nu \to \infty)$ であるから，$mE_1 = \eta$.

*　　　　　*　　　　　*

付．Carathéodory の外測度．

集合 $\boldsymbol{X}$（例えば $\boldsymbol{R}^N$）の各部分集合 E に対して $0 \leqq \mu(E) \leqq \infty$ である $\mu(E)$ が対応し，つぎの条件をみたすとする:

（i）　$E_1 \subset E_2$ ならば，$\mu(E_1) \leqq \mu(E_2)$；

（ii）　任意な集合列 $\{E_\nu\}$ に対して $\mu(\bigcup E_\nu) \leqq \sum \mu(E_\nu)$；

（iii）　$\mu(\emptyset) = 0$.

このような集合関数 μ を，一般に **Carathéodory の外測度**という．$\mu(\boldsymbol{X})$ は必ずしも ∞ でなくてもよい．

与えられた E に対して，$A \subset E$, $B \subset X - E$ である任意な A, B の対について

$$\mu(A \cup B) = \mu(A) + \mu(B)$$

が成り立つとき，E は μ **可測**であるという．この条件は，任意な M に対して

（d）　$$\mu(M) = \mu(M \cap E) + \mu(M - M \cap E)$$

が成り立つことと同値である．

μ 可測集合の全体から成る集合族を $\mathfrak{M}^\mu$ で表す．任意な E に対して

$$\mu(E) = \inf_{E \subset M \in \mathfrak{M}^\mu} \mu(M)$$

が成り立つならば，μ は**正則**であるという．

Lebesgue 外測度 m^* は，一種の Carathéodory の外測度であって，しかも正則である．さらに，m^* 可測性すなわち Lebesgue 可測性の条件(c)と μ 可測性の条件(d)とは，全く同じ形をもつ．実は Carathéodory は m^* 可測性の定義として，(c)自身を採用している．以下にのべる m^* 可測集合の諸性質は，μ 可測集合の場合へ適当に一般化されるであろう．

問　題 12

1. 可測集合の増加列 $\{M_\nu\}$ が $\bigcup M_\nu = \boldsymbol{R}^N$ をみたすとき，$M_\nu \cap E$ $(\nu=1, 2, \cdots)$ がすべて可測ならば，$E \cap \boldsymbol{R}^N$ は可測である．

2. 零集合の高々可算和は，特に高々可算集合は，零集合である．

3. E が可測であるための条件は，任意な $\varepsilon>0$ に対して

(i) $m^*(E-F)<\varepsilon$ である閉集合 $F \subset E$ が存在すること，あるいは

(ii) $m^*(O-E)<\varepsilon$ である開集合 $O \supset E$ が存在することである．

(なお，定理 13.7 参照．)

4. E が可測であるための条件は，任意な $\varepsilon>0$ に対して区間の有限和 R と $m^*e_1<\varepsilon$, $m^*e_2<\varepsilon$ である e_1, e_2 を適当にえらんで，$E=R \cup e_1 - e_2$ と表せることである．——**Lebesgue の判定条件**.

5. E_1 が可測ならば，$m^*(E_1 \cup E_2)+m^*(E_1 \cap E_2)=mE_1+m^*E_2$. さらに，$m^*(E_1 \cup E_2)<\infty$ ならば，$m_*(E_1 \cup E_2)+m_*(E_1 \cap E_2)=mE_1+m_*E_2$.

§13. 極限集合の測度

一般に，$\{E_\nu\}_{\nu=1}^\infty$ を可測集合列とすれば，定理 12.4 によって，

$$\varlimsup_{\nu\to\infty} E_\nu \equiv \bigcap_{\mu=1}^\infty \bigcup_{\nu=\mu}^\infty E_\nu, \qquad \varliminf_{\nu\to\infty} E_\nu \equiv \bigcup_{\mu=1}^\infty \bigcap_{\nu=\mu}^\infty E_\nu$$

はともに可測である．極限集合については，すでに例えば定理 12.3, 4 などでも扱った．ここでは，測度についての関係をあげる．

定理 13.1. $\{E_\nu\} \subset \mathfrak{M}$ が増加列ならば，

$$m(\lim E_\nu) = \lim mE_\nu.$$

証明. ある ν に対して $mE_\nu=\infty$ ならば，$\infty=\infty$ として成り立つ．

すべての ν に対して $mE_\nu<\infty$ ならば,

$$\lim E_\nu=\bigcup E_\nu=E_1\cup\bigcup(E_{\nu+1}-E_\nu)$$

において，右辺は互いに素な可測集合の和であるから,

$$m(\lim E_\nu)=mE_1+\sum m(E_{\nu+1}-E_\nu)$$
$$=mE_1+\sum(mE_{\nu+1}-mE_\nu)=\lim mE_\nu.$$

系. 任意な $\{E_\nu\}\subset\mathfrak{M}$ に対して

$$m\left(\bigcup_{\nu=1}^{\infty}E_\nu\right)=\lim_{\nu\to\infty}m\left(\bigcup_{\kappa=1}^{\nu}E_\kappa\right).$$

定理 13.2. $\{E_\nu\}\subset\mathfrak{M}$ が減少列ならば，ある ν に対して $mE_\nu<\infty$ であるとき,

$$m(\lim E_\nu)=\lim mE_\nu.$$

証明. $E_\kappa\subset O$, $mO<\infty$ とすれば,

$$O-\lim E_\nu=O-\bigcap_{\nu=\kappa}^{\infty}E_\nu=\bigcup_{\nu=\kappa}^{\infty}(O-E_\nu).$$

$\{O-E_\nu\}_{\nu=\kappa}^{\infty}$ は増加列であるから，定理1によって

$$m(\lim E_\nu)=mO-m\left(\bigcup_{\nu=\kappa}^{\infty}(O-E_\nu)\right)$$
$$=mO-\lim m(O-E_\nu)=\lim mE_\nu.$$

系. 任意な $\{E_\nu\}\subset\mathfrak{M}$ に対して，ある ν に対して $mE_\nu<\infty$ ならば,

$$m\left(\bigcap_{\nu=1}^{\infty}E_\nu\right)=\lim_{\nu\to\infty}m\left(\bigcap_{\kappa=1}^{\nu}E_\kappa\right).$$

注意. 定理2とその系で，ある ν に対して $mE_\nu<\infty$ であるという仮定は除けない．例えば，$E_\nu=\{x_j>\nu;\ j=1,\cdots,N\}$ とおけば，$\{E_\nu\}$ は減少可測集合列であって，$mE_\nu=\infty$ $(\nu=1,2,\cdots)$ であるが,

$$\lim E_\nu=\emptyset;\ m(\lim E_\nu)=0\neq\infty=\lim E_\nu.$$

定理 13.3. $\{E_\nu\}\subset\mathfrak{M}$ において，E_ν $(\nu\geqq\kappa)$ がすべてある有限外測度の集合に含まれているならば,

$$m(\overline{\lim}\,E_\nu)\geqq\overline{\lim}\,mE_\nu.$$

証明. $E_\nu\subset\bigcup_{\lambda=\mu}^{\infty}E_\lambda$ $(\nu\geqq\mu)$ であるから，まず $\nu\to\infty$，ついで $\mu\to\infty$ とすることによって,

$$\overline{\lim}\,mE_\nu\leqq\lim_{\mu\to\infty}m\left(\bigcup_{\lambda=\mu}^{\infty}E_\nu\right).$$

他方で，減少列 $\{\bigcup_{\lambda=\mu}^{\infty}E_\lambda\}_{\mu=\kappa}^{\infty}$ に定理2を用いると，

$$m(\overline{\lim}\,E_\nu)=m\Big(\bigcap_{\mu=\kappa}^{\infty}\bigcup_{\lambda=\mu}^{\infty}E_\lambda\Big)=m\Big(\lim_{\mu\to\infty}\bigcup_{\lambda=\mu}^{\infty}E_\nu\Big)=\lim_{\mu\to\infty}m\Big(\bigcup_{\lambda=\mu}^{\infty}E_\lambda\Big).$$

定理 13.4. 任意な $\{E_\nu\}\subset\mathfrak{M}$ に対して

$$m(\underline{\lim}\,E_\nu)\leqq\underline{\lim}\,mE_\nu.$$

証明. 前定理の証明と同様に，$E_\nu\supset\bigcap_{\lambda=\mu}^{\infty}E_\lambda$ $(\nu\geqq\mu)$ から

$$\underline{\lim}\,mE_\nu\geqq\lim_{\mu\to\infty}m\Big(\bigcap_{\lambda=\mu}^{\infty}E_\lambda\Big).$$

増加列 $\{\bigcap_{\lambda=\mu}^{\infty}E_\lambda\}_\mu$ に定理1を用いて，

$$m(\underline{\lim}\,E_\nu)=m\Big(\bigcup_{\mu=1}^{\infty}\bigcap_{\lambda=\mu}^{\infty}E_\lambda\Big)=m\Big(\lim_{\mu\to\infty}\bigcap_{\lambda=\mu}^{\infty}E_\lambda\Big)=\lim_{\mu\to\infty}m\Big(\bigcap_{\lambda=\mu}^{\infty}E_\lambda\Big).$$

定理 13.5. $\{E_\nu\}\subset\mathfrak{M}$ が収束し，E_ν $(\nu\geqq\kappa)$ がすべてある有限外測度の集合に含まれるならば，

$$m(\lim E_\nu)=\lim mE_\nu.$$

証明. 上の両定理から

$$m(\lim E_\nu)\geqq\overline{\lim}\,mE_\nu\geqq\underline{\lim}\,mE_\nu\geqq m(\lim E_\nu).$$

さきに，定理 10.7 で，外測度について

$$\text{(a*)}\qquad m^*E=\inf_{O\supset E}mO$$

を示した；特に，$E\in\mathfrak{M}$ ならば，

$$\text{(b*)}\qquad mE=\inf_{O\supset E}mO.$$

つぎの定理は，内測度に関するこれの類似物である：

定理 13.6. 任意な集合 E の内測度は，それに含まれる閉集合 F の測度の上限に等しい：

$$(\mathrm{a}_*)\qquad m_*E=\sup_{F\subset E}mF;$$

特に，$E\in\mathfrak{M}$ ならば($mE=\infty$ であっても)，

$$(\mathrm{b}_*)\qquad mE=\sup_{F\subset E}mF.$$

F を有界な閉集合に限ってもよい．

証明. $F\subset E$ のとき，つねに $mF\leqq m_*E$. 他方で，まず E が有界ならば，開区間 $I\supset E$ が存在する．任意な $\varepsilon>0$ に対して適当な O をえらべば，$\bar{I}-E\subset O$, $m^*(\bar{I}-E)>mO-\varepsilon$. 有界閉集合 $F=\bar{I}-O\subset E$ に

対しては

$$mF=m(\bar{I}-O)=m(I-I\cap O)$$
$$\geqq mI-mO>mI-m^*(I-E)-\varepsilon=m_*E-\varepsilon.$$

つぎに，E が非有界ならば，定理 11.9 によって，適当な可測集合 $M\subset E$ に対して

$$mM>m_*E-\frac{\varepsilon}{4}.$$

$\boldsymbol{R}^N$ に収束する増加区間列 $\{I_\nu\}$ をとれば，$\{M\cap I_\nu\}\subset\mathfrak{M}$ は M に収束する増加列であるから，定理1によって，$mM=\lim m(M\cap I_\nu)$．したがって，ある ν に対して

$$m(M\cap I_\nu)>mM-\frac{\varepsilon}{4}>m_*E-\frac{\varepsilon}{2}.$$

有界な $M\cap I_\nu$ に対しては，すでに証明したことにより，有界閉集合 $F\subset M\cap I_\nu\subset E$ が存在して

$$mF>m(M\cap I_\nu)-\frac{\varepsilon}{2}>m_*E-\varepsilon.$$

$mE=\infty$ の場合には，これまでの証明の後半で m_*E を任意(に大き)な数でおきかえるだけでよい．

系． 定理6の関係 (a_*) で，特に $m_*E>0$ ならば，F を完全集合 N に限定してよい．

証明． まず，(a_*) では上限を考えているから，$mF>0$ である F に限ってよい．定理 6.7 によって，$F=A\cup N$; ここに A は高々可算集合，N は完全集合．そして，$mF=m(A\cup N)=mN$.

つぎの定理は，可測性の一つの条件を与えている：

定理 13.7. E が有限測度の可測集合であるための条件は，任意な $\varepsilon>0$ に対して適当な F と O をえらんで，$F\subset E\subset O$, $mO-mF<\varepsilon$ となるようにできることである．

証明． まず，E が有限測度の可測集合ならば，定理6と定理 10.7 により，適当な F と O をえらぶと，$F\subset E\subset O$, $mF+\varepsilon/2>mE>mO-\varepsilon/2$. 逆に，定理の条件が成り立てば，$0\leqq m^*E-m_*E\leqq mO-mF<\varepsilon$. $\varepsilon>0$ は任意であるから，$m^*E=m_*E$.

ちなみに，de la Vallée–Poussin は定理7の条件を E の可測性の定義に採用している．もっとも，そのときには開集合と閉集合について，その測度に関する直接な定義およびそれらの可測性に関する上の定義との両立性を示さなければならないわけである．

さて，上記の (a*) と (a_*) では，それぞれ O と F の範囲に限っている代りに，下限と上限に止まっている．しかし，比較集合の範囲をすこし拡めると(特に Borel 集合族で)，実はこれらを最小と最大でおきかえることができる．つぎにあげる両定理は，この意味で，もっと弱い形の定理 11.8, 9 の直接な精密化を与える．

定理 13.8. 任意な E に対して，$E\subset H$, $mH=m^*E$ である $H\in\mathfrak{G}_\delta$ が存在する．

証明. $m^*E=\infty$ ならば，例えば $H=\boldsymbol{R}^N$ とすればよい．$m^*E<\infty$ ならば，定理 10.7 によって，適当な開集合列 $\{O_\nu\}$ をえらべば，

$$E\subset O_\nu, \qquad m^*E\leqq mO_\nu<m^*E+1/\nu.$$

必要に応じて $\bigcap_{\mu=1}^{\nu}O_\mu$ をあらためて O_ν と名づければよいから，$\{O_\nu\}$ は減少列としてよい．そのとき，$H=\lim O_\nu=\bigcap O_\nu\in\mathfrak{G}_\delta$ とおけば，$E\subset H$ であって，定理2により $mH=\lim mO_\nu=m^*E$.

定理 13.9. 有限外測度をもつ任意な E に対して，$K\subset E$, $mK=m_*E$ である $K\in\mathfrak{F}_\sigma$ が存在する．

証明. 定理6によって，適当な閉集合列 $\{F_\nu\}$ をえらべば，

$$F_\nu\subset E, \qquad m_*E-1/\nu<mF_\nu\leqq m_*E.$$

必要に応じて $\bigcup_{\mu=1}^{\nu}F_\mu$ をあらためて F_ν と名づければよいから，$\{F_\nu\}$ は増加列としてよい．そのとき，$K=\lim F_\nu=\bigcup F_\nu\in\mathfrak{F}_\sigma$ とおけば，$K\subset E$ であって，定理1により $mK=\lim mF_\nu=m_*E$.

一般に，与えられた E に対して，$E\subset H$, $mH=m^*E$ をみたす H を，Zermelo にしたがって E の一つの**等測包**という．また，$K\subset E$, $mK=m_*E$ をみたす K を，Carathéodory にしたがって E の一つの**等測核**という．すぐ上の両定理から特に，有限測度の可測集合 E は等測包 $H\in\mathfrak{G}_\delta$ と等測核 $K\in\mathfrak{F}_\sigma$ をもつ:

$$K\in\mathfrak{F}_\sigma, \qquad H\in\mathfrak{G}_\delta, \qquad K\subset E\subset H, \qquad mK=mE=mH.$$

この事実はさらに，無限測度の場合も含めて，つぎのように精密化される：

定理 13.10. 任意な $E\in\mathfrak{M}$ に対して，

$$E=K\cup e_1=H-e_2,\qquad me_1=me_2=0$$

であるような $K\in\mathfrak{F}_\sigma$, $H\in\mathfrak{G}_\delta$ が存在する．

証明. $mE<\infty$ のときは証明ずみである．$mE=\infty$ のとき，E を互いに素な有限測度の列 $\{E_\lambda\}\subset\mathfrak{M}$ の和で表す．各 E_ν に対して $E_\nu=K_\nu\cup e_{1\nu}$, $me_{1\nu}=0$ である $K_\nu\in\mathfrak{F}_\sigma$ が存在するから，

$$K=\bigcup K_\nu,\qquad e_1=\bigcup e_{1\nu}$$

とおけば，$K\in\mathfrak{F}_\sigma$, $E=K\cup e_1$, $me_1=0$. つぎに，$\boldsymbol{R}^N-E$ に対して

$$\tilde{K}\subset\boldsymbol{R}^N-E,\qquad m(\boldsymbol{R}^N-E-\tilde{K})=0$$

である $\tilde{K}\in\mathfrak{F}_\sigma$ をとれば，$H\equiv\boldsymbol{R}^N-\tilde{K}\in\mathfrak{G}_\delta$, $H\supset E$ であって，$E=H-e_2$ とおけば，$me_2=0$.

定理1，2にあげた単調な可測集合列に関する結果は，外測度または内測度を用いることにより，任意な集合列の場合へ一般化される：

定理 13.11. $\{E_\nu\}$ が増加列ならば，

$$m^*(\lim E_\nu)=\lim m^*E_\nu.$$

証明. E_ν の等測包 H_ν をもって $\hat{H}_\nu=\bigcap_{\mu=\nu}^\infty H_\mu$ とおけば，$\{\hat{H}_\nu\}$ は増加列であって，$E_\nu\subset\hat{H}_\nu\subset H_\nu$, $m^*E_\nu=m\hat{H}_\nu$. さらに $\hat{H}=\lim\hat{H}_\nu=\bigcup\hat{H}_\nu$ とおけば，$\lim E_\nu\subset\hat{H}$ であるから，

$$m^*(\lim E_\nu)\leqq m\hat{H}=\lim m\hat{H}_\nu=\lim m^*E_\nu.$$

他方で，$\{E_\nu\}$ の増加性から $\lim m^*E_\nu\leqq m^*(\lim E_\nu)$.

定理 13.12. $\{E_\nu\}$ が減少列ならば，ある ν に対して $m^*E_\nu<\infty$ のとき，

$$m_*(\lim E_\nu)=\lim m_*E_\nu.$$

証明. $E_\kappa\subset O$, $mO<\infty$ とすれば，$\{O-E_\nu\}_{\nu=\kappa}^\infty$ は増加列であるから，

$$\begin{aligned}m_*(\lim E_\nu)&=mO-m^*(O-\lim E_\nu)\\&=mO-\lim m^*(O-E_\nu)=\lim m_*E_\nu.\end{aligned}$$

これらと関連して，つぎの定理がある：

定理 13.13. $\{E_\nu\}\subset\mathfrak{M}$ が減少列ならば，有限外測度の任意な S に対

して

$$\lim m^*(S\cap E_\nu)=m^*(\lim(S\cap E_\nu)).$$

証明. $E_\nu\in\mathfrak{M}$ であるから，定理 12.6 によって，まず

$$m^*S=m^*(S\cap E_\nu)+m^*(S-S\cap E_\nu).$$

増加列 $\{S-S\cap E_\nu\}$ に定理 11 を用いれば，

$$m^*S=\lim m^*(S\cap E_\nu)+m^*(S-S\cap\lim E_\nu).$$

$\lim E_\nu\in\mathfrak{M}$ であるから，再び定理 12.6 によって，

$$m^*S=m^*(S\cap\lim E_\nu)+m^*(S-S\cap\lim E_\nu).$$

ゆえに，$\lim m^*(S\cap E_\nu)=m^*(S\cap\lim E_\nu)=m^*(\lim(S\cap E_\nu))$.

定理 13.14. 任意な $E\in\mathfrak{M}$ が与えられたとき，すべての $M\in\mathfrak{M}$ に対して $E\subset H$, $m(E\cap M)=m(H\cap M)$ となる $H\in\mathfrak{G}_\delta$ が存在する.

証明. 定理 10 にもとづいて，$H=E\cup e\in\mathfrak{G}_\delta$, $me=0$ となる H をとると，定理 10.4 によって，任意な $M\in\mathfrak{M}$ に対して

$$m(H\cap M)=m((E\cap M)\cup(e\cap M))=m(E\cap M).$$

問　題 13

1. 定理 3, 4 にあげた可測集合列に関する不等式

$$m(\overline{\lim}\,E_\nu)\geqq\overline{\lim}\,mE_\nu\geqq\underline{\lim}\,mE_\nu\geqq m(\underline{\lim}\,E_\nu)$$

で不等号が現れる場合を例示せよ.

2. 一つの有限外測度の集合に含まれる可測集合列 $\{A_\nu\}$, $\{B_\nu\}$ がそれぞれ A, B に収束するならば，

$$m(A\cup B)+m(A\cap B)=mA+mB.$$

3. 原点を中心とする半径 ν の球の外部を E_ν とするとき，定理 2 にあげた等式の各辺の値はどうなるか.

4. 任意な集合 E について，すべての可測な M に対して $E\subset H$, $m^*(E\cap M)=m(H\cap M)$ である $H\in\mathfrak{G}_\delta$ が存在する.

§14.　運動の保測性

これまでに示してきたように，測度 m はとにかく，運動または反転による不変性を除いて，すべての基本要請をみたしている. この節では，この不変性もまた成立することを示そう.

一般に，一対一可逆な変換が外測度と内測度を不変に保ちかつ可測性を保存するとき，それは**保測**であるという．保測変換の逆変換，二つの保測変換の合成は，いずれも保測であって，結合法則がみたされている．したがって，保測変換の全体は群をなす．

定理 14.1. 外測度を不変に保つ変換は保測である．

証明．このような変換 τ が内測度をも不変に保つことは，内測度の定義からわかる．そこで，任意な $E\in\mathfrak{M}$ に対して，その像 E^τ が可測であることを示そう．τ の逆変換を σ とすれば，定理 12.6 により，任意な M に対して

$$m^*M^\sigma=m^*(M^\sigma\cap E)+m^*(M^\sigma-M^\sigma\cap E).$$

$\tau=\sigma^{-1}$ が外測度を不変に保つことから

$$m^*M=m^*(M\cap E^\tau)+m^*(M-M\cap E^\tau).$$

したがって，再び定理 12.6 によって，$E^\tau\in\mathfrak{M}$ である．

さて，空間 $\boldsymbol{R}^N$ において，距離を不変にするような座標の一次変換によって，互いに移り合う集合は**合同**であるという．このような変換の全体は，**運動**と一つの超平面に関する**反転**から合成される．さらに，運動は**平行移動**と原点のまわりの**回転**とから合成され，反転は一つの座標超平面，例えば $x_1=0$ に関する反転と運動とから合成される．一般に，$x=(x_1, \cdots, x_N)$ から $'x=('x_1, \cdots, 'x_N)$ への点変換 $x|'x$ による E の像を $'E$ で表す．

平行移動および(原点のまわりの)回転は，それぞれ

$$'x_j=x_j+a_j \qquad (j=1, \cdots, N),$$

$$'x_j=\sum_{k=1}^{N}a_{jk}x_k \qquad (j=1, \cdots, N)$$

で表される；(a_{jk}) は行列式が $+1$ に等しい直交変換である．超平面 $x_1=0$ に関する反転の式は

$$'x_1=-x_1, \quad 'x_j=x_j \qquad (j=2, \cdots, N).$$

定理 14.2. 運動および反転は，いずれも保測変換である．

証明．定理1によって，外測度が不変に保たれることを示せばよい．まず，平行移動によって，各区間 I は同じ辺長をもつ区間 $'I$ に移るか

ら，$|'I|=|I|$. そして，被覆 $E\subset\bigcup I_\nu$ と $'E\subset\bigcup 'I_\nu$ とが対応するから，

$$m^*{'E}=\inf\sum|'I_\nu|=\inf\sum|I_\nu|=m^*E.$$

つぎに，回転 τ については，$\alpha>0$ として立方体 W_α: $0\leqq x_j<\alpha$ ($j=1, \cdots, N$) を考える；これは $W\equiv W_1$ から相似変換 $x|\alpha x$ によって生じる．x 座標系に関する一つの網系をもとにして，$'W\equiv 'W_1$ を区間の和として表す：

$$'W=\bigcup V_\nu, \quad m'W=\sum|V_\nu|.$$

相似変換 $'x|\alpha 'x$ によって $'W$ から $'W_\alpha$ が生じるが，同じ変換によって V_ν から $V_{\nu\alpha}$ が生じたとすれば，$|V_{\nu\alpha}|=\alpha^N|V_\nu|$ であるから，

$$'W_\alpha=\bigcup V_{\nu\alpha}, \quad m'W_\alpha=\sum|V_{\nu\alpha}|=\alpha^N m'W.$$

ところで，$mW_\alpha=\alpha^N mW=\alpha^N$ であるから，

$$m'W_\alpha=cmW_\alpha, \quad c=m'W:$$

ここに c は τ だけに依存する定数である．さて，任意な O に対して，すべての網目が立方体から成る網系による被覆を考える：

$$O=\bigcup U_\nu, \quad mO=\sum|U_\nu|.$$

すぐ上に示したことによって，$m'U_\nu=c|U_\nu|$ であるから，

$$'O=\bigcup 'U_\nu, \quad m'O=\sum m'U_\nu=cmO.$$

特に，開球 $\sum_{j=1}^N x_j^2<1$ は τ によってそれ自身に移るから，$c=1$ でなければならない．ゆえに，つねに

$$m'O=mO.$$

τ によって開集合性は保たれるから，定理 10.7 によって，任意な E に対して

$$m^*{'E}=m^*E.$$

最後に，$x_1=0$ に関する反転によっては，明らかに外測度が不変に保たれる．

問　題　14

1.　一対一可逆変換 τ について，任意な開区間 I に対して $|I|\geqq m^*I^\tau$, $|I|\geqq m^*I^{\tau^{-1}}$ ならば，τ は保測である．

2.　つぎの形の変換はすべて保測である：

(i)　$'x_j=x_j+a_j$ ($1\leqq j\leqq N$)；

(ii) $'x_r=x_s,\ 'x_s=x_r,\ 'x_j=x_j\ (1\leqq j\leqq N;\ j\neq r,\ s)$;

(iii) $'x_r=ax_r,\ 'x_s=a^{-1}x_s,\ 'x_j=x_j\ (1\leqq j\leqq N;\ j\neq r,\ s)$;

(iv) $'x_r=x_r+ax_s,\ 'x_j=x_j\ (1\leqq j\leqq N;\ j\neq r)$.

3. 前問の形の変換を結合することによって，任意な運動が合成される．

§15. 非可測集合

もしあらゆる集合が可測であったとすれば，可測性の概念は不要なはずである．しかし，実は非可測集合の存在が例示される；ここでいわゆる Zermelo の選択公理が本質的な役割をなす．

定理 15.1. $m^*E>0$ である任意な E は，非可測集合を部分集合として含む．

証明．辺長1の立方体網目による E の分割 $E=\bigcup(E\cap V_\nu)$ を考えれば，ある ν に対して $m^*(E\cap V_\nu)>0$. したがって，定理 14.2 により，一般性を失うことなく，E は単位立方体 W: $0\leqq x_j<1$ $(j=1,\cdots,N)$ に含まれると仮定してよい．一般に，実数 w に対して，その小数部分を $(w)\equiv w-[w]$ で表すことにする；[ ] は Gauss の記号．いま，ξ を一つの無理数とし，各点 $x=(x_1,\cdots,x_N)\in E$ に一つの可算集合

$$A_x=\{((x_1+\nu_1\xi),\cdots,(x_N+\nu_N\xi))\}\quad(\nu_j=0,\ \pm1,\cdots;\ j=1,\cdots,N)$$

を対応させる．明らかに，任意な $y\in A_x$ に対して $A_y=A_x$. また，$x,y\in E$ に対して，A_x と A_y は互いに素であるかまたは全く一致する．じっさい，ある ν_j, μ_j の組に対して

$$(x_j+\nu_j\xi)=(y_j+\mu_j\xi)\qquad(j=1,\cdots,N)$$

とすれば，$y_j=(x_j+(\nu_j-\mu_j)\xi)$ $(j=1,\cdots,N)$ となるから，$y\in A_x$, したがって $A_y=A_x$. さて，相異なる各 $E\cap A_x$ $(x\in E)$ から一つの代表元 z_x をえらび出す．――ここで選択公理が利用されている；$E\cap A_x$ はすべて E の部分集合であり，$x\in E\cap A_x$ であるから，空でない．このようにえらばれた z_x の全体から成る集合を B で表せば，$B\subset E$. B が可測でないことを示そう．

B に平行移動と mod 1 による還元

$$'x_j=(x_j+\nu_j\xi) \qquad (j=1,\cdots,N)$$

を施してえられる集合を $B_{\nu_1\cdots\nu_N}$ で表す. $(\mu_1,\cdots,\mu_N)\neq(\nu_1,\cdots,\nu_N)$ ならば, $B_{\mu_1\cdots\mu_N}\cap B_{\nu_1\cdots\nu_N}=\emptyset$ である. じっさい, 二点

$$((z_{y1}+\mu_1\xi),\cdots,(z_{yN}+\mu_N\xi))\in B_{\mu_1\cdots\mu_N},$$
$$((z_{x1}+\nu_1\xi),\cdots,(z_{xN}+\nu_N\xi))\in B_{\nu_1\cdots\nu_N}$$

が一致したとすれば, $z_{yj}=(z_{xj}+(\nu_j-\mu_j)\xi)$ $(j=1,\cdots,N)$ となり, $z_y\in A_y\cap A_x$ となる. ゆえに, B のつくり方から $z_x=z_y$ となり, ξ は無理数であるから, $\mu_j=\nu_j$ $(j=1,\cdots,N)$ となってしまう. したがって,

$$M=\bigcup_{\nu_1,\cdots,\nu_N=-\infty}^{\infty}B_{\nu_1\cdots\nu_N}$$

は互いに素な集合の和である. 各 $x\in E$ はある $B_{\nu_1\cdots\nu_N}$ に含まれるから,

$$E\subset M\subset W.$$

いま, 仮に $B\equiv B_{0\cdots0}$ が可測であったとすれば, $B_{\nu_1\cdots\nu_N}$ もすべて可測であって $mB_{\nu_1\cdots\nu_N}=mB$. しかも,

$$mM=\sum_{\nu_1,\cdots,\nu_N=-\infty}^{\infty}mB_{\nu_1\cdots\nu_N}\leqq mW=1.$$

ゆえに, $mB=0$. したがって $mM=0$ でなければならない. 他方で, $E\subset M$ から $0<m^*E\leqq mM$ であるから, これは不合理である. よって, B は可測でありえない.

§9 にあげた測度に関する基本要請 1°～4° は, $\mathfrak{E}$ として $\mathfrak{M}$ をとれば, Lebesgue 測度 m によってみたされている. ここで, $\mathfrak{E}$ として有界集合の全体をとると, これらの四条件をみたす集合関数は存在しないことを注意しておこう.

じっさい, 仮にこのような集合関数 μ が存在したとすれば, 上の証明で特に $E=W$ とすることによって,

$$W=\bigcup_{\nu_1,\cdots,\nu_N=-\infty}^{\infty}B_{\nu_1\cdots\nu_N}.$$

これから 4°, 2°, 3° によって

$$1=\mu(W)=\sum_{\nu_1,\cdots,\nu_N=-\infty}^{\infty}\mu(B_{\nu_1\cdots\nu_N}), \qquad \mu(B_{\nu_1\cdots\nu_N})=\mu(B)$$

となり, 不合理が生じる.

問 題 15

1. ξ を 0 または一つの無理数とする. $\boldsymbol{R}^1$ で r が有理数の全体にわたるときの集合 $A(\xi)=\{\xi+r\}_r$ について, 異なる各 $A(\xi)$ から区間 (0, 1/2) に属する一つの代表数 x_ξ をえらぶとき, x_ξ の全体から成る集合は非可測である.

2. 可測性に対する必要条件に関する定理の対偶として, 非可測性に対する十分条件を二, 三あげよ.

第3章　可測関数

§16.　連続性と半連続性

$\boldsymbol{R}^N$ において，一つの集合 E で定義された関数 f を考える:

$$f(x)=f(x_1, \cdots, x_N) \qquad (x=(x_1, \cdots, x_N)).$$

f の値としては，実数値のほかに $\pm\infty$ をも許す．

各点 $c\in E\cap E'$，すなわち，E に属するその集積点 c に対しては，Baire にしたがって，つぎの定義を設ける: $x\in E$，$x\to c$ のとき

$$f(c)\geqq\overline{\lim}\, f(x) \quad \text{または} \quad f(c)\leqq\underline{\lim}\, f(x)$$

ならば，f は c でそれぞれ**上に**または**下に半連続**であるという．また，このとき

$$f(c)=\lim f(x)$$

ならば，f は c で**連続**であるという; $f(c)=\pm\infty$ の場合をも許すことにする．

E の孤立点では，関数は連続であるとする．

定義にしたがって，$f(c)=+\infty$ または $f(c)=-\infty$ である点 c では，f はそれぞれ上にまたは下に半連続である．

E の各点で上にまたは下に半連続あるいは連続なとき，E でそれぞれ上にまたは下に半連続あるいは連続であるという．

さて，関数値として $\pm\infty$ をも許したが，関数の連続性ないしは半連続性を判定するにあたって，有界な関数の場合に帰着させることができる．そのためには，例えば与えられた関数 f に対して，いわゆる**縮小関数** $\tilde{f}$ を

$$\tilde{f}=\frac{f}{1+|f|} \quad \text{すなわち} \quad f=\frac{\tilde{f}}{1-|\tilde{f}|}$$

によって導入する; ただし $f=\pm\infty$ には $\tilde{f}=\pm1$ が対応するものとする．これによって，$-\infty\leqq f\leqq+\infty$ と $-1\leqq\tilde{f}\leqq+1$ とが一対一に対応する．しかも，f が単調に変化すれば，$\tilde{f}$ も同じ向きに単調に変化す

る．そして，f が上にまたは下に半連続なことは，$\tilde{f}$ がそれぞれ上にまたは下に半連続なことと同値である．

関数列の極限についても，同じ注意があてはまる．すなわち，関数列 $\{f_\nu\}$ に対して

$$\overline{\lim}\, f_\nu=\bar{f}, \qquad \underline{\lim}\, f_\nu=\underline{f}$$

ならば，変換された列に対して

$$\overline{\lim}\, \tilde{f}_\nu=\tilde{\bar{f}}, \qquad \underline{\lim}\, \tilde{f}_\nu=\tilde{\underline{f}}.$$

また，$\{f_\nu\}$ が増加列または減少列ならば，$\{\tilde{f}_\nu\}$ もそれぞれ同じ性質をもつ．これらの命題の逆もまた成り立つ．

関数列 $\{f_\nu\}$ の**一様収束性**は，変換された列 $\{\tilde{f}_\nu\}$ の一様収束性によって定義する．

注意．一様に有界な列 $\{f_\nu\}$ については，これはふつうの一様収束の定義と一致する．しかし，そうでない場合には，$\{f_\nu\}$ の一様収束性に対する上記の条件は，ふつうの一様収束に対する条件よりはゆるい．しかしながら，例えば連続関数列の一様収束の極限関数が連続であることを保証するには，上記の形の条件で十分である．なお，問題 16.7 参照．

なお，上記の変換の代りに，あらためて

$$\tilde{f}=\frac{1}{2}\left(\frac{f}{1+|f|}+1\right) \quad \text{すなわち} \quad f=\frac{2\tilde{f}-1}{1-|2\tilde{f}-1|}$$

を用いれば，$-\infty\leqq f\leqq+\infty$ と $0\leqq\tilde{f}\leqq1$ を一対一単調に対応させることもできる．

$\pm\infty$ に関する計算規則として，つぎの規約を設ける．α を任意な実数とするとき，$-\infty<\alpha<+\infty$，$-\infty<+\infty$ であって，

$$\alpha+(\pm\infty)=(\pm\infty)+\alpha=(\pm\infty)+(\pm\infty)=\pm\infty,$$

$$\alpha-(\mp\infty)=(\pm\infty)-(\mp\infty)=\pm\infty, \qquad \frac{\alpha}{\pm\infty}=0,$$

$$\pm(\pm\infty)=+\infty, \qquad \pm(\mp\infty)=-\infty, \qquad |\pm\infty|=+\infty;$$

$\alpha\neq0$ の符号を $\operatorname{sgn}\alpha$ で表すと，

$$\alpha(\pm\infty)=\pm(\operatorname{sgn}\alpha)\infty, \quad (\pm\infty)(\pm\infty)=+\infty, \quad (\pm\infty)(\mp\infty)=-\infty.$$

以下，特にことわらない限り，いわゆる不定形

$$(\pm\infty)-(\pm\infty),\quad (\pm\infty)+(\mp\infty),\quad 0(\pm\infty),$$
$$(\pm\infty)0,\quad (\pm\infty)/(\pm\infty),\quad (\pm\infty)/(\mp\infty)$$

には意味を与えない；0 による除法はもちろん除外される．

つぎの二つの定理は，半連続性の定義から明らかである．

定理 16.1. 点 c あるいは E で f が上にまたは下に半連続ならば，それぞれ c あるいは E で $-f$ はそれぞれ下にまたは上に半連続である．

定理 16.2. 関数が点 c あるいは E で連続なことは，それぞれ c あるいは E で同時に上にも下にも半連続なことと同値である．

一般に，条件 $\mathbf{C}$ をみたす E の点の全体から成る集合を，簡単に $E(\mathbf{C})$ で表すことにする：

$$E(\mathbf{C})\equiv E\cap\{x\,|\,\mathbf{C}\}.$$

定理 16.3. f が E で上にまたは下に半連続であるための条件は，各 α に対してそれぞれ $E(f\geqq\alpha)$ または $E(f\leqq\alpha)$ が E 上で閉じていることである．

証明．f が E で上に半連続であるとする．便宜上 $E_\alpha=E(f\geqq\alpha)$ とおけば，各点 $c\in E\cap E'_\alpha$ における上半連続性から，任意な $\varepsilon>0$ に対して c の適当な近傍 U をえらべば，すべての $x\in U\cap E$ に対して $f(c)>f(x)-\varepsilon$．$U\cap E_\alpha\neq\varnothing$ であるから，$f(c)>\alpha-\varepsilon$．ε の任意性によって $c\in E_\alpha$．ゆえに，$E\cap E'_\alpha\subset E_\alpha$ すなわち E_α は E 上で閉じている．逆に，$E\cap E'_\alpha\subset E_\alpha$ とする．孤立点では問題ないから，一点 $c\in E\cap E'$ を考える．仮に f が c で上に半連続でなかったとすれば，$f(c)<\infty$ であって，ある $\varepsilon>0$ に対して $f(x)\geqq f(c)+\varepsilon$ となる $x\in E$ が c の各近傍に存在する．ゆえに，$\alpha=f(c)+\varepsilon$ として，$c\in(E\cap E_\alpha)'=E'_\alpha$．したがって，$c\in(E\cap E')\cap E'_\alpha\subset E\cap E'_\alpha\subset E_\alpha$，すなわち $f(c)\geqq\alpha=f(c)+\varepsilon>f(c)$ となり，不合理である．下に半連続な場合については，同様にして，あるいは $-f$ を考えて上の場合に帰着させて，証明される．

定理 16.4. f が E で連続であるための条件は，各 α に対して $E(f\geqq\alpha)$ および $E(f\leqq\alpha)$ が E 上で閉じていることである．

証明. 定理 2，3 からわかる.

定理 16.5. E で f_ν $(\nu=1,\cdots,k)$ がすべて同じ向きに半連続ならば，$\max f_\nu$ および $\min f_\nu$ もそうである.

証明. $E(\max f_\nu \geqq \alpha)=\bigcup E(f_\nu \geqq \alpha)$，$E(\min f_\nu \geqq \alpha)=\bigcap E(f_\nu \geqq \alpha)$，

$E(\max f_\nu \leqq \alpha)=\bigcap E(f_\nu \leqq \alpha)$，$E(\min f_\nu \leqq \alpha)=\bigcup E(f_\nu \leqq \alpha)$；

閉集合の有限和も有限積も閉集合である. ——なお，ここで $\min f_\nu = -\max(-f_\nu)$ に注意してもよい.

定理 16.6. 上にまたは下に半連続な関数の列 $\{f_\nu\}$ がそれぞれ減少または増加ならば，$\lim f_\nu$ はそれぞれ上にまたは下に半連続である.

証明. $\{f_\nu\}$ が上に半連続な関数の減少列ならば，$\{E(f_\nu \geqq \alpha)\}$ は減少集合列であって，

$$E(\lim f_\nu \geqq \alpha)=\bigcap E(f_\nu \geqq \alpha);$$

閉集合の可算積は閉集合である. 残りの場合についても同様である.

定理 16.7 (Baire). E で上にまたは下に半連続な関数は，$\boldsymbol{R}^N$ で連続な関数から成るそれぞれ減少列または増加列の極限関数を，E 上に制限したものとみなされる.

証明. f の代りに $\tilde{f}=(f/(1+|f|)+1)/2$ を考えればよいから，$0 \leqq f \leqq 1$ と仮定してよい. f が E で上に半連続とする. $x \in \boldsymbol{R}^N$ に対して

$$f_\nu(x)=\sup_{y \in E}(f(y)-\nu\rho(x, y)) \qquad (\nu=1, 2, \cdots)$$

とおく；ここに $\rho(x, y)$ は二点 x, y の距離を表す. $\{f_\nu\}$ は減少列であって，$f_\nu \leqq 1$. f_ν の連続性を示すために，$x, x' \in \boldsymbol{R}^N$ を任意な二点とする. f_ν の定義にもとづいて，任意な $\varepsilon>0$ に対して適当な $y \in E$ をえらべば，

$$f(y)-\nu\rho(x, y)>f_\nu(x)-\varepsilon/(\nu+1).$$

他方で，この y に対して $f_\nu(x') \geqq f(y)-\nu\rho(x', y)$ であるから，

$$\begin{aligned} f_\nu(x')-f_\nu(x) &> f(y)-\nu\rho(x', y)-(f(y)-\nu\rho(x, y)+\varepsilon/(\nu+1)) \\ &= -\nu(\rho(x', y)-\rho(x, y))-\varepsilon/(\nu+1) \\ &\geqq -\nu\rho(x', x)-\varepsilon/(\nu+1). \end{aligned}$$

x と x' をとりかえた関係も成り立つから，$\rho(x, x')<\varepsilon/(\nu+1)$ である限り

$$|f_\nu(x')-f_\nu(x)|<\varepsilon;$$

すなわち，f_ν は $\boldsymbol{R}^N$ で連続である．つぎに，E で $f_\nu\to f$ $(\nu\to\infty)$ を示すために，$x\in E$ を任意な一点とする．f_ν の定義から $f_\nu(x)\geqq f(x)$ であるから，$\lim f_\nu\geqq f$．他方で，f は上に半連続であるから，任意な $\varepsilon>0$ に対して適当な $\delta>0$ をえらべば，x の δ 近傍 U_δ に属する任意な点 $y\in E\cap U_\delta$ に対して

$$f(y)-\nu\rho(x,\ y)\leqq f(y)<f(x)+\varepsilon.$$

また，任意な $y\in E-E\cap U_\delta$ に対しては $\rho(x,\ y)\geqq\delta$ であるから，

$$f(y)-\nu\rho(x,\ y)\leqq 1-\nu\delta;$$

ゆえに，$1-\nu\delta<\varepsilon$ すなわち $\nu>(1-\varepsilon)/\delta$ である限り $f(y)-\nu\rho(x,\ y)<\varepsilon(\leqq f(x)+\varepsilon)$．したがって，任意な $y\in E$ に対して，$\nu>(1-\varepsilon)/\delta$ である限り

$$f(y)-\nu\rho(x,\ y)<f(x)+\varepsilon;$$

特に $f_\nu(x)\leqq f(x)+\varepsilon$．$\varepsilon>0$ は任意であるから，$\lim f_\nu\leqq f$．結局，$\lim f_\nu=f$．下に半連続な場合についても，同様である．

つぎの定理は，いわゆる連続関数の拡大定理である：

定理 16.8 (Lebesgue–Tietze). 閉集合 F で連続な関数 f は，全空間へ連続拡大される；すなわち，$\boldsymbol{R}^N$ で連続であって F 上で f と一致する関数 g が存在する．しかも，F で $\alpha\leqq f\leqq\beta$ ならば，$\boldsymbol{R}^N$ で $\alpha\leqq g\leqq\beta$ であるようにできる．

証明 (**F. Riesz**)．$0\leqq f\leqq 1$ と仮定してよい．このとき，

$$g(x)=\begin{cases} f(x) & (x\in F), \\ d_x\sup_{y\in F}\dfrac{f(y)}{\rho(x,\ y)} & (x\in\boldsymbol{R}^N-F) \end{cases}$$

により定義された g が定理の条件をみたすことを示そう；ここに $\rho(x,\ y)$ は二点の距離を表し，d_x は x と F の距離を表す：

$$d_x=\inf_{y\in F}\rho(x,\ y)=\min_{y\in F}\rho(x,\ y).$$

さて，$x\in\boldsymbol{R}^N-F$ のとき，$0\leqq g\leqq d_x(1/d_x)=1$ であるから，$\boldsymbol{R}^N$ でいたるところ $0\leqq g\leqq 1$．g が $\boldsymbol{R}^N-F$ で連続なことは容易にわかる．g が任意な点 $c\in F$ でも連続なことを示そう；実は $c\in\partial F$ だけが問題であ

る．一般に，c の r 近傍を U_r で表す．まず，$g=f$ の F での連続性から，任意な $\varepsilon>0$ に対して適当な $\delta>0$ をえらべば，すべての $x\in F\cap U_\delta$ に対して

$$|g(x)-g(c)|=|f(x)-f(c)|<\varepsilon.$$

つぎに $x\in(\boldsymbol{R}^N-F)\cap U_{\delta/2}$ とする．$d_x=\rho(x,\ y_0)$，$y_0\in F$ とすれば，$\rho(c,\ y_0)\leqq\rho(c,\ x)+\rho(x,\ y_0)\leqq 2\rho(c,\ x)<\delta$ となるから，

$$g(x)\geqq d_x\frac{f(y_0)}{\rho(x,\ y_0)}=f(y_0)=g(y_0)>g(c)-\varepsilon.$$

以上によって，$x\in U_{\delta/2}$ である限り，$g(x)>g(c)-\varepsilon$．他方で，$x\in\boldsymbol{R}^N-F$，$y\in F$ のとき，$\rho(c,\ y)<\delta$ ならば，

$$d_x\frac{f(y)}{\rho(x,\ y)}<d_x\frac{f(c)+\varepsilon}{d_x}=g(c)+\varepsilon,$$

また，$\rho(c,\ y)\geqq\delta$ ならば，$\rho(c,\ x)<\delta/2$ である限り，

$$d_x\frac{f(y)}{\rho(x,\ y)}\leqq\rho(c,\ x)\frac{1}{\rho(c,\ y)-\rho(c,\ x)}<\frac{2}{\delta}\rho(c,\ x).$$

したがって，$x\in\boldsymbol{R}^N-F$ のとき，$\rho(c,\ x)<\min(\delta/2,\ \varepsilon\delta/2)$ である限り，$g(x)<g(c)+\varepsilon$．$x\in F$ ならば，この関係はもちろん成り立つから，結局，$\rho(c,\ x)<\min(\delta/2,\ \varepsilon\delta/2)$ である限り，$|g(x)-g(c)|<\varepsilon$．

注意．空間の次元が $N=1$ の場合には，定理は簡単に証明される：開集合 $\boldsymbol{R}^1-F$ は互いに素な開区間の可算和となる(定理 6.10)から，f が有界なとき，これらの各開区間で一次式による補間を行えばよい．

問　題　16

1. 定理1，2を証明せよ．

2. f が E で上または下に半連続ならば，任意な実数 α に対して，それぞれ $E(f>\alpha)$ または $E(f<\alpha)$ は E で開いた集合である．

3. E の特性関数を φ とするとき，E が開集合または閉集合であるための条件は，φ が全空間でそれぞれ下または上に半連続なことである．

4. 有界閉集合で上または下に半連続な関数は，そこでそれぞれ最大または最小に達する．

5. 上または下に半連続な関数の有限和は，それぞれ上または下に半

連続である．

6. E で f が上または下に半連続，その値域 $f(E)\subset \boldsymbol{R}^1$ で φ が増加連続ならば，$\varphi(f)$ は E でそれぞれ上または下に半連続である．

7. E で一様に有界な関数列 $\{f_\nu\}$ がそこで一様に収束するための条件は，任意な $\varepsilon>0$ に対して，E の個々の点に無関係な $n=n(\varepsilon)$ が存在して，$\mu>\nu>n$ である限り $|f_\mu-f_\nu|<\varepsilon$ となることである．——**Cauchy の判定条件**．E で単に有限と仮定された列 $\{f_\nu\}$ に対しては，列 $\{\tilde{f}_\nu\}\equiv\{f_\nu/(1+|f_\nu|)\}$ がこの意味で一様に収束しても，$\{f_\nu\}$ に対して上記の条件が成立するとは限らない．

8. 連続関数列の一様収束の極限関数は連続である．

§17. Baire 関数

一つの定まった集合 E を定義域とする関数を考えるから，必要な場合以外は「E において」ということわりがきを省略する．

連続関数を**第 0 級**といい，その全体を $\mathscr{B}_0$ で表す．連続関数列の極限関数を高々第 1 級という；高々第 1 級であるが第 0 級ではない関数を**第 1 級**といい，その全体を $\mathscr{B}_1$ で表す．以下，超限帰納法によって，μ を高々第 2 級の順序数，すなわち，高々可算無限順序数とするとき，第 μ 級が定義される：μ より低い階級の関数から成る列の極限関数を**高々第 μ 級**という；高々第 μ 級であるがそれより低い階級ではない関数を**第 μ 級**といい，その全体を $\mathscr{B}_\mu$ で表す．高々第 2 級の順序数 μ の全体にわたる合併 $\mathscr{B}\equiv\mathscr{B}_E=\bigcup\mathscr{B}_\mu$ が **Baire 関数族**である；その個々の関数を **Baire 関数**という．

定理 17.1. $f, g\in\mathscr{B}_E$ ならば，これらに四則演算を施してえられる関数は，それが定義される E の最大な部分集合で Baire 関数である．

証明．定義から明白．しかも，f, g が高々第 μ 級ならば，四則演算でえられる関数も高々第 μ 級である．

定理 17.2. $\{f_\nu\}\subset\mathscr{B}$ ならば，$\sup f_\nu$, $\inf f_\nu\in\mathscr{B}$ である．

証明．一般に，$f\in\mathscr{B}$ ならば，$|f|\in\mathscr{B}$ であるから，

$$\max(f_1, f_2)=\frac{1}{2}(f_1+f_2-|f_1-f_2|)\in\mathscr{B}$$

帰納法によって，任意な κ に対して $\max_{1\leqq\nu\leqq\kappa} f_\nu \in \mathcal{B}$. ゆえに，

$$\sup f_\nu = \lim_{\kappa\to\infty} \max_{1\leqq\nu\leqq\kappa} f_\nu \in \mathcal{B}.$$

同様に，あるいは $\inf f_\nu = -\sup(-f_\nu)$ に注意すれば，$\inf f_\nu \in \mathcal{B}$. —— 定理 4 の直後の注意参照.

定理 17.3. $\{f_\nu\} \subset \mathcal{B}$ ならば，$\overline{\lim} f_\nu,\ \underline{\lim} f_\nu \in \mathcal{B}$ である.

証明. 前定理による:

$$\overline{\lim} f_\nu = \inf_{\kappa\geqq 1} \sup_{\nu\geqq\kappa} f_\nu, \qquad \underline{\lim} f_\nu = \sup_{\kappa\geqq 1} \inf_{\nu\geqq\kappa} f_\nu.$$

定理 17.4. $f_\nu \in \mathcal{B}_E$ $(\nu=1, \cdots, k)$ とし，写像 $X_\nu = f_\nu(x)$ $(\nu=1, \cdots, k)$ による E の像 $S \in \boldsymbol{R}^k$ 上で $\varphi \in \mathcal{B}_S$ ならば，合成関数に対して

$$\Phi \equiv \varphi(f_1, \cdots, f_k) \in \mathcal{B}_E.$$

証明. まず，$\varphi \in \mathcal{B}_0$ とする. $f_\nu \in \mathcal{B}_0$ ならば，$\Phi \in \mathcal{B}_0$. 超限帰納法によって，$\varphi \in \mathcal{B}_0$, $f_\nu \in \mathcal{B}$ ならば，$\Phi \in \mathcal{B}$. さらに，超限帰納法によって，$\varphi \in \mathcal{B}$, $f_\nu \in \mathcal{B}$ ならば，$\Phi \in \mathcal{B}$.

注意. $\max X_\nu$, $\min X_\nu$ はともに $(X_1, \cdots, X_k)$ の連続関数である.

定理 17.5. 半連続関数は高々第 1 級の Baire 関数である.

証明. 定理 16.7 による.

上に，連続関数から出発して Baire 関数族を構成した. 特に，E が例えば閉集合の場合には，同じ関数族に到達するために，他の型の簡単な関数から出発することもできる.

再び定義域 E を固定し，半開区間の特性関数の(有限)一次結合として表される関数と E で一致する関数の全体を $\mathcal{S}_0$ で表す. また，多項式と E で一致する関数の全体を $\mathcal{P}_0$ で表す. Baire 関数族の構成と同様にして，これらから出発して関数族

$$\mathcal{S} \equiv \mathcal{S}_E = \bigcup \mathcal{S}_\mu, \qquad \mathcal{P} \equiv \mathcal{P}_E = \bigcup \mathcal{P}_\mu$$

が導入される.

定理 17.6. 閉集合 F においては，$\mathcal{B} = \mathcal{S} = \mathcal{P}$.

証明. (i) $f \in \mathcal{B}_0$ とする. f が有界ならば，$F_\nu \equiv F(|x_j| \leqq \nu;\ j=1, \cdots, N)$ において f は一様連続であるから，f は $s_\nu \in \mathcal{S}_0$ で近似される: $|f - s_\nu| < 1/\nu$. ゆえに，$f \in \mathcal{S}_1$. 非有界な $f \in \mathcal{B}_0$ は $\mathcal{B}_0$ からの

有界関数列で近似される．したがって，$\mathcal{B}\subset\mathcal{S}$.

（ii） s_J を区間 J: $a_j<x_j\leqq b_j$ $(j=1, \cdots, N)$ の特性関数とする．$X\to 0, 1, \infty$ のとき，それぞれ

$$\varphi(X)\equiv\frac{X(X+3)}{(X+1)^2}\to 0,\ 1,\ 1$$

であるから，すべての j に対して $x_j\leqq c_j$ であるかある j に対して $x_j>c_j$ であるかに応じて

$$g_\nu(x;\ c)\equiv\prod_{j=1}^{N}\varphi(e^{\nu(c_j-x_j)})\to 1,\ 0 \qquad (\nu\to\infty).$$

g_ν は x について解析的であるから，多項式によって近似される：$g_\nu\in\mathcal{P}_1$. s_J は $g_\nu(x;\ c)$ という型の関数の一次結合によって近似される：$s_J\in\mathcal{P}_2$. したがって，$f\in\mathcal{S}_0$ ならば $f\in\mathcal{P}_2$ となるから，$\mathcal{S}\subset\mathcal{P}$.

（iii） $\mathcal{P}_0\subset\mathcal{B}_0$ であるから，$\mathcal{P}\subset\mathcal{B}$.

注意 1. $\mathcal{S}_0$ の定義における一次結合の係数および半開区間 $a_j<x_j\leqq b_j$ についての a_j, b_j をすべて有理数に限ってもよい．また $\mathcal{P}_0$ の定義における多項式としては，有理係数のものに限ってもよい．そのときには，$\mathcal{S}_0$, $\mathcal{P}_0$ はいずれも可算集合となる．

注意 2. 定理 16.8 にもとづいて，上記の定理 6 では $F=\boldsymbol{R}^N$ の場合に限ってもよい．

定理 17.7. Borel 集合の特性関数は Baire 関数である．

証明. まず，E を閉集合とする．二点 x, y の距離を $\rho(x, y)$ で表すとき，x と E の距離

$$d(x)=\inf_{y\in E}\rho(x,\ y)=\min_{y\in E}\rho(x,\ y)$$

は $\boldsymbol{R}^N$ で連続である．$x\in E$, $x\in\boldsymbol{R}^N-E$ に対してそれぞれ $d(x)=0$, $d(x)>0$ であるから，E の特性関数 φ_E は

$$\varphi_E(x)=\lim_{\nu\to\infty}\frac{1}{1+\nu d(x)}$$

で与えられ，高々第 1 級の Baire 関数である．一般な Borel 集合は，閉集合から出発して，和，積，余集合への移行の可算操作を施してえられる．これらは特性関数に関して，和，積，φ から $1-\varphi$ への移行の可算操作に相当しているから，Baire 族の範囲内で行われる．

問　題　17

1. 有限個の不連続点をもつ関数は，Baire 関数である．

2. Dirichlet の関数(有理点で 1，それ以外で 0 となる関数)は Baire 関数である．特に $\boldsymbol{R}^1$ では，Dirichlet の関数は，例えば

$$\lim_{\nu\to\infty}\lim_{\mu\to\infty}(\cos\nu!\pi x)^{2\mu}.$$

3. f が Baire 関数ならば，$|f|$, $f^{\pm}$ もそうである．

4. f が Baire 関数ならば，任意な $n\geqq 0$ に対して $f_n=f\ (|f|\leqq n)$, $=0\ (|f|>n)$ もそうである．

5. $\{f_\nu\}$ が E での Baire 関数列ならば，$\lim f_\nu$ が存在するすべての点でこれと一致する E 上の Baire 関数が存在する．

§18. 関数の可測性

可測集合 $E\subset\boldsymbol{R}^N$ で定義された関数 f: $f(x)\equiv f(x_1, \cdots, x_N)$ を考える．$-\infty<\alpha<+\infty$ である各 α に対して $E(f\geqq\alpha)\in\mathfrak{M}$ であるとき，f は E で**可測な関数**であるという．$E\in\mathfrak{M}$ で可測な関数の全体から成る族を $\mathcal{M}=\mathcal{M}_E$ で表す．

定理 18.1. 各 α に対して $E(f\geqq\alpha)\in\mathfrak{M}$ であるという条件は，各 α に対して $E(f>\alpha)$, $E(f\leqq\alpha)$, $E(f<\alpha)$ のいずれかが(そしていずれであっても) $\in\mathfrak{M}$ であるという条件と同値である．

証明. (i) 各 α に対して $E(f\geqq\alpha)\in\mathfrak{M}$ ならば，

$$E(f=\alpha)=\bigcap_{\nu=1}^{\infty}E\left(\alpha\leqq f<\alpha+\frac{1}{\nu}\right)=\bigcap_{\nu=1}^{\infty}\left(E(f\geqq\alpha)-E\left(f\geqq\alpha+\frac{1}{\nu}\right)\right),$$

$$E(f>\alpha)=E(f\geqq\alpha)-E(f=\alpha)$$

であるから，$E(f>\alpha)\in\mathfrak{M}$. (ii) 各 α に対して $E(f>\alpha)\in\mathfrak{M}$ ならば，$E(f\leqq\alpha)=E-E(f>\alpha)\in\mathfrak{M}$. (iii) 各 α に対して $E(f\leqq\alpha)\in\mathfrak{M}$ ならば，

$$E(f=\alpha)=\bigcap_{\nu=1}^{\infty}E\left(\alpha-\frac{1}{\nu}<f\leqq\alpha\right)=\bigcap_{\nu=1}^{\infty}\left(E(f\leqq\alpha)-E\left(f\leqq\alpha-\frac{1}{\nu}\right)\right),$$

$$E(f<\alpha)=E(f\leqq\alpha)-E(f=\alpha)$$

であるから，$E(f<\alpha)\in\mathfrak{M}$. (iv) 各 α に対して $E(f<\alpha)\in\mathfrak{M}$ なら

ば，$E(f\geqq\alpha)=E-E(f<\alpha)\in\mathfrak{M}$.

定理 18.2. $f\in\mathcal{M}$ ならば，$-\infty\leqq\alpha\leqq+\infty$ である各 α に対して $E(f=\alpha)\in\mathfrak{M}$.

証明. $\alpha\neq\pm\infty$ の場合は，前定理の証明の中に示されている．$\alpha=\pm\infty$ については，

$$E(f=+\infty)=\bigcap_{\nu=1}^{\infty}E(f>\nu),\qquad E(f=-\infty)=\bigcap_{\nu=1}^{\infty}E(f<-\nu)$$

に注意すればよい．

定理 18.3. $f\in\mathcal{M}$ ならば，各 α,β に対して $E(\alpha<f\leqq\beta)$，$E(\alpha\leqq f<\beta)\in\mathfrak{M}$.

証明.

$$E(\alpha<f\leqq\beta)=E(f>\alpha)-E(f>\beta),$$
$$E(\alpha\leqq f<\beta)=E(f\geqq\alpha)-E(f\geqq\beta).$$

定理 18.4. $f\in\mathcal{M}$ は $f^{\pm}\equiv(f\pm|f|)/2\in\mathcal{M}$ と同値である．

証明.

$$\alpha>0:\quad E(f^{+}\geqq\alpha)=E(f\geqq\alpha),\qquad E(f^{-}\geqq\alpha)=\emptyset;$$
$$\alpha\leqq0:\quad E(f^{+}\geqq\alpha)=E,\qquad E(f^{-}\geqq\alpha)=E(f\geqq\alpha).$$
$$\alpha>0:\quad E(f>\alpha)=E(f^{+}>\alpha);$$
$$\alpha\leqq0:\quad E(f>\alpha)=E(f^{-}>\alpha).$$

定理 18.5. $f,g\in\mathcal{M}$ ならば，$E(f<g)$，$E(f\leqq g)$，$E(f=g)\in\mathfrak{M}$.

証明. $\{r_\nu\}$ を実数の稠密な部分列，例えば有理数の全体から成る列とすれば，

$$E(f<g)=\bigcup_{\nu=1}^{\infty}(E(f<r_\nu)\cap E(g>r_\nu)),$$
$$E(f\leqq g)=E-E(g<f),\qquad E(f=g)=E(f\leqq g)-E(f<g).$$

定理 18.6. $f,g\in\mathcal{M}_E$ ならば，それらに四則演算を有限回施してえられる関数は，それが定義される E の最大な部分集合で可測である．

証明. (i) $E_1=E-E(f=\pm\infty,\ g=\mp\infty)$ で

$$E_1(f+g>\alpha)=E_1(f>\alpha-g)=\bigcup_{\nu=1}^{\infty}(E_1(f>r_\nu)\cap E_1(g>\alpha-r_\nu)),$$

ここに $\{r_\nu\}$ は有理数の全体から成る列．

(ii) $E_2=E-E(f=\pm\infty,\ g=\pm\infty)$ で

$$E_2(f-g>\alpha)=\bigcup_{\nu=1}^{\infty}(E_2(f>r_\nu)\cap E_2(g>r_\nu-\alpha)).$$

あるいは，$E(-g\geqq\beta)=E(g\leqq-\beta)\in\mathfrak{M}_E$ すなわち $-g\in\mathcal{M}_E$ と $f-g=f+(-g)$ に注意してもよい．

(iii) $E_3=E-E(f=\pm\infty,\ g=0)-E(f=0,\ g=\pm\infty)$ で，まず f, g が同符号，例えば $f\geqq 0,\ g\geqq 0$ の場合には，

$$E_3(fg>\alpha)=\bigcup_{\nu=1}^{\infty}\left(E_3(f>|r_\nu|)\cap E_3\left(g>\frac{\alpha}{|r_\nu|}\right)\right)\qquad(\alpha>0),$$

$$E_3(fg>\alpha)=E_3\qquad(\alpha\leqq 0).$$

一般な f, g に対しては，$f^{\pm}=(f\pm|f|)/2,\ g^{\pm}=(g\pm|g|)/2$ とおいて

$$fg=(f^++f^-)(g^++g^-)=f^+g^+-f^+(-g^-)-(-f^-)g^++f^-g^-.$$

(iv) $E_4=E-E(g=0)-E(|f|=|g|=\infty)$ で，$f/g=f\cdot(1/g)$ であって，

$$E_4\left(\frac{1}{g}>\alpha\right)=\begin{cases}E_4(g<1/\alpha)\cap E_4(g>0) & (\alpha>0),\\ E_4(g>0)\cup E_4(g<1/\alpha) & (\alpha<0),\\ E_4(g>0)\cap E_4(g<\infty) & (\alpha=0).\end{cases}$$

以上によって $f+g\in\mathcal{M}_{E_1},\ f-g\in\mathcal{M}_{E_2},\ fg\in\mathcal{M}_{E_3},\ f/g\in\mathcal{M}_{E_4}$.

定理 18.7. $\{f_\nu\}\subset\mathcal{M}$ ならば，$\sup f_\nu,\ \inf f_\nu\in\mathcal{M}$.

証明. 各 α に対して

$$E(\sup f_\nu>\alpha)=\bigcup E(f_\nu>\alpha)\in\mathfrak{M},\quad E(\inf f_\nu<\alpha)=\bigcup E(f_\nu<\alpha)\in\mathfrak{M}.$$

後者については，$\inf f_\nu=-\sup(-f_\nu)$ に注意してもよい．

系 1. 有限列 $\{f_\nu\}\subset\mathcal{M}$ に対しては $\max f_\nu,\ \min f_\nu\in\mathcal{M}$.

系 2. $f\in\mathcal{M}$ ならば，任意な定数 $\alpha, \beta\ (-\infty\leqq\alpha<\beta\leqq+\infty)$ に対して，$f\leqq\alpha$ のとき $g=\alpha$，$\alpha<f<\beta$ のとき $g=f$，$\beta\leqq f$ のとき $g=\beta$ とおけば，$g\in\mathcal{M}$.

証明. $$g=\min(\beta,\ \max(f,\ \alpha)).$$

系 3. $f\in\mathcal{M}$ ならば，$|f|\in\mathcal{M}$.

証明. $$|f|=\max(f,\ 0)-\min(f,\ 0).$$

定理 18.8. $\{f_\nu\}\subset\mathcal{M}$ ならば，$\overline{\lim}\, f_\nu,\ \underline{\lim}\, f_\nu\in\mathcal{M}$.

証明. $$\overline{\lim}\, f_\nu=\inf_{\mu\geqq 1}\sup_{\nu\geqq\mu} f_\nu,\qquad \underline{\lim}\, f_\nu=\sup_{\mu\geqq 1}\inf_{\nu\geqq\mu} f_\nu.$$

系. $\{f_\nu\}\subset\mathcal{M}$ の極限関数 $f\equiv\lim f_\nu$ が存在すれば，$f\in\mathcal{M}$.

定理 18.9. $\{f_\nu\}\subset\mathcal{M}_E$ に対して $f(x)=\lim f_\nu(x)$ が存在するよう

な $x \in E$ の全体から成る集合を M とすれば，$M \in \mathfrak{M}$，$f \in \mathcal{M}_M$.

証明．$\bar{f} = \overline{\lim} f_\nu \in \mathcal{M}_E$ であるから，$E_1 \equiv E - E(\bar{f} = \underline{f} = +\infty) - E(\bar{f} = \underline{f} = -\infty) \in \mathfrak{M}$．したがって，$M = E_1(\bar{f} - \underline{f} = 0) \cup (E - E_1) \in \mathfrak{M}$．また，前定理系によって，$f \in \mathcal{M}_M$.

なお，§16 でのべたのと同様な注意がここでもあてはまる．すなわち，f と同時に $f/(1+|f|)$ も可測となる．それに応じて，$f \in \mathcal{M}$ に関する問題の証明では，特に $-1 \leqq f \leqq +1$ ないしは $0 \leqq f \leqq 1$ と仮定してよいことが多い．

一般に，互いに素な可測集合の特性関数の有限一次結合として表される関数を**階段関数**という；**単関数**とも呼ばれる．例えば，§17 で $\mathcal{S}_0$ の関数はすべて一種の階段関数である．

定理 18.10. 各 $f \in \mathcal{M}$ は階段関数の単調列の極限とみなされる．

証明．$f \in \mathcal{M}_E$ とし，一般性を失うことなく $0 \leqq f \leqq 1$ とする．このとき，

$$E_\nu^\mu = E\left(\frac{\mu}{2^\nu} \leqq f < \frac{\mu+1}{2^\nu}\right) \in \mathfrak{M} \qquad (\mu = 0, 1, \cdots, 2^\nu;\ \nu = 1, 2, \cdots)$$

の特性関数を φ_ν^μ として

$$f_\nu = \sum_{\mu=0}^{2^\nu} \frac{\mu}{2^\nu} \varphi_\nu^\mu$$

は階段関数である．$0 \leqq f - f_\nu < 1/2^\nu$ であるから，$f_\nu \to f$ $(\nu \to \infty)$；しかも，収束は一様である．さらに，$\{f_\nu\}$ は増加列である．同様にして，減少近似列をつくることもできる．

定理 18.11 (Egoroff). $E \in \mathfrak{M}$ が有限測度をもち，$\{f_\nu\} \subset \mathcal{M}_E$ が E で有限な極限関数 f をもつならば，収束 $f_\nu \to f$ は E でほぼ一様である；すなわち，任意な $\varepsilon > 0$ に対して $me < \varepsilon$ である $e \subset E$ が存在し，$E - e$ で収束は(ふつうの意味で)一様である．

証明．$E_\nu^n = \bigcap_{\kappa=\nu}^\infty E(|f_\kappa - f| < 1/n) \in \mathfrak{M}$ $(n = 1, 2, \cdots)$ は，各 n に対して $\nu \to \infty$ のとき E に収束する増加列をなすから，定理 13.11 によって $mE_\nu^n \to mE$ $(\nu \to \infty)$．すなわち，各 n に対して適当な自然数 $\nu_n = \nu_n(\varepsilon)$ をえらべば，$mE_{\nu_n}^n > mE - \varepsilon/2^n$．そこで，

$$e=E-\bigcap_{n=1}^{\infty}E_{\nu_n}^{n}\equiv\bigcup_{n=1}^{\infty}(E-E_{\nu_n}^{n})\in\mathfrak{M}$$

とおけば，

$$me\leqq\sum_{n=1}^{\infty}m(E-E_{\nu_n}^{n})<\varepsilon.$$

$x\in E-e$ ならば，すべての n に対して $x\in E_{\nu_n}^{n}$．したがって，あらかじめ指定された任意な $\delta>0$ に対して $n>1/\delta$ とすれば，$x\in E-e$ である限り，

$$|f_\kappa-f|<\delta \qquad (\kappa\geqq\nu_n=\nu_n(\varepsilon));$$

すなわち，$E-e$ で $\{f_\nu\}$ は f に一様に収束する．

定理 18.12 (Lusin)． $f\in\mathcal{M}_E$ ならば，任意な $\varepsilon>0$ に対して $m(E-F)<\varepsilon$ である閉集合 $F\subset E$ が存在し，f は F で連続である．

証明．$0\leqq f\leqq 1$ と仮定してよい．(i) まず，f が階段関数であるとする．すなわち，E が互いに素な有限個の $E_\kappa\in\mathfrak{M}$ $(\kappa=1,\cdots,k)$ の和であって，$f(x)=c_\kappa(\text{const})$ $(x\in E_\kappa)$ であるとする．このとき，定理 13.6 によって，$m(E_\kappa-F_\kappa)<\varepsilon/k$ である閉集合 $F_\kappa\subset E_\kappa$ が存在し，F_κ で $f\equiv c_\kappa$ は連続である．F_κ は互いに素な閉集合であるから，f は閉集合 $F=\bigcup_{\kappa=1}^{k}F_\kappa$ で連続であって，

$$m(E-F)=\sum_{\kappa=1}^{k}m(E_\kappa-F_\kappa)<\varepsilon.$$

(ii) つぎに，一般な $f\in\mathcal{M}_E$ は，定理 10 によって，階段関数列 $\{f_\nu\}$ の一様収束の極限とみなされる．f_ν は $m(E-F_\nu)<\varepsilon/2^\nu$ である閉集合 $F_\nu\subset E$ で連続となるから，閉集合 $F=\bigcap_{\nu=1}^{\infty}F_\nu\subset E$ で f は連続関数列 $\{f_\nu\}$ の一様収束の極限としてそれ自身連続である．しかも，

$$m(E-F)\leqq\sum_{\nu=1}^{\infty}m(E-F_\nu)<\varepsilon.$$

注意．Lusin の定理で，$m(E-F)=0$ とするわけにはいかない．例えば，簡単のため $\boldsymbol{R}^1$ で考え，両端点が有理点であるすべての開区間から成る可算列を $\{I_\nu\}$ とする．開区間列 $\{J_\kappa\}$ を $|J_{\kappa+1}|\leqq|J_\kappa|/3$ $(\kappa=1,2,\cdots)$，$J_{2\nu-1}\cup J_{2\nu}\subset I_\nu$ $(\nu=1,2,\cdots)$ であるようにつくる．$x\in\bigcup J_\kappa$，$x\notin\overline{\lim}J_\kappa$ に対しては，$x\in J_\kappa$ であるような最大な $\kappa=\kappa_x$ が存在する．このような x のうちで，κ_x が偶数，奇数であるものの全体をそれぞれ

A, B とする; すなわち,

$$M_\kappa \equiv J_\kappa - \bigcup_{\mu=\kappa+1}^{\infty} I_\mu; \qquad A = \bigcup_{\nu=1}^{\infty} M_{2\nu}, \qquad B = \bigcup_{\nu=1}^{\infty} M_{2\nu-1}.$$

$A, B \in \mathfrak{M}$ であって, $A \cap B = \emptyset$. しかも,

$$mM_\kappa = |J_\kappa| - m\left(J_\kappa \cap \bigcup_{\mu=\kappa+1}^{\infty} J_\mu\right)$$
$$\geqq |J_\kappa| - \sum_{\mu=\kappa+1}^{\infty} |J_\mu| \geqq |J_\kappa|\left(1 - \sum_{\lambda=1}^{\infty} \frac{1}{3^\lambda}\right) = \frac{1}{2}|J_\kappa| > 0.$$

各 ν に対して $M_{2\nu} \cup M_{2\nu-1} \subset J_{2\nu} \cup J_{2\nu-1} \subset I_\nu$ であるから, $m(A \cap I_\nu) > 0$, $m(B \cap I_\nu) > 0$. ゆえに, A の特性関数を f とすれば, $mI_\nu(f=1) > 0$, $mI_\nu(f=0) > 0$. I_ν としては任意に小さい区間が可能であり, それから どのような零集合 e を除いても $f=1$ である点および $f=0$ である点が残るから, f は連続とはなりえない; 例えば $E = A \cup B$ ととればよい.

つぎの定理は Lusin の定理の一つの逆を与える:

定理 18.13. f を $E \in \mathfrak{M}$ で定義された関数とするとき, 任意な $\varepsilon > 0$ に対して $m(E-F) < \varepsilon$ である閉集合 $F = F_\varepsilon \subset E$ が存在して f が F で連続となるならば, $f \in \mathcal{M}_E$.

証明. $\varepsilon = 1/\nu$ に対する F_ε の和を $M = \bigcup_{\nu=1}^{\infty} F_{1/\nu}$ で表せば, $e \equiv E - M$ は零集合である. 各 α に対して $F_{1/\nu}(f \geqq \alpha)$ は閉集合であるから, $M(f \geqq \alpha) = \bigcup F_{1/\nu}(f \geqq \alpha) \in \mathfrak{M}$, さらに $E(f \geqq \alpha) = M(f \geqq \alpha) \cup e(f \geqq \alpha) \in \mathfrak{M}$. すなわち, $f \in \mathcal{M}_E$.

問 題 18

1. 一つの(可測)集合で可測な関数は, その各可測部分集合でも可測である.

2. $mE(f \neq g) = 0$ ならば, f と g は E で同時に可測または同時に非可測である.

3. $\{r_\nu\}$ が $(-\infty, \infty)$ でいたるところ稠密なとき, $E(f \geqq r_\nu)$ がすべての r_ν に対して可測ならば, f は E で可測である. $E(f \geqq r_\nu)$ の代りに $E(f > r_\nu)$, $E(f \leqq r_\nu)$, $E(f < r_\nu)$ のおのおのをとることもできる.

4. f が E で可測, φ が $f(E) \subset \boldsymbol{R}^1$ で単調ならば, $\varphi(f)$ は E で

可測である．

5. $mE<\infty$ のとき，E で可測な関数列 $\{f_\nu\}$ が $f_\nu \to f \neq \pm\infty$ a.e. をみたすならば，任意な $\varepsilon>0$ に対して適当な $e \subset E$, $me<\varepsilon$, が存在して，$E-e$ で $\{f_\nu\}$ は一様に収束する．

6. $|f|$ が可測であっても，f は可測とは限らない．

§19. Borel 可測関数

Borel 集合 E で定義された関数 f を考える．$-\infty<\alpha<+\infty$ である各 α に対して $E(f \geqq \alpha)$ が Borel 集合であるとき，f は E で **Borel 可測**あるいは簡単に**B 可測**であるという．

前節の定理 1～9 は，関数およびその定義域の可測性をすべて Borel 可測性でおきかえてもそのまま成り立つことが験証される．ここでは，Baire 関数族との関連を示す定理をあげる．

定理 19.1. Borel 集合上では，Borel 可測関数族と Baire 関数族とは一致する．

証明． (i) Borel 集合 E で f が Borel 可測であるとする．f は有界，例えば $0 \leqq f \leqq 1$ としてよい．このとき，

$$E_\nu^\mu = E\left(\frac{\mu}{\nu} \leqq f < \frac{\mu+1}{\nu}\right) \qquad (\mu=0,\ 1,\ \cdots,\ \nu;\ \nu=1,\ 2,\ \cdots)$$

は Borel 集合である（定理 18.3 参照）から，定理 17.7 によってその特性関数 φ_ν^μ は Baire 関数である．したがって，

$$f_\nu = \sum_{\mu=1}^{\nu} \frac{\mu}{\nu} \varphi_\nu^\mu$$

は Baire 関数であって，$|f_\nu - f| < 1/\nu$．ゆえに，$f = \lim f_\nu$ は Baire 関数である．(ii) 逆に，Borel 集合 E で f が Baire 関数であるとする．定理 16.3 によって E で連続な関数は Borel 可測であり，Borel 可測関数列の極限関数は Borel 可測であるから，超限帰納法によって f は Borel 可測である．

つぎの定理は，一般な可測関数が零集合を除けば Borel 可測とみなせることをのべている．定理 18.12, 13 と比較し，殊に前者の証明直後

にあげた注意を参照されたい.

定理 19.2. $f \in \mathcal{M}_E$ であるための条件は, E で f が a.e. に一つの Baire 関数と一致することである.

証明. $f \in \mathcal{M}_E$ とすれば, 定理 18.10 によって, f は階段関数列の極限とみなされる. したがって, f 自身が階段関数であるとしてよい. そこで, $E=\bigcup E_\kappa$ において, 互いに素な $E_\kappa \in \mathfrak{M}$ の特性関数を φ_κ として,

$$f=\sum_{\kappa=1}^{k} c_\kappa \varphi_\kappa$$

とする. E_κ の等測核 $K_\kappa \in \mathfrak{F}_\sigma$ をもって $K=\bigcup_{\kappa=1}^{k} K_\kappa$ とおけば, K は Borel 集合であって E の一つの等測核である: $K \in \mathfrak{F}_\sigma$, $m(E-K)=0$. 定理 17.7 によって, 各 φ_κ したがって f は K で Baire 関数である.

逆に, $me=0$ として f が $E-e$ 上で Baire 関数であるとする. 定理 16.3 によって $E-e$ で連続な関数は可測であり, 可測関数列の極限関数は可測であるから, 超限帰納法によって, f は $E-e$ で, したがって E 自身で可測である.

系. Baire 関数は可測である.

証明. 定理の十分条件に含まれている.

問　題 19

1. Borel 集合の特性関数は, 全空間で B 可測である.

2. f が E で可測, φ が $f(E) \subset \boldsymbol{R}^1$ で B 可測ならば, $\varphi(f)$ は E で可測である.

3. f_ν $(\nu=1, \cdots, k)$ が E で B 可測, φ が $\boldsymbol{R}^k$ で B 可測ならば, $\Phi=\varphi(f_1, \cdots, f_k)$ は E で B 可測である.

§20. 可 測 写 像

点 $x=(x_1, \cdots, x_N)$ の空間 $\boldsymbol{R}^N$ の集合 D で定義された N 個の一価関数の組

$$\hat{x}_j=f_j(x_1, \cdots, x_n) \qquad (j=1, \cdots, N)$$

を考え, これを簡単に $\hat{x}=f(x)$ で表す. x が D にわたるとき $\hat{x}=f(x)$ の全体から成る集合 $\hat{D}$ が $\hat{x}=(\hat{x}_1, \cdots, \hat{x}_N)$ の空間 $\hat{\boldsymbol{R}}^N$ におか

れたとし，このとき f によって D から $\hat{D}$ への**写像**が行われているという．

一般に，x が $E\subset D$ にわたるとき $\hat{x}=f(x)$ の全体から成る集合 $f(E)$ を，写像 f による E の**像**という．また，$\hat{E}\subset\hat{D}$ に対して $f(x)\in\hat{E}$ となる x の全体から成る集合 $f^{-1}(\hat{E})$ を，写像 f による $\hat{E}$ の**原像**という．つねに $f(f^{-1}(\hat{E}))=\hat{E}$ であるが，一般には $f^{-1}(f(E))\supset E$ である．特に，各 $\hat{x}\in\hat{D}$ に対して原像 $f^{-1}(\hat{x})\,(\equiv f^{-1}(\{\hat{x}\}))$ が一点から成るならば，逆写像 f^{-1} が一価関数の組として定まる．このとき，写像は**一対一**または**可逆**であるという；この場合には，$f^{-1}(f(E))=E$ が成り立つ．

D から $\hat{D}$ への写像において，f_j $(j=1, \cdots, N)$ が D で連続なとき，写像は**連続**であるという．さらに，一対一連続な写像において，逆写像もまた連続な場合が，**位相写像**である．他方で，写像 f によって，各可測集合 $E\subset D$ の像 $\hat{E}=f(E)\subset\hat{D}$ が可測なとき，f は**可測**であるという．

この節では，連続写像についていくつかの結果をあげ，ついで連続な可測写像に及ぼう．

定理 20.1. f を D から $\hat{D}$ への連続写像とすれば，$\hat{D}$ に関して閉または開である集合の原像は，D に関してそれぞれ閉または開である．

証明. (i) $\hat{E}$ を $\hat{D}$ に関して閉じた集合として，それの原像を $E=f^{-1}(\hat{E})$ で表す．任意な $x\in D\cap E'$ に対してそれに収束する一つの点列を $\{x_\nu\}\subset E$ とする．f の連続性によって $f(x_\nu)\to f(x)$ $(\nu\to\infty)$. $f(x_\nu)\in\hat{E}$ であって $\hat{E}$ が $\hat{D}$ に関して閉じているから，$f(x)\in\hat{E}$ すなわち $x\in E$. ゆえに，$D\cap E'\subset E$. (ii) $\hat{E}$ を $\hat{D}$ に関して開いた集合とすれば，$\hat{D}-\hat{E}$ は $\hat{D}$ に関して閉じている．したがって，その原像 $D-E=f^{-1}(\hat{D}-\hat{E})$ は D に関して閉じているから，$E=f^{-1}(\hat{E})$ は D に関して開いている．──この定理の逆については，問題1参照．

定理 20.2. D がコンパクトならば，D から $\hat{D}$ への連続写像 f による閉集合 $E\subset D$ の像 $\hat{E}=f(E)$ は閉集合である．

証明. 任意な $\hat{x}\in\hat{E}'$ に対してそれに収束する一つの点列を $\{\hat{x}_\nu\}\subset\hat{E}$

とする．各 ν に対して $x_\nu \in f^{-1}(\hat{x}_\nu)$ である $x_\nu \in E$ が存在する．E はコンパクトであるから，$\{x_\nu\}$ の収束部分列 $\{x_{\kappa_\nu}\}$ に対して $x \equiv \lim x_{\kappa_\nu} \in E$．$f$ の連続性によって，$\hat{x} = \lim f(x_{\kappa_\nu}) = f(x) \in \hat{E}$．したがって，$\hat{E}' \subset \hat{E}$．

注意．D がコンパクトなとき，D から $\hat{D}$ への連続写像 f によって，D に関して開いた集合 E の像 $\hat{E} = f(E)$ は，$\hat{D}$ に関して開いているとは限らない．例えば，$\boldsymbol{R}^1$ について，$D = \{0 \leqq x \leqq 2\}$ に関して開いた集合 $E = \{0 \leqq x < 1\}$ の連続写像 $\hat{x} = 4x(1-x)$ による像 $\hat{E} = \{0 \leqq \hat{x} \leqq 1\}$ は $\hat{D} = \{-8 \leqq \hat{x} \leqq 1\}$ に関して開いていない．

系． D がコンパクトならば，D から $\hat{D}$ への一対一連続な写像は位相的である．

定理 20.3. D から $\hat{D}$ への連続写像 f が可測であるための条件は，任意な零集合 $e \subset D$ の像が零集合であることである．

証明．（i）仮に $me = 0$ であるが $\hat{e} = f(e)$ が零集合でなかったとすれば，定理 15.1 にもとづいて，非可測集合 $\hat{e}_1 \subset \hat{e}$ が存在する．$e_1 = e \cap f^{-1}(\hat{e}_1)$ とおけば，$me_1 = 0$; 特に e_1 は可測である．ところが，$f(e_1) = f(e) \cap \hat{e}_1 = \hat{e}_1$ は非可測であるから，これは f の可測性に反する．(ii) 任意な可測集合 $E \subset D$ に対して，その等測核を K とすれば，$E = K \cup e$, $me = 0$．したがって，定理の条件が成り立てば，$\hat{e} = f(e)$ に対して $m\hat{e} = 0$．$\boldsymbol{R}^N$ はコンパクトな集合，例えば網目の閉包の可算和とみなされるから，各閉集合はコンパクトな集合の可算として表され，したがって $K \in \mathfrak{F}_\sigma$ もコンパクトな集合の可算和として表される: $K = \bigcup F_\nu$．定理 2 により $\hat{F}_\nu = f(F_\nu)$ は閉集合であるから，

$$\hat{K} \equiv f(K) = \bigcup \hat{F}_\nu \in \mathfrak{F}_\sigma.$$

したがって，$\hat{E} \equiv f(E) = \hat{K} \cup \hat{e}$ は可測である．

定理 20.4. 開集合 D から開集合 $\hat{D}$ への写像 f に対して，任意な二点の対 $x, y \in D$ について $\rho(f(x), f(y)) \leqq c\rho(x, y)$ が成り立つとする; ここに ρ は距離関数，c は x, y に無関係な定数．——**Lipschitz 条件**の一様成立！ このとき，任意な $E \subset D$ とその像 $\hat{E} = f(E)$ に対して，E に無関係な定数 γ が存在して，

$$m^*\hat{E} \leqq \gamma m^* E.$$

したがって，特に f は可測写像である．

証明．任意な立方体 $W \subset D$ について，その中心を x_0，その辺長を l とする．このとき，$\hat{W}=f(W)$ は $\hat{x}_0=f(x_0)$ を中心とし $c\sqrt{N}\,l$ を辺長とする立方体に含まれるから，

$$m^*\hat{W} \leqq (c\sqrt{N})^N mW.$$

つぎに，一般に $E \subset D$ とすれば，任意な $\varepsilon>0$ に対して適当な開集合 $O \subset D$ が存在して，$E \subset O$, $m^*E \leqq mO < m^*E+\varepsilon$. O は互いに素な立方体の可算和として表される：$O=\bigcup W_\nu$．ゆえに，その像 $\hat{O}=f(O)$ に対して

$$\begin{aligned} m^*\hat{E} &\leqq m^*\hat{O} \leqq \sum m^*\hat{W}_\nu \\ &\leqq (c\sqrt{N})^N \sum mW_\nu = (c\sqrt{N})^N mO < (c\sqrt{N})^N (m^*E+\varepsilon). \end{aligned}$$

$\varepsilon>0$ は任意であるから，

$$m^*\hat{E} \leqq (c\sqrt{N})^N m^*E.$$

最後に，いま証明したことから特に，零集合性が f によって保たれる．さらに，Lipschitz 条件によって f は連続であるから，定理 3 により f は可測である．

問　題　20

1. D から $\hat{D}$ への一意写像によって，$\hat{D}$ に関して閉または開である集合の原像がつねに D に関してそれぞれ閉または開ならば，この写像は連続である．——定理 1 の逆．

2. 連続写像による連結集合の像は連結である．

3. 連続な非可測写像を例示せよ．

第4章 Lebesgue 積分

§21. 縦線集合

積分の概念を構成する方法は，幾何学的なものと算術的なものに大別される．ここでは前者の流儀ではじめる．それは関数の定義域をのせている空間 $\boldsymbol{R}^N$ とその値域をのせている空間 $\boldsymbol{R}^1$ との積空間 $\boldsymbol{R}^{N+1}=\boldsymbol{R}^N\times\boldsymbol{R}^1$ におけるいわゆる縦線集合の測度として，積分をとらえるものである．

有限外測度の集合 $E\subset\boldsymbol{R}^N$ で定義された関数

$$f:\quad y=f(x),\qquad x=(x_1,\cdots,x_N)\in E$$

を考える．まず，$f(x)$ は非負であると仮定する：

$$f(x)\geqq 0,\qquad x\in E.$$

$(x;\ y)=(x_1,\cdots,x_N,y)$ を座標とする空間 $\boldsymbol{R}^{N+1}$ で，$\boldsymbol{R}^N$ は座標超平面 $y=0$ である．与えられた E と f に対して，$\boldsymbol{R}^{N+1}$ における二つの集合を定義する：

$$\Omega_{\rm o}[E;\ f]=\{(x;\ y)\,|\,x\in E,\ 0\leqq y<f(x)\},$$
$$\Omega_{\rm g}[E;\ f]=\{(x;\ y)\,|\,x\in E,\ 0\leqq y\leqq f(x)\}.$$

これらを E における f のそれぞれ**開いた縦線集合，閉じた縦線集合**という；ただし $\Omega_{\rm g}$ において，$f(x)=\infty$ である $x\in E$ に対しては $0\leqq y\leqq f(x)$ の代りに $0\leqq y<\infty$ をとるものとする．

注意． $\Omega_{\rm o}, \Omega_{\rm g}\in\boldsymbol{R}^{N+1}$ はそれぞれ開集合，閉集合とは限らない．

一般に，

$$\Omega_{\rm o}[E;\ f]\subset\Omega[E;\ f]\subset\Omega_{\rm g}[E;\ f]$$

である $\Omega[E;\ f]$ を E における f の**縦線集合**という．すなわち，

$$\Omega[E;\ f]=\{(x;\ y)\,|\,x\in E,\ 0\leqq y\,{}_{(}\!\leqq\!{}_{)}\,f(x)\}$$

であって，${}_{(}\!\leqq\!{}_{)}$ は個々の $x\in E$ ごとに $<$ でも $\leqq$ でもよいとする；ただし $f(x)=\infty$ である $x\in E$ に対しては $<$ とする．定義域 E に関することが明らかなときには，$\Omega[f]$ と略記することもある．

定義から直ちにみちびかれる性質を列挙する．

定理 21.1. $E=\bigcup E_\nu$ ならば，

$$\Omega[E;\ f]=\bigcup\Omega[E_\nu;\ f];$$

ここに Ω としては，すべて Ω_{o} またはすべて Ω_{g} をとることができる．あるいは，右辺の和の各項ごとに任意な Ω をえらぶとき，左辺のある Ω に対して等式が成り立つという意味に解してもよい．

定理 21.2. $0\leqq f(x)\leqq g(x)$ $(x\in E)$ ならば，

$$\Omega_{\mathrm{o}}[f]\subset\Omega[g], \qquad \Omega[f]\subset\Omega_{\mathrm{g}}[g].$$

定理 21.3. $f_\kappa(x)\geqq 0$ $(x\in E;\ \kappa=1,\cdots,k)$ ならば，

$$\Omega[\max_{1\leqq\kappa\leqq k} f_\kappa]=\bigcup_{\kappa=1}^{k}\Omega[f_\kappa], \qquad \Omega[\min_{1\leqq\kappa\leqq k} f_\kappa]=\bigcap_{\kappa=1}^{k}\Omega[f_\kappa].$$

定理 21.4. （i）$\{f_\nu\}$ が非負の増加列ならば， $\Omega[\lim f_\nu]=\bigcup\Omega[f_\nu]$，ただし右辺では ν ごとに任意な Ω を，左辺ではそれに応じて適当な Ω をとる；特に，$\Omega_{\mathrm{o}}[\lim f_\nu]=\bigcup\Omega_{\mathrm{o}}[f_\nu]$．（ii）$\{f_\nu\}$ が非負の減少列ならば，$\Omega[\lim f_\nu]=\bigcap\Omega[f_\nu]$，ただしがきは同前；特に $\Omega_{\mathrm{g}}[\lim f_\nu]=\bigcap\Omega_{\mathrm{g}}[f_\nu]$．

定理 21.5. $\{f_\nu\}$ が非負の関数列ならば，

$$\Omega[\overline{\lim} f_\nu]=\overline{\lim}\,\Omega[f_\nu], \qquad \Omega[\underline{\lim} f_\nu]=\underline{\lim}\,\Omega[f_\nu];$$

ただしがきは定理1末と同様．

証明． $\varphi_{\nu\mu}=\max_{\nu\leqq\kappa\leqq\mu}f_\kappa$ とおけば，各 ν に対して $\{\varphi_{\nu\mu}\}_{\mu=\nu}^{\infty}$ は増加列であるから，さらに $\varphi_\nu=\lim_{\mu\to\infty}\varphi_{\nu\mu}$ とおけば，$\varphi_\nu=\sup_{\nu\leqq\mu}f_\mu$．$\{\varphi_\nu\}$ は減少列であって $\overline{\lim} f_\nu=\lim\varphi_\nu$．ゆえに，定理3，4（i）により

$$\Omega[\varphi_{\nu\mu}]=\bigcup_{\kappa=\nu}^{\mu}\Omega[f_\kappa], \qquad \Omega[\varphi_\nu]=\bigcup_{\mu=\nu}^{\infty}\Omega[\varphi_{\nu\mu}]=\bigcup_{\kappa=\nu}^{\infty}\Omega[f_\kappa]$$

となるから，定理4（ii）によって

$$\Omega[\overline{\lim} f_\nu]=\bigcap_{\nu=1}^{\infty}\Omega[\varphi_\nu]=\bigcap_{\nu=1}^{\infty}\bigcup_{\kappa=\nu}^{\infty}\Omega[f_\kappa]=\overline{\lim}\,\Omega[f_\kappa].$$

定理の第二の関係も，全く同様に示される．

非正の関数 f に対しては，$-f$ が非負である．このとき，$\boldsymbol{R}^N$: $y=0$ に関する $\Omega[E;\ -f]$ の鏡像を，E における f の**縦線集合**といい，$\Omega^-[E;\ f]$ とかく．特に，$-f$ について $\Omega_{\mathrm{o}}, \Omega_{\mathrm{g}}$ をとったとき，f についてそれぞれ $\Omega_{\mathrm{o}}^-, \Omega_{\mathrm{g}}^-$ とかく．

例えば，$f\leqq 0$ に対して

$$\Omega_o^-[E;\ f]=\{(x;\ y)\,|\,x\in E,\ f(x)<y\leqq 0\};$$

$$\Omega_g^-[E;\ f]=\{(x;\ y)\,|\,x\in E,\ f(x)\leqq y\leqq 0\};$$

$f(x)=-\infty$ である $x\in E$ に関する注意は上と同様．

$f\leqq 0$ に対する Ω^- に対応して，従来の $f\geqq 0$ に対する Ω を Ω^+ と強調して記すこともある．

不定符号の一般な f に対しては，

$$f^{\pm}=\frac{f\pm|f|}{2}=\begin{cases}\max(f,\ 0)\geqq 0,\\ \min(f,\ 0)\leqq 0\end{cases}$$

とおけば，$f=f^++f^-$．これに対して

$$\Omega^{\pm}[E;\ f]=\Omega^{\pm}[E;\ f^{\pm}]$$

と定義する；複号同順．さらに，最後の式で $\Omega^{\pm}$ をともに $\Omega_o^{\pm}$ またはともに $\Omega_g^{\pm}$ とした記号も用いられる．

問　題　21

1.　定理１，２，３，４を証明せよ．

2.　$f\geqq 0$ に対して $\Omega_o[E;\ f]$ は，$E\neq\emptyset$ である限り，開集合ではない．$\Omega_g[E;\ f]$ が閉集合となるのは，どのようなときか．

§22.　積分の定義

基底空間 $\boldsymbol{R}^N$ におけるこれまでの測度 m と区別するために，積空間 $\boldsymbol{R}^{N+1}=\boldsymbol{R}^N\times\boldsymbol{R}^1$ における測度を M で表す；さらに，$\boldsymbol{R}^{N+1}$ における外測度，内測度をそれぞれ M^*, M_* で表す．

はじめに，関数値に関して $f\geqq 0$ と仮定する．

定理 22.1.　E 上の関数 $f(\geqq 0)$ に対して

$$M^*\Omega_o[E;\ f]=M^*\Omega_g[E;\ f].$$

また，$M^*\Omega_g[E;\ f]<\infty$ のとき，

$$M_*\Omega_o[E;\ f]=M_*\Omega_g[E;\ f].$$

したがって，$M^*\Omega$, $M_*\Omega$ は個々の Ω のえらび方に関係しなくて，E と f によって確定する値をもつ．

証明．（i）E の部分集合 $E(f=0)$ は縦線集合の外測度に影響しな

いから，あらためて $f>0$ $(x\in E)$ と仮定してよい．$\lambda>1$ としてアファイン変換 $(x;\ y)|(x;\ \lambda y)$ を施せば，$\Omega_o[E;\ f]$ から $\Omega_o[E;\ \lambda f]$ が生じる．I を $\boldsymbol{R}^N$ の開区間とすると，$\boldsymbol{R}^{N+1}$ の間区間 $\{I;\ \alpha<y<\beta\}$ はこの変換により $\{I;\ \lambda\alpha<y<\lambda\beta\}$ へ移り，

$$M\{I;\ \lambda\alpha<y<\lambda\beta\}=\lambda M\{I;\ \alpha<y<\beta\}.$$

したがって，任意な集合 $\Gamma\subset\boldsymbol{R}^{N+1}$ と上の変換によるその像 Γ^λ に対し $M^*\Gamma^\lambda=\lambda M^*\Gamma$．これから特に $M^*\Omega_o[E;\ \lambda f]=\lambda M^*\Omega_o[E;\ f]$．$f>0$ $(x\in E)$ と仮定されているから，$\lambda>1$ のとき $\Omega_g[E;\ f]\subset\Omega_o[E;\ \lambda f]$；したがって

$$M^*\Omega_g[E;\ f]\leqq M^*\Omega_o[E;\ \lambda f]=\lambda M^*\Omega_o[E;\ f].$$

$\lambda\to1+0$ として，$M^*\Omega_g[E;\ f]\leqq M^*\Omega_o[E;\ f]$．逆向きの不等式は明らかであるから，定理の第一の等式がえられている．(ii) 任意な Γ とその像 Γ^λ について $M^*\Gamma^\lambda=\lambda M^*\Gamma$ が成り立つから，$M^*\Gamma^\lambda<\infty$ である限り，$M_*\Gamma^\lambda=\lambda M_*\Gamma$．特に $M^*\Omega_o[E;\ f]<\infty$ である限り，$M_*\Omega_o[E;\ \lambda f]=\lambda M_*\Omega_o[E;\ f]$．以下，上と同様に，

$$M_*\Omega_g[E;\ f]\leqq M_*\Omega_o[E;\ \lambda f]=\lambda M_*E_o[E;\ f]\leqq\lambda M_*\Omega_g[E;\ f]$$

において，$\lambda\to1+0$ とすればよい．

定理 22.2. E 上の関数 $f(\geqq0)$ に対して，任意な一つの $\Omega[E;\ f]$ が可測ならば，すべての $\Omega[E;\ f]$ が可測であって，測度はすべてに共通な値をもつ．

証明．$M^*\Omega[E;\ f]<\infty$ の場合は定理1からわかるから，$M^*\Omega[E;\ f]=\infty$ の場合を考え，一つの $\Omega\equiv\Omega[E;\ f]$ が無限測度の可測集合であるとする．$\Omega_1\equiv\Omega_1[E;\ f]$ を任意な縦線集合とする．ν を自然数として，区間

$$Q_\nu:\quad |x_j|\leqq\nu\ (j=1,\ \cdots,\ N),\qquad 0\leqq y\leqq\nu$$

を考える．$Q_\nu\cap\Omega$, $Q_\nu\cap\Omega_1$ はともに有界集合 $Q_\nu\cap E\in\boldsymbol{R}^N$ 上での有界関数 $\min(f,\ \nu)$ の縦線集合であるから，定理1によって，$Q_\nu\cap\Omega$ とともに $Q_\nu\cap\Omega_1$ も可測であって $M(Q_\nu\cap\Omega_1)=M(Q_\nu\cap\Omega)$．したがって，$\Omega_1=\lim(Q_\nu\cap\Omega_1)$ は可測であって，定理 13.1 により

$$M\Omega_1=\lim M(Q_\nu\cap\Omega_1)=\lim M(Q_\nu\cap\Omega)=M\Omega=\infty.$$

そこで，Lebesgue による積分の定義をのべる．

定義．E で定義された関数 $f(\geqq 0)$ のある縦線集合 $\Omega[E;\ f]$ が有限な外測度をもつとき，

$$M^*\Omega[E;\ f]=\overline{\int_E} f\,dx\equiv\overline{\int_E} f(x)\,dx,$$
$$M_*\Omega[E;\ f]=\underline{\int_E} f\,dx\equiv\underline{\int_E} f(x)\,dx$$

と記し，E にわたる f の それぞれ**上の**(**過剰**)および**下の**(**不足**)**積分**という．特に，$\Omega[E;\ f]$ が有限測度の可測集合であるとき，f は E 上で (Lebesgue の意味で)**積分可能**あるいは簡単に**可積**である，あるいは f の E にわたる積分が存在するという．このとき，

$$M\Omega[E;\ f]=\int_E f\,dx\equiv\int_E f(x)\,dx$$

と記し，E にわたる f の **Lebesgue 積分** という．

$f\leqq 0$ $(x\in E)$ である関数に対しては，$\Omega^-[E;\ f]$ が $\Omega[E;\ -f]$ の $\boldsymbol{R}^N$ に関する鏡像であるから，$M^*_*\Omega^-[E;\ f]=M^*_*\Omega[E;\ -f]$ となる．$M^*\Omega^-[E;\ f]<\infty$ のとき，E にわたる f の**上**，**下の積分**は

$$\overline{\int_E} f\,dx=-M_*\Omega^-[E;\ f],\qquad \underline{\int_E} f\,dx=-M^*\Omega^-[E;\ f]$$

で定義される．特に $\Omega^-[E;\ f]$ が有限測度の可測集合であるとき，f は E で**可積**であるといい，その**積分**は

$$\int_E f\,dx=-M\Omega^-[E;\ f]$$

によって定義される．

定理 22.3. E で $f(\leqq 0)$ が可積ならば，$-f$ も可積であって，

$$\int_E f\,dx=-\int_E(-f)\,dx.$$

証明．定義から明らかである．

最後に，不定符号の一般な関数 f については，$M^*\Omega^{\pm}[E;\ f]<\infty$ のとき，E にわたる f の**上**，**下の積分**はそれぞれ

$$\overline{\int_E} f\,dx=M^*\Omega^+[E;\ f]-M_*\Omega^-[E;\ f],$$

$$\underline{\int}_E f\,dx = M_*\Omega^+[E;\ f] - M^*\Omega^-[E;\ f]$$

によって定義される．特に，$\Omega^\pm[E;\ f]$ がともに有限測度の可測集合であるとき，f は E で**可積**であるといい，その**積分**は

$$\int_E f\,dx = M\Omega^+[E;\ f] - M\Omega^-[E;\ f]$$

によって定義される．

ただし，後に(§23) E の $\boldsymbol{R}^N$ における可測性に関する条件を付加して，この定義を修正する．

注意．Lebesgue 積分を他の積分と区別する必要があるときには，$\boldsymbol{R}^N$ での Lebesgue 測度 m にもとづくことを明示して，上記の dx の代りに dm_x, $dm(x)$, $m(dx)$ などとかくことがある．また，$\boldsymbol{R}^{N+1}$ でも Lebesgue 測度が用いられていることを，積分記号の前に例えば (L) をつけて表す；例えば

$$(\mathrm{L})\int_E f\,dm_x, \qquad \text{etc.}$$

しかし，本書では特にことわらない限り，積分はすべてここで定義された Lebesgue の意味に解するものとする．

E で可積な関数の全体から成る族を $\mathcal{L}_E$ で表す．

定理 22.4. $f\in\mathcal{L}_E$ であるための条件は，$f^\pm\in\mathcal{L}_E$．条件がみたされているとき，

$$\int_E f\,dx = \int_E f^+dx + \int_E f^-dx.$$

証明．定義から直ちにわかる．

定理 22.5. $f\in\mathcal{L}_E$ ならば，$|f|\in\mathcal{L}_E$ であって

$$\int_E |f|\,dx = \int_E f^+dx - \int_E f^-dx.$$

証明．$f\in\mathcal{L}_E$ ならば，$f^\pm\in\mathcal{L}_E$ であって

$$0\leqq|f| = f^+ - f^-, \qquad \Omega[E;\ |f|] = \Omega[E;\ f^+]\cup\Omega[E;\ -f^-];$$

$$\int_E |f|\,dx = M\Omega[E;\ |f|] = M\Omega[E;\ f^+] + M\Omega[E;\ -f^-]$$

$$= \int_E f^+dx + \int_E (-f^-)\,dx = \int_E f^+dx - \int_E f^-dx.$$

この定理は，Lebesgue 積分では，可積性から**絶対可積性**が必然的にみちびかれることを示している；逆については，定理23.5参照．これは Lebesgue 積分の著しい性質である．Riemann 積分はこの性質をもたない；そこでの絶対可積性の概念の存在理由！例えば，一変数の関数

$$f(0)=0,\qquad f(x)=(-1)^{\nu+1}(\nu+1)\qquad \left(\frac{1}{\nu+1}<x\leqq\frac{1}{\nu};\ \nu=1,\ 2,\ \cdots\right)$$

について，その $0\leqq x\leqq 1$ にわたる Riemann 積分は

$$(\mathrm{R})\int_0^1 f\,dx=\sum_{\nu=1}^{\infty}\frac{(-1)^{\nu+1}}{\nu}=\frac{\pi}{4};$$

しかし，f は Lebesgue 可積ではない．じっさい，

$$M\Omega^+[0\leqq x\leqq 1;\ f]=\sum_{\nu=1}^{\infty}\frac{1}{2\nu-1}=\infty,$$

$$M\Omega^-[0\leqq x\leqq 1;\ f]=\sum_{\nu=1}^{\infty}\frac{1}{2\nu}=\infty.$$

注意．§40例2にあげる関数も，同じ性質をもっている．

問　題　22

1.　$f\in\mathcal{L}_E$ ならば，$cf\in\mathcal{L}_E$（c は定数）であって，

$$\int_E cf\,dx=c\int_E f\,dx.\qquad \text{——定理 26.9 に再掲.}$$

2.　有界閉集合で連続（有限）な関数は可積である．

3.　$p(x)=\sum c_{\nu_1\cdots\nu_N}\prod_{j=1}^{N}x_j^{\nu_j}$（和は $0\leqq\nu_j\leqq n$；$j=1,\ \cdots,\ N$ であるすべての整数 ν_j の組にわたる）で定義される多項式 p は，任意な有限区間で可積である．

4.　Dirichlet の関数（問題17.2参照）を単位立方体で積分せよ．

§23.　関数の可積性と可測性

本節では，縦線集合 $\Omega[E;\ f]\subset \boldsymbol{R}^{N+1}$ の可測性から被積分関数 f の可測性をみちびく．その逆問題は次節で論じよう．

以下，単に定数というときは，有限な定数のことである．

定理 23.1.　E で $h>0$ が定数（値域が一点から成る関数）ならば，

$$M^*\Omega[E;\ h]=hm^*E,\qquad M_*\Omega[E;\ h]=hm_*E;$$

特に $m^*E<\infty$ ならば,

$$\overline{\int}_E h\,dx=hm^*E, \qquad \underline{\int}_E h\,dx=hm_*E.$$

証明. (i) 特にことわらない限り, $\Omega=\Omega_o$ とする. まず, E が区間 I のときは, $\Omega[I;\ h]$ は $\boldsymbol{R}^{N+1}$ の区間であって,

$$M\Omega[I;\ h]=h|I|.$$

つぎに, E が開集合 O のときは, これを互いに素な(半開)区間の和として表す: $O=\bigcup I_\nu$. 定理 21.1 により $\Omega[O;\ h]=\bigcup\Omega[I_\nu;\ h]$ は可測であって,

$$M\Omega[O;\ h]=\sum M\Omega[I_\nu;\ h]=h\sum|I_\nu|=hmO.$$

最後に, E を任意な集合とする. 特に $m^*E<\infty$ ならば, 任意な $\varepsilon>0$ に対して $E\subset O$, $mO<m^*E+\varepsilon$ である開集合 O をえらぶと,

$$M^*\Omega[E;\ h]\leqq M\Omega[O;\ h]=hmO<h(m^*E+\varepsilon).$$

$\varepsilon\to 0$ として

$$M^*\Omega[E;\ h]\leqq hm^*E.$$

最後の関係は $m^*E=\infty$ ならば, つねに成り立つ. これと逆向きの不等式 $M^*\Omega[E;\ h]\geqq hm^*E$ を示すためには, 左辺が有限の場合を考えればよい. 任意な $\varepsilon>0$ に対して

$$\Omega_g[E;\ h]\subset\Phi, \qquad M\Phi<M^*\Omega_g[E;\ h]+\varepsilon$$

である開集合 $\Phi\subset\boldsymbol{R}^{N+1}$ をとる. 各 $x\in E$ での高さ h の閉じた縦線 ω_x の各点は Φ の内点であるから, これらの各点を中心とする $\boldsymbol{R}^{N+1}$ の開立方体が Φ 内に存在する. Heine–Borel の被覆定理により, ω_x はこれらの立方体の有限個で覆われる. さらに, これら有限個の立方体の和集合内に ω_x を含む開集合(例えば柱) σ_x が存在する. $\omega_x\subset\sigma_x\subset\Phi$ であるから, 開集合 $\sigma\equiv\bigcup_{x\in E}\sigma_x\subset\boldsymbol{R}^{N+1}$ をもって $O=\sigma\cap\boldsymbol{R}^N$ とおけば, O は $\boldsymbol{R}^N$ の開集合であって, $E\subset O$, $\Omega_g[O;\ h]\subset\Phi$. ゆえに,

$$\begin{aligned} hm^*E\leqq hmO=M\Omega_g[O;\ h]\leqq M\Phi<M^*\Omega_g[E;\ h]+\varepsilon \\ =M^*\Omega[E;\ h]+\varepsilon; \end{aligned}$$

$\varepsilon\to 0$ として $hm^*E\leqq M^*\Omega[E;\ h]$.

(ii) 内測度については, $M^*\Omega[E;\ h]<\infty$ の場合だけが問題であり,

このとき，(i) によって $m^*E<\infty$. 一般に，有限外測度の $A\subset \boldsymbol{R}^N$ に対して $\Omega^\circ[A;\ h]=\Omega_\circ[A;\ h]-A$ とおけば，$M^*_*\Omega^\circ[A;\ h]=M^*_*\Omega[A;\ h]$ である．ゆえに，$E\subset \boldsymbol{O}\subset \boldsymbol{R}^N$ である有限測度の開集合 $\boldsymbol{O}$ に対しては，$\Omega^\circ[\boldsymbol{O};\ h]$ は $\boldsymbol{R}^{N+1}$ の開集合であって，

$$M_*\Omega[E;\ h]=M_*\Omega^\circ[E;\ h]=M\Omega^\circ[\boldsymbol{O};\ h]-M^*\Omega^\circ[\boldsymbol{O}-E;\ h]$$
$$=hm\boldsymbol{O}-hm^*(\boldsymbol{O}-E)=hm_*E.$$

(iii) $m^*E<\infty$ ならば，これまでに示した関係は，定義によって，定理の最後にあげた形にかける．

系 1. E 上で $h<0$ が定数ならば，

$$M^*\Omega^-[E;\ h]=-hm^*E,\qquad M_*\Omega^-[E;\ h]=-hm_*E;$$

特に $m^*E<\infty$ ならば，

$$\overline{\int_E} h\,dx=hm_*E,\qquad \underline{\int_E} h\,dx=hm^*E.$$

系 2. $h\neq 0$ が定数ならば，その E にわたる積分が存在するための条件は，E が有限測度の可測集合であることである．このとき，

$$\int_E h\,dx=hmE.$$

注意. $h\neq 0$ ならば，h の可積性から E の可測性 (および $mE<\infty$) がえられる．しかし，$h=0$ ならば，$\Omega[E;\ 0]\subset \boldsymbol{R}^N$ であるから，E のいかんにかかわらず $M\Omega[E;\ 0]=0$ となる．この点について，後に可積性の定義が修正されるであろう．

系 3. $E\subset \boldsymbol{R}^N$ が可測，$mE>0$ ならば，$\Omega^\pm[E;\ \pm\infty]$ は可測であって $M\Omega^\pm[E;\ \pm\infty]=\infty$.

証明. $\Omega[E;\ \infty]$ は可測な増加列 $\{\Omega[E;\ \nu]\}$ の極限集合とみなされるから，可測であって

$$M\Omega[E;\ \infty]=\lim M\Omega[E;\ \nu]=\lim \nu mE=\infty.$$

$\Omega^-[E;\ -\infty]$ についても同様である．

定理 23.2. $mE=0$ ならば，任意な関数 f に対して $\Omega^\pm[E;\ f]$ は可測であって，$M\Omega^\pm[E;\ f]=0$.

証明. 定理1系3の証明における論法によって，

$$M\Omega[E;\ \infty]=\lim M\Omega[E;\ \nu]=\lim \nu mE=0;$$

$\Omega[E;\ f]\subset\Omega[E;\ \infty]$ であるから，$M\Omega[E;\ f]=0$．$\Omega^-[E;\ f]$ についても同様である．

注意．$E\subset\boldsymbol{R}^N$ が可測ならば，定数 $h\neq 0$ に対して，$\Omega^\pm[E;\ h]\subset\boldsymbol{R}^{N+1}$ は可測であって

$$M\Omega^\pm[E;\ h]=\pm hmE \qquad (h\gtrless 0).$$

ここで $mE=\infty$ ならば，右辺は ∞ と解されるだけである．他方で，$mE=0$ ならば，(有限な)定数 h の値にかかわらず，この関係は $0=0$ として成り立つ．残るところは，$mE=0$ かつ $h=\pm\infty$ の場合である．このとき，定理2により左辺は0であるが，右辺には不定形 $\infty\cdot 0$ が現れる．しかし，hmE という形式では，h が有限なときは当然であるが，$h=\pm\infty$ のときにも，$mE=0$ である限りこれは0に等しいと規約しておくと，便利なことが多い．

さて，E 上で定義された f について，$\Omega[E;\ f]$ の M 可測性から f の m 可測性を結論するために，つぎの定理が基本的である．

定理 23.3. E で定義された $f\geqq 0$ に対して，$\Omega[E;\ f]$ が可測ならば，各 $\alpha\geqq 0$ に対して $E(f>\alpha)\subset\boldsymbol{R}^N$ が可測である．

証明．簡単のため $E_\alpha\equiv E(f>\alpha)$ とかく．座標変換

$$(x;\ y)\,|\,(x;\ 'y):\qquad 'y=y-\alpha$$

による新座標系での空間 $'\boldsymbol{R}^N\times'\boldsymbol{R}^1$ における縦線集合を $'\Omega$ で表す．$'f=f-\alpha$ とおき，$E_\beta\subset\boldsymbol{R}^N$ $(\beta\geqq\alpha)$ に対応する集合を

$$'E_{\beta-\alpha}\equiv{}'E('f>\beta-\alpha)\subset{}'\boldsymbol{R}^N$$

で表せば，

$$m^*_*{}'E_{\beta-\alpha}=m^*_*E_\beta \qquad (\beta\geqq\alpha).$$

$h>0$ とすれば，帯状部分 B_h: $\alpha\leqq y<\alpha+h$ に対して

$$'\Omega_{\rm o}['E_h;\ h]\subset B_h\cap\Omega[E;\ f]\subset{}'\Omega_{\rm g}['E_0;\ h];$$

したがって，$B_h\cap\Omega[E;\ f]$ の可測性によって

$$M^*{}'\Omega_{\rm o}['E_h;\ h]\leqq M(B_h\cap\Omega[E;\ f])\leqq M_*{}'\Omega_{\rm g}['E_0;\ h].$$

ゆえに，定理1により，$hm^*{}'E_h\leqq hm_*{}'E_0$ すなわち

$$m^*E_{\alpha+h}=m^*{}'E_h\leqq m_*{}'E_0=m_*E_\alpha.$$

ここで h が減少零列 $\{h_\nu\}$ にわたれば, $\{E_{\alpha+h_\nu}\}$ は増加列であって $\lim E_{\alpha+h_\nu}=\bigcup E_{\alpha+h_\nu}=E_\alpha$ となるから, 定理 13.11 によって

$$m^*E_\alpha=\lim m^*E_{\alpha+h_\nu}\leqq m_*E_\alpha.$$

さて, 定理 18.1 の証明と同様にして, $f\geqq 0$ のとき, 各 $\alpha\geqq 0$ に対して $E(f>\alpha)$ が可測ならば, 各 $\alpha>0$ に対して

$$E(f=\alpha)=\bigcap\left(E\left(f>\alpha-\frac{1}{\nu}\right)-E(f>\alpha)\right),$$

$$E(f\geqq\alpha)=E(f>\alpha)\cup E(f=\alpha),\qquad E(f=\infty)=\bigcap E(f>\nu)$$

はすべて可測である. しかしながら, $E(f=0)$ したがって $E=E(f>0)\cup E(f=0)$ については, これだけからは何も結論されない. じっさい, $E(f=0)$ としては任意な集合が現れうる. この例外を除くために, 今後は $E(f=0)$ の可測性を前もって仮定する. $E=E(f>0)\cup E(f=0)$ であるから, これは E 自身の可測性を仮定するのと同値である.

それに応じて, 以前に保留されていた可積性の定義に対する修正を行う: §22 にあげた可積性の条件へ関数の定義域(積分の範囲)の可測性を追加したものを, 新たに**可積性の条件**として採用する. したがって, 積分を考えるさいに, 積分範囲として可測集合だけを考えるわけである.

$f\geqq 0$ についての定理 3 に対応することが, $f\leqq 0$ の場合にも, さらに不定符号の一般な f の場合にも成り立つ. そして, すぐ上にのべたのと同じ修正がなされる. それに応じて, つぎの定理にまとめあげられる:

定理 23.4. 可測集合 $E\subset \boldsymbol{R}^N$ で定義された関数 f に対して, 縦線集合 $\Omega^\pm[E;\ f]\subset\boldsymbol{R}^{N+1}$ が可測ならば, f が可測である.

最後に, 定理 22.5 の逆について注意しておこう. ここでも, 積分範囲を可測なものに限定しないと, 逆は一般には成立しない. 例えば, $0<mE<\infty$ である可測集合 E をとったとしても, $e\subset E$ を一つの非可測集合として, e の特性関数を φ で表せば, E 上の関数 $f=2\varphi-1$ に対して

$$|f|\equiv 1,\qquad \int_E|f|\,dx=mE.$$

ところが, $m^*e>m_*e,\ m^*(E-e)>m_*(E-e)$ であるから,

$$\bar{\int}_E f\,dx-\underline{\int}_E f\,dx$$
$$=M^*\Omega^+[E;\ f]-M_*\Omega^-[E;\ f]-(M_*\Omega^+[E;\ f]-M^*\Omega^-[E;\ f])$$
$$=M^*\Omega^+[e;\ 1]-M_*\Omega^-[E-e;\ -1]-(M_*\Omega^+[e;\ 1]-M^*\Omega^-[E-e;\ -1])$$
$$=m^*e-m_*(E-e)-(m_*e-m^*(E-e))>0;$$

すなわち，f は E で可積ではない．

しかしながら，可積性の定義を上記のように修正すれば，可測関数だけが可積性の対象としてとりあげられることになり，この点でもうまく救えるのである．次節の定理 24.1 をあらかじめ利用すると，つぎの定理が示される：

定理 23.5. 可測な E で可測な f に対して，$|f|\in\mathcal{L}_E$ ならば，$f\in\mathcal{L}_E$.

証明. f が可測であるから，$f^\pm$ も可測である．$0\leqq\pm f^\pm\leqq|f|$ であるから，$M\Omega^\pm[E;\ f^\pm]\leqq M\Omega[E;\ |f|]<\infty$ となり，$f^\pm\in\mathcal{L}_E$，したがって $f=f^++f^-\in\mathcal{L}_E$.

系. 有限測度の集合 E で f が有界な可測関数ならば，$|f|\in\mathcal{L}_E$，したがって $f\in\mathcal{L}_E$.

問　題　23

1. 可測な E で定義された $f\geqq 0$ に対して，$\Omega[E:\ f]$ が可測ならば，各 α に対して $E(f<\alpha)$, $E(f\leqq\alpha)$ は可測である．

2. E で f が可測，$g\in\mathcal{L}_E$，$|f|\leqq g$ a.e. ならば，$f\in\mathcal{L}_E$.

3. $f\in\mathcal{L}_E$ ならば，$n\to\infty$ のとき $mE(|f|>n)=O(1/n)$ すなわち $nmE(|f|>n)$ は有界である．

§24. 和の極限としての積分

定理 23.4 において，可測な E で定義された f に対して，$\Omega^\pm[E;\ f]$ の可測性から f の可測性をみちびいた．本節では，その逆問題を論じる．

可測な E で定義された可測な f について，まず $f\geqq 0$ である場合を考える；したがって，$f(E)\subset\{0\leqq y\leqq\infty\}$．この y 軸上半部に対する

一つの分割を考える:

$$\Delta\equiv\Delta[l_\nu]:\quad 0=l_1<l_2<\cdots,\qquad \lim l_\nu=\infty;$$

分割の幅は有界であるとする:

$$\delta(\Delta)\equiv\sup(l_\nu-l_{\nu-1})<\infty.$$

この分割に応じて，つぎの集合を導入する: $\nu=1, 2, \cdots$ として，

$$E_\nu=E(l_{\nu-1}\leqq f<l_\nu),\qquad E_\infty=E(f=\infty);$$

$$\hat{E}_0=E(f=0),\qquad \hat{E}_\nu=E(l_{\nu-1}<f\leqq l_\nu),\qquad \hat{E}_\infty=E(f=\infty).$$

これらはすべて $\boldsymbol{R}^N$ の可測集合である．特に $\hat{E}_\infty=E_\infty$.

与えられた f と分割 Δ に応じて，E が互いに素な可測集合の和として二様に表される:

$$E=(\bigcup E_\nu)\cup E_\infty=\hat{E}_0\cup(\bigcup\hat{E}_\nu)\cup\hat{E}_\infty.$$

ここに $\bigcup E_\nu$ は可算列 $\{E_\nu\}$ の和 $\bigcup_{\nu=1}^\infty E_\nu=\bigcup_{1\leqq\nu<\infty}E_\nu=\lim_{\nu\to\infty}\bigcup_{\mu=1}^\nu E_\mu$ である; $\bigcup\hat{E}_\nu$ についても同様.

他方で，分割 Δ に対応する f の下関数 φ_Δ と上関数 $\hat{\varphi}_\Delta$ を導入する:

$$\varphi_\Delta=\begin{cases} l_{\nu-1} & (x\in E_\nu;\ \nu=1, 2, \cdots), \\ \infty & (x\in E_\infty); \end{cases}\qquad \hat{\varphi}_\Delta=\begin{cases} l_\nu & (x\in \hat{E}_\nu;\ \nu=0, 1, \cdots), \\ \infty & (x\in \hat{E}_\infty). \end{cases}$$

つねに

$$\varphi_\Delta\leqq f\leqq\hat{\varphi}_\Delta,\qquad \hat{\varphi}_\Delta-\varphi_\Delta\leqq\delta(\Delta);$$

$x\in E_\infty(=\hat{E}_\infty)$ では $\hat{\varphi}_\Delta-\varphi_\Delta=0$ と解する．特に $f=l_\nu$ $(\nu=0, 1, \cdots)$ または $f=\infty$ である点 x でだけ $\varphi_\Delta=f=\hat{\varphi}_\Delta$ であり，それ以外では $\varphi_\Delta<f<\hat{\varphi}_\Delta$. 各縦線集合として適当なものをえらぶと，

$$\Omega[E;\ \varphi_\Delta]\subset\Omega[E;\ f]\subset\Omega[E;\ \hat{\varphi}_\Delta].$$

さて，$\Omega[E_\nu;\ l_{\nu-1}]$ $(\nu=1, 2, \cdots)$ および $\Omega[E_\infty;\ \infty]=\lim_{n\to\infty}\Omega[E_\infty;\ n]$ はいずれも可測であって，

$$M\Omega[E_\nu;\ l_{\nu-1}]=l_{\nu-1}mE_\nu,\qquad M\Omega[E_\infty;\ \infty]=\infty mE_\infty;$$

$mE_\infty=0$ のときは $\infty mE_\infty=0$ と規約する．したがって，

$$\begin{aligned}\Omega[E;\ \varphi_\Delta]&=(\bigcup\Omega[E_\nu;\ \varphi_\Delta])\cup\Omega[E_\infty;\ \varphi_\Delta]\\ &=(\bigcup\Omega[E_\nu;\ l_{\nu-1}])\cup\Omega[E_\infty;\ \infty]\end{aligned}$$

において，右辺の和の各項および最後の項は互いに素な可測集合である

から, $\Omega[E;\ \varphi_\Delta]$ は可測であって

$$M\Omega[E;\ \varphi_\Delta]=\sum l_{\nu-1}mE_\nu+\infty mE_\infty.$$

同様に,

$$\Omega[E;\ \hat{\varphi}_\Delta]=\Omega[\hat{E}_0;\ l_0]\cup(\bigcup\Omega[\hat{E}_\nu;\ l_\nu])\cup\Omega[\hat{E}_\infty;\ \infty]$$

も可測であって, $l_0=0$ に注意すれば,

$$M\Omega[E;\ \hat{\varphi}_\Delta]=\sum l_\nu m\hat{E}_\nu+\infty m\hat{E}_\infty.$$

他方で, E においてつねに

$$0\leqq f-\varphi_\Delta\leqq\delta(\Delta),\qquad 0\leqq\hat{\varphi}_\Delta-f\leqq\delta(\Delta);$$

$x\in E_\infty(=\hat{E}_\infty)$ では $f-\varphi_\Delta=0,\ \hat{\varphi}_\Delta-f=0$ と解する. ゆえに, $\delta(\Delta)\to 0$ のとき, 一様に

$$\varphi_\Delta\to f,\qquad \hat{\varphi}_\Delta\to f.$$

以上の準備のもとで, つぎの諸定理を証明する:

定理 24.1. 可測な E で $f(\geqq 0)$ が可測ならば, $\Omega[E;\ f]$ は可測である.

証明. $\{0\leqq y\leqq\infty\}$ の分割の列 $\{\Delta_\kappa\}$ を, 各 κ について $\Delta_{\kappa+1}$ が Δ_κ の細分であって $\delta(\Delta_\kappa)\to 0$ となるようにえらぶ. このとき $\{\varphi_{\Delta_\kappa}\}$ は増加列, $\lim\varphi_{\Delta_\kappa}=f$ であるから, 定理 21.4 によって

$$\Omega[E;\ f]=\bigcup\Omega[E;\ \varphi_{\Delta_\kappa}]$$

は可測である.

注意. $\{\hat{\varphi}_{\Delta_\kappa}\}$ は減少列であって, $\Omega[E;\ f]=\bigcap\Omega[E;\ \hat{\varphi}_{\Delta_\kappa}]$.

定理 24.2. $f(\geqq 0)\in\mathcal{L}_E$ ならば, $mE_\infty=0$.

証明. 定理 13.1 に注意して,

$$\infty>\int_E f\,dx=M\Omega[E;\ f]\geqq M\Omega[E_\infty;\ f]$$
$$=\lim M\Omega[E_\infty;\ n]=\lim nmE_\infty.$$

ゆえに, $mE_\infty=0$.

定理 24.3. $f(\geqq 0)\in\mathcal{L}_E$ ならば, 任意な分割 $\Delta=\Delta[l_\nu]$ に対応する下関数も $\varphi_\Delta\in\mathcal{L}_E$ であって

$$\int_E\varphi_\Delta\,dx=\sum l_{\nu-1}mE_\nu.$$

証明. すでにみちびいた関係 $M\Omega[E;\ \varphi_\Delta]=\sum l_{\nu-1}mE_\nu+\infty mE_\infty$ と

$M\Omega[E;\ \varphi_\Delta] \leqq M\Omega[E;\ f] < \infty$ とを組み合わせればよい.

定理2，3によって，f の可積性から任意な分割に対応する φ_Δ の可積性がえられる．後者は正項級数 $\sum l_{\nu-1} mE_\nu$ が収束し，かつ $mE_\infty = 0$ であることと同値である．$mE < \infty$ と仮定すれば，逆の成立が示される：

定理 24.4. $mE < \infty$ である E で定義された可測な $f(\geqq 0)$ に対して，少なくとも一つの分割 $\Delta = \Delta[l_\nu]$ について

$$\sum l_{\nu-1} mE_\nu < \infty, \qquad mE_\infty = 0$$

ならば，$f \in \mathcal{L}_E$．このとき，$\delta(\Delta) \to 0$ である任意な分割の列 $\{\Delta\}$ に対して

$$\int_E f\,dx = \lim_{\delta(\Delta)\to 0} \sum l_{\nu-1} mE_\nu = \lim_{\delta(\Delta)\to 0} \sum l_\nu m\hat{E}_\nu;$$

ここに収束はいずれも一様である．

証明. $M\Omega[E;\ f] \leqq M\Omega[E;\ \hat{\varphi}_\Delta]$

$$\begin{aligned}
&= \sum l_\nu m\hat{E}_\nu + \infty m\hat{E}_\infty = \sum l_\nu m\hat{E}_\nu \\
&= \sum (l_\nu m\hat{E}_\nu - l_{\nu-1} mE_\nu) + \sum l_\nu mE_\nu \\
&= \sum ((l_\nu - l_{\nu-1}) mE(l_{\nu-1} < f < l_\nu) \\
&\qquad + l_\nu mE(f = l_\nu) - l_{\nu-1} mE(f = l_{\nu-1})) + \sum l_{\nu-1} mE_\nu \\
&= \sum (l_\nu - l_{\nu-1}) mE(l_{\nu-1} < f < l_\nu) + \sum l_{\nu-1} mE_\nu \\
&\leqq \delta(\Delta) mE + \sum l_{\nu-1} mE_\nu < \infty;
\end{aligned}$$

ゆえに，f および $\hat{\varphi}_\Delta$ は E 上で可積である．そして，

$$\sum l_{\nu-1} mE_\nu = \int_E \varphi_\Delta\,dx \leqq \int_E f\,dx \leqq \int_E \hat{\varphi}_\Delta\,dx = \sum l_\nu m\hat{E}_\nu,$$

$$\sum l_\nu m\hat{E}_\nu - \sum l_{\nu-1} mE_\nu = \int_E \hat{\varphi}_\Delta\,dx - \int_E \varphi_\Delta\,dx \leqq \delta(\Delta) mE.$$

系. 定理4の仮定が一つの分割に対して成り立つならば，それは任意な分割に対しても成り立つ.

E にわたる f の積分に対して，定理4にあげた和の極限としての表示は，Lebesgue 積分の定義自身としてもよく採用される．それについては，次節であらためてふれる.

$f \leqq 0$ の場合は，これまでの結果を $-f$ に適用して処理される．不定

符号の一般な f の場合には，分解

$$f=f^{+}+f^{-}, \qquad f^{\pm}\equiv(f\pm|f|)/2$$

を行って，$\pm f^{\pm}(\geqq 0)$ に上記の操作をほどこせばよい．そして，これはつぎの操作にまとめあげられる．

こんどは全 y 軸の一つの分割を考える：

$$\Delta\equiv\Delta[\boldsymbol{l}_\nu]: \quad \cdots<\boldsymbol{l}_{-2}<\boldsymbol{l}_{-1}<\boldsymbol{l}_0=0<\boldsymbol{l}_1<\boldsymbol{l}_2<\cdots,$$

$$\lim_{\nu\to\pm\infty}\boldsymbol{l}_\nu=\pm\infty; \qquad \delta(\Delta)\equiv\sup_{-\infty<\nu<\infty}(l_\nu-l_{\nu-1})<\infty.$$

つぎの集合を導入する：

$$\begin{aligned} E_\nu&=E(l_{\nu-1}\leqq f<l_\nu), & E_{\pm\infty}&=E(f=\pm\infty);\\ \hat{E}_\nu&=E(l_{\nu-1}<f\leqq l_\nu), & \hat{E}_{\pm\infty}&=E(f=\pm\infty) \end{aligned} \qquad (\nu=0,\ \pm1,\ \cdots).$$

E の可測性と f の可測性により，これらはすべて $\boldsymbol{R}^N$ の可測集合である．そして，E は互いに素な可測集合の和として二様に表される：

$$E=E_{-\infty}\cup(\bigcup E_\nu)\cup E_{+\infty}=\hat{E}_{-\infty}\cup(\bigcup\hat{E}_\nu)\cup\hat{E}_{+\infty};$$

$\bigcup$ は $\bigcup_{-\infty<\nu<+\infty}$ を意味する．

他方で，Δ に対応する f の下関数 φ_Δ と上関数 $\hat{\varphi}_\Delta$ を導入する：

$$\varphi_\Delta=\begin{cases} \boldsymbol{l}_{\nu-1} & (x\in E_\nu;\ \nu=0,\ \pm1,\ \cdots),\\ \pm\infty & (x\in E_{\pm\infty}); \end{cases}$$

$$\hat{\varphi}_\Delta=\begin{cases} \boldsymbol{l}_{\nu} & (x\in \hat{E}_\nu;\ \nu=0,\ \pm1,\ \cdots),\\ \pm\infty & (x\in \hat{E}_{\pm\infty}). \end{cases}$$

つねに $\varphi_\Delta\leqq f\leqq\hat{\varphi}_\Delta$，$\hat{\varphi}_\Delta-\varphi_\Delta\leqq\delta(\Delta)$；$x\in E_{\pm\infty}(=\hat{E}_{\pm\infty})$ では $\hat{\varphi}_\Delta-\varphi_\Delta=0$ と解する．

定理 24.5. 可測な E で f が可測ならば，$\Omega^{\pm}[E;\ f]$ は可測である．

定理 24.6. $f\in\mathcal{L}_E$ ならば，$mE_{\pm\infty}=0$.

定理 24.7. $f\in\mathcal{L}_E$ ならば，任意な Δ に対して $\varphi_\Delta\in\mathcal{L}_E$ であって，

$$\int_E\varphi_\Delta dx=\sum_{\nu=-\infty}^{\infty}l_{\nu-1}mE_\nu.$$

定理 24.8. $mE<\infty$ である E で可測な f に対して，少なくとも一つの分割 $\Delta=\Delta[l_\nu]$ について

$$\sum|l_{\nu-1}|mE_\nu<\infty, \qquad mE_{\pm\infty}=0$$

ならば，$f\in\mathcal{L}_E$. このとき，$\delta(\Delta)\to 0$ である任意な分割の列 $\{\Delta\}$ に対

して

$$\int_E f\,dx = \lim_{\delta(\Delta)\to 0}\sum l_{\nu-1} mE_\nu = \lim_{\delta(\Delta)\to 0}\sum l_\nu m\hat{E}_\nu;$$

ここに収束はいずれも一様である．

系． 定理 8 の仮定が一つの分割に対して成り立つならば，任意な分割に対しても成り立つ．

つぎの定理は de la Vallée–Poussin による注意であり，可積関数の積分は，個々の関数に無関係な操作によって，有界関数の積分の極限に帰着されることを主張するものである．

定理 24.9. $f\in\mathcal{L}_E$ に対して

$$f_n = f_n^+ + f_n^-, \qquad f_n^\pm = \pm\min(\pm f^\pm, n) \qquad (n=1, 2, \cdots),$$

すなわち $|f|\leqq n$ ならば $f_n=f$, $|f|>n$ ならば $f_n = n\,\mathrm{sgn}\,f$ とおけば,

$$\lim_{n\to\infty}\int_E f_n\,dx = \int_E f\,dx.$$

証明． 帯状部分 B_n: $|y|\leqq n$ に対して $\Omega^\pm[E;\ f_n^\pm] = B_n\cap\Omega^\pm[E;\ f^\pm]$ であり，$n\to\infty$ のときこれらは増加しながら $\Omega^\pm[E;\ f^\pm]$ に近づくから，

$$\lim_{n\to\infty}\int_E f_n^\pm dx = \pm\lim_{n\to\infty} M\Omega^\pm[E;\ f_n^\pm] = \pm M\Omega^\pm[E;\ f^\pm] = \int_E f^\pm dx,$$

$$\lim_{n\to\infty}\int_E f_n\,dx = \int_E f\,dx;$$

f_n はもちろん有界である: $|f_n|\leqq n$.

本節の定理 4，8 では，E は有限測度であると仮定されている．しかし，次節でくわしくのべるように，これらの定理にあげた事実を，逆に積分を定義するために利用することができる．その立場からは，無限測度の集合上での積分を有限測度の集合上での積分によって近似できるという事実を補充しておけばよい:

定理 24.10. $f\in\mathcal{L}_E$ に対して，

$$\lim_{\nu\to\infty}\int_{W_\nu\cap E} f\,dx = \int_E f\,dx;$$

ここに W_ν: $|x_j|\leqq\nu$ $(j=1, \cdots, N)$．

なお，定理 10 の逆は一般には成り立たない．例えば，$\boldsymbol{E}=\boldsymbol{R}^N$ とし，$f(x)=\mathrm{sgn}\,x_N$ とすれば，

$$\int_{W_\nu} f\,dx = 0 \qquad (\nu = 1,\ 2,\ \cdots)$$

であるが，$\boldsymbol{R}^N$ において a.e. に（超平面 $x_N=0$ を除いて）$|f|\equiv 1$ であるから，f は $\boldsymbol{R}^N$ で可積でない．しかし，定符号の f に限定すれば，逆は成り立つ．さらに，つぎの定理がある：

定理 24.11. 可測な E で可測な f に対して，数列

$$\left\{\int_{W_\nu \cap E} |f|\,dx\right\}_{\nu=1}^{\infty}, \qquad W_\nu:\ |x_j| \leqq \nu \quad (j=1,\ \cdots,\ N)$$

が有界ならば，$f \in \mathcal{L}_E$.

証明. $\{\Omega[W_\nu \cap E;\ |f|]\}$ は $\Omega[E;\ |f|]$ を極限集合とする増加列であるから，

$$\infty > \lim \int_{W_\nu \cap E} |f|\,dx = \lim M\Omega[W_\nu \cap E;\ |f|] = M\Omega[E;\ |f|].$$

ゆえに，$|f| \in \mathcal{L}_E$，したがって定理 23.5 により $f \in \mathcal{L}_E$.

問　題　24

1. 定理 5, 6, 7, 8 を証明せよ．

2. E で f が可測，$g \in \mathcal{L}_E$，$|f| \leqq |g|$ a.e. ならば，E で $f \in \mathcal{L}_E$.（問題 23.2 の一般化.）

3. $f \in \mathcal{L}_E$，g が有界可測ならば，$fg \in \mathcal{L}_E$.

§25. 積分の他の諸定義

§22 では，積分を縦線集合の測度として導入する幾何学的な構成法をあげた．これは Lebesgue が彼の Thèse において採用した方法である．それに対して，§24 でのべた和の極限として積分を導入する算術的な構成法がある．前者では $\boldsymbol{R}^N$ での関数の積分について $\boldsymbol{R}^{N+1}$ での測度を引き合いに出すのに対して，後者では測度に関する限り $\boldsymbol{R}^N$ 内で片づき，その代りに値域を含む空間 $\boldsymbol{R}^1$ での簡単な極限操作を併用することですむという利点がある．これは $N=1$ の場合にことに著しい．

本節で，いくつかの後者の型の構成法を追記しよう．f が非有界な場合は定理 24.9 にあげた Vallée-Poussin の注意を併用すればよいから，f が有界な場合に限定する．さらに，定理 24.10 により，E は有限測

度をもつあるいはさらに有界と仮定してもよい．

1. Lebesgue の方法． これは Lebesgue が後に積分の理論を展開させるための出発点として採用したものである．

有限測度の可測集合 E で定義された有界な可測関数 f に対して

$$\underline{l}=\inf_{x\in E} f(x), \qquad \bar{l}=\sup_{x\in E} f(x)$$

とおく．前節と同様であるが，こんどは f の有界性にもとづいて，y 軸上の区間 $\{\underline{l}\leqq y\leqq \bar{l}\}$ を分割する：

$$\varDelta=\varDelta[l_\nu]: \qquad \underline{l}=l_0<l_1<\cdots<l_n=\bar{l}.$$

この分割に応じて，つぎの可測集合を導入する：

$$E_\nu=E(l_{\nu-1}\leqq f<l_\nu) \quad (\nu=1,2,\cdots,n+1),$$
$$\hat{E}_\nu=E(l_{\nu-1}<f\leqq l_\nu) \quad (\nu=0,1,\cdots,n);$$

ただし，記号の便宜上，補助点 $l_{-1}(<\underline{l})$ と $l_{n+1}(>\bar{l})$ を用いた；例えば $l_{-1}=\underline{l}-1$, $l_{n+1}=\bar{l}+1$ とおいてもよい．下および上の近似和

$$\underline{S}(\varDelta)=\sum_{\nu=1}^{n+1} l_{\nu-1}mE_\nu, \qquad \bar{S}(\varDelta)=\sum_{\nu=0}^{n} l_\nu m\hat{E}_\nu$$

を定義する．$\delta(\varDelta)=\max_{1\leqq\nu\leqq n}(l_\nu-l_{\nu-1})$ とおけば，

$$0\leqq\bar{S}(\varDelta)-\underline{S}(\varDelta)\leqq\delta(\varDelta)mE.$$

積分の存在を既知としないで，直接につぎの事実が示される：

定理 25.1. $\delta(\varDelta)\to0$ のとき，両近似和 $\bar{\underline{S}}(\varDelta)$ は共通な極限値に近づく；この極限値は E にわたる f の積分に等しい．

証明． $\varDelta$ からその細分へ移ると，$\underline{S}(\varDelta)$ は増加し，$\bar{S}(\varDelta)$ は減少する．さて，二つの分割 $\varDelta$, $\varDelta_1$ について，$\delta(\varDelta)+\delta(\varDelta_1)$ が十分小さい限り，四つの量 $\bar{\underline{S}}(\varDelta)$, $\bar{\underline{S}}(\varDelta_1)$ が任意に近くなることを示せばよい．そのために，$\varDelta$ と $\varDelta_1$ を重ねてえられる分割を $\varDelta_2$ で表せば，すぐ上の注意によって

$$\underline{S}(\varDelta)\leqq\underline{S}(\varDelta_2)\leqq\bar{S}(\varDelta_2)\leqq\bar{S}(\varDelta), \quad \underline{S}(\varDelta_1)\leqq\underline{S}(\varDelta_2)\leqq\bar{S}(\varDelta_2)\leqq\bar{S}(\varDelta_1).$$

ゆえに，S 軸上の二つの区間(時には点に退化する) $\underline{S}(\varDelta)\leqq S\leqq\bar{S}(\varDelta)$, $\underline{S}(\varDelta_1)\leqq S\leqq\bar{S}(\varDelta_1)$ は共通点をもつ．しかも，$\bar{S}(\varDelta)-\underline{S}(\varDelta)\leqq\delta(\varDelta)mE$, $\bar{S}(\varDelta_1)-\underline{S}(\varDelta_1)\leqq\delta(\varDelta_1)mE$ であるから，これらの二つの区間は長さが $(\delta(\varDelta)+\delta(\varDelta_1))mE$ である一つの区間に含まれる．——ちなみに，収束

は分割の様式に関して一様である．これが幾何学的に定義された積分と一致することは，前節の論法によってわかる．

この定理にもとづいて，積分をつぎのように定義できる：

$$\int_E f\,dx = \lim_{\delta(\Delta)\to 0} \underline{S}(\Delta) = \lim_{\delta(\Delta)\to 0} \bar{S}(\Delta).$$

2.　Young の方法．すぐ上の Lebesgue の定義では，y 軸上の関数の値域の分割，すなわちいわゆる縦線集合の水平分割を基礎におく．しかし，これは Lebesgue 積分の特性ではない．W. H. Young は，$\boldsymbol{R}^N$ 上の積分範囲を有限個の互いに素な可測集合に分割するいわゆる縦線集合の鉛直分割から出発して，積分の定義に達せられることを示した．

再び有限測度の可測集合 E で有界な可測関数 f が与えられたとする．有限個の互いに素な可測集合の和への E の一つの分割を考える：

$$D:\qquad E = \bigcup_{\nu=1}^{\lambda} e_\nu.$$

これに対して

$$\underline{f}_\nu = \inf_{e_\nu} f(x), \qquad \bar{f}_\nu = \sup_{e_\nu} f(x);$$

$$\underline{\varphi}_D(x) = \underline{f}_\nu, \qquad \bar{\varphi}_D(x) = \bar{f}_\nu \qquad (x \in e_\nu;\ \nu = 1, \cdots, \lambda)$$

とおく．明らかに，分割 D にかかわらず，つねに

$$\underline{\varphi}_D \leqq f \leqq \bar{\varphi}_D.$$

まず，両階段関数 $\underline{\varphi}_D$ については，それらの積分を有限和

$$\int_E \bar{\varphi}_D\,dx = \sum_{\nu=1}^{\lambda} \bar{f}_\nu m e_\nu$$

によって定義する．D にかかわらず，つねに

$$\int_E \underline{\varphi}_D\,dx \leqq \int_E \bar{\varphi}_D\,dx.$$

そこで，すべての可能な分割を考えて

$$\underline{S} = \sup_D \int_E \underline{\varphi}_D\,dx, \qquad \bar{S} = \inf_D \int_E \bar{\varphi}_D\,dx$$

とおく，積分の存在を既知としないで，つぎの定理が示される：

定理 25.2. f が可積であるための条件は，$\underline{S} = \bar{S}$．条件がみたされるとき，この共通な値が E にわたる f の積分を与える．

証明．（i） f が可積であるとする．Lebesgue 流の y 軸上の区間

$\underline{l} \leqq y \leqq \bar{l}$ の分割 Δ: $\underline{l}=l_0<l_1<\cdots<l_n=\bar{l}$ に対応する E_ν $(\nu=1, 2, \cdots, n+1)$ を考え，ここで特に

$$\lambda=n+1, \qquad e_\nu=E_\nu \equiv E(l_{\nu-1} \leqq f < l_\nu) \qquad (\nu=1, \cdots, \lambda)$$

とおけば，$l_{\nu-1} \leqq \underline{f}_\nu \leqq \bar{f}_\nu \leqq l_\nu$ であるから，

$$\sum l_{\nu-1} mE_\nu \leqq \sum \underline{f}_\nu me_\nu \leqq \underline{S} \leqq \int_E f\,dx \leqq \bar{S} \leqq \sum \bar{f}_\nu me_\nu \leqq \sum l_\nu mE_\nu,$$

$$\sum l_\nu mE_\nu - \sum l_{\nu-1} mE_\nu \leqq \delta(\Delta) mE.$$

したがって，第二の関係にもとづいて，第一の関係から

$$\underline{S}=\bar{S}=\int_E f\,dx.$$

(ii) 逆に，$\underline{S}=\bar{S}$ であるとする．一般に成り立つ関係

$$\underline{S} \leqq \underline{\int_E} f\,dx \leqq \overline{\int_E} f\,dx \leqq \bar{S}$$

から直ちに f の可積性がえられる．

注意. 実は，一般に $\bar{\underline{S}}=\bar{\underline{\int}}_E f\,dx$ であることが示される．

定理2にもとづいて，$\underline{S}=\bar{S}$ であるとき——有限測度の可測集合 E 上で有界可測な f に対してはそうなる——，しかもそのときに限って，f が可積であると定義することができる．積分の値はもちろんこの共通な値と定められる．

3. Riesz の方法. Young の方法では，有限個の可測集合の特性関数の一次結合としての階段関数(いわゆる単関数)の積分の極限として一般な積分に達した．それに対して，後に(定理35.3)示すように，有界な可測関数は，それと同じ限界をもって有界な階段関数列によって，a.e. に一様近似される；ただし，ここにいう階段関数とは，一つの網系に関して一つの格子の各網目で一定な値をもつ関数を意味する．この事実にもとづいて，F. Riesz は積分をつぎのように定義できることを示した．

一般に，f の定義域 E が有界なとき，$E \subset J$ である区間 J をとり，$J-E$ へは $f=0$ として接続すればよいから，J で有界な可測関数 f が与えられたとする．

まず，有界な階段関数 φ を考える：

$$J=\bigcup_{\kappa=1}^{k} V_\kappa, \qquad \varphi(x)=l_\kappa \qquad (x\in V_\kappa;\ \kappa=1, \cdots, k);$$

ここに V_κ は互いに素な区間(網目)である．これに対する積分を

$$\int_J \varphi\, dx=\sum_{\kappa=1}^{k} l_\kappa |V_\kappa|$$

によって定義する．一般な f について，つぎの定理がある:

定理 25.3. J で有界な可測関数 f に対して，それを a.e. に一様近似する有界な階段関数列 $\{\varphi_\nu\}$ をとれば,

$$\lim_{\nu\to\infty}\int_J \varphi_\nu\, dx=\int_J f\, dx.$$

証明. 後にあげる定理 27.4 系参照.

この定理にもとづいて，定理にあげた関係自身を，その右辺にある量の定義とみなすことができるわけである.

注意. Riesz の方法で，階段関数による近似の代りに，連続ないしは半連続関数による近似を用いることもできたであろう．もっとも，その場合には近似する関数に対して，積分を直接に定義しておかねばならない．連続関数は，例えば Riemann の意味で可積である; Riemann 積分については，§31 参照．また，半連続関数は，例えば定理 16.7 で示したように，連続関数から成る単調列の極限関数とみなされる．なお，定理 27.7, 8 参照．この方法は W. H. Young によってじっさいに遂行されている.

§26. 積分の性質

積分はいろいろな同値な方法で定義されるが，本節で積分の諸性質をみちびくにあたり，§22 にあげた幾何的な定義にもとづくことにする．以下，ことわらなくても，積分範囲はすべて可測と仮定される.

定理 26.1. $f, g\in\mathcal{L}_E$ が $f\leqq g$ をみたすならば,

$$\int_E f\, dx\leqq\int_E g\, dx.$$

証明. まず，$f\geqq 0$ の場合は $\Omega[E;\ f]\subset\Omega[E;\ g]$ からわかる．一般な場合には,

$$f=f^{+}+f^{-},\quad g=g^{+}+g^{-};\quad f^{\pm}=(f\pm|f|)/2,\quad g^{\pm}=(g\pm|g|)/2$$

とおけば，$f^{\pm}\leqq g^{\pm}$．したがって，

$$\int_E f^{+}dx\leqq\int_E g^{+}dx,\quad \int_E(-f^{-})dx\geqq\int_E(-g^{-})dx;$$

$$\int_E fdx=\int_E f^{+}dx-\int_E(-f^{-})dx\leqq\int_E g^{+}dx-\int_E(-g^{-})dx=\int_E gdx.$$

定理 26.2. $f\in\mathcal{L}_E$ に対して

$$\left|\int_E fdx\right|\leqq\int_E|f|dx.$$

証明. $-|f|\leqq f\leqq|f|$ であるから，

$$-\int_E|f|dx=\int_E(-|f|)dx\leqq\int_E fdx\leqq\int_E|f|dx.$$

定理 26.3. $f\in\mathcal{L}_E$ ならば，各可測集合 $E_1\subset E$ に対して $f\in\mathcal{L}_{E_1}$．

証明. $f\geqq 0$ ならば，f の E_1 での可測性と $M\Omega[E_1;\ f]\leqq M\Omega[E;\ f]<\infty$ とに注意すればよい．一般な f に対しては，$\pm f^{\pm}$ にこの結果を適用すればよい．

定理 26.4. 互いに素な可測集合の高々可算和 $E=\bigcup E_\nu$ で可測な f が $f\in\mathcal{L}_E$ であるための条件は，

$$\sum(M\Omega^{+}[E_\nu;\ f]+M\Omega^{-}[E_\nu;\ f])<\infty.$$

条件がみたされるとき，**加法性**の関係が成り立つ:

$$\int_E fdx=\sum\int_{E_\nu}fdx.$$

証明. (i) $f\in\mathcal{L}_E$ とする．$f\geqq 0$ とすれば，$\Omega[E;\ f]=\bigcup\Omega[E_\nu;\ f]$ から測度の加法性によって

$$\infty>M\Omega[E;\ f]=\sum M\Omega[E_\nu;\ f].$$

すなわち，条件は必要であって，積分の加法性がえられる．一般な f に対しては $\pm f^{\pm}$ を考えればよい．(ii) 条件がみたされれば，$f\geqq 0$ のとき，すぐに上の等式にもとづいて，$f\in\mathcal{L}_E$．一般には $\pm f^{\pm}$ を考えればよい．

定理 26.5. $me=0$ ならば，つねに

$$\int_e fdx=0.$$

特に $e\subset E,\ me=0$ ならば，$f\in\mathcal{L}_E$ に対して

$$\int_{E-e}f\,dx=\int_E f\,dx.$$

証明. 後半を示せばよい．これについては $me=0$ から

$$0=M\Omega[e;\ f]=\int_e f\,dx=\int_E f\,dx-\int_{E-e}f\,dx.$$

定理5にもとづいて，$e\subset E,\ me=0$ であるとき，f が $E-e$ で定義されておりさえすれば，新たに f を e でどのように補充しようとも，E にわたる f の積分は $E-e$ にわたる積分に等しい．それに応じて，$me=0$ のとき $E-e$ で可積な f に対しては，

$$\int_E f\,dx=\int_{E-e}f\,dx$$

と解するものと規約される．この規約により，f が E で a.e. に定義されておりさえすれば，f の E にわたる積分について語ることができる．

定理 26.6. $f\in\mathcal{L}_E$ に対して，$mE(g\neq f)=0$ すなわち E で a.e. に $g=f$ ならば，$g\in\mathcal{L}_E$ であって，

$$\int_E g\,dx=\int_E f\,dx.$$

証明. $e=E(g\neq f)$ とおけば，$me=0$ であるから，

$$\int_E g\,dx=\int_{E-e}g\,dx=\int_{E-e}f\,dx=\int_E f\,dx.$$

定理 26.7 (第一平均値の定理). $f\in\mathcal{L}_E$ に対して

$$\inf f\cdot mE\leqq\int_E f\,dx\leqq\sup f\cdot mE.$$

証明. $mE=0$ または $mE=\infty$ のときは明らかである．$0<mE<\infty$ のとき，$\inf f=-\infty$ または $\sup f=+\infty$ の場合も明らかである；f の可積性により，このとき $\inf f=+\infty$ または $\sup f=-\infty$ となることはない．残りの場合は定理1からわかる．

定理 26.8. E で可積な $f\geqq 0$ に対して

$$\int_E f\,dx=0$$

ならば，E で a.e. に $f=0$.

証明．平均値の定理7によって

$$0\leqq\frac{1}{\nu}mE\left(f>\frac{1}{\nu}\right)\leqq\int_{E(f>1/\nu)}f\,dx\leqq\int_E f\,dx=0;$$

$$mE\left(f>\frac{1}{\nu}\right)=0\quad(\nu=1,\ 2,\ \cdots);\qquad mE(f>0)\leqq\sum mE\left(f>\frac{1}{\nu}\right)=0.$$

定理 26.9（斉次性）． $f\in\mathcal{L}_E$ ならば，定数 $c(\neq\pm\infty)$ に対して $cf\in\mathcal{L}_E$ であって

$$\int_E cf\,dx=c\int_E f\,dx.$$

証明．（i）$c>0$ のとき，変換 $(x;\ y)|(x;\ cy)$ によって，$\Omega^{\pm}[E;\ f]$ は $\Omega^{\pm}[E;\ cf]$ に移る．ゆえに，定理22.1の証明で用いた論法によって，$M\Omega^{\pm}[E;\ cf]=cM\Omega^{\pm}[E;\ f]$．（ii）$c=0$ のときは明白．（iii）$c=-1$ のとき，変換 $(x;\ y)|(x;\ -y)$ は座標超平面 $y=0$ に関する反転であって，$M\Omega^{\pm}[E;\ -f]=M\Omega^{\mp}[E;\ f]$ であるから，

$$\int_E(-1)f\,dx=M\Omega^+[E;\ -f]-M\Omega^-[E;\ -f]$$

$$=-(M\Omega^+[E;\ f]-M\Omega^-[E;\ f])=-\int_E f\,dx.$$

（iv）$c<0$ のときには，二つの変換 $(x;\ y)|(x;\ -y)$，$(x;\ y)|(x;\ (-c)y)$ を合成すればよい．

定理 26.10． $f,\ g\in\mathcal{L}_E$ ならば，$f+g\in\mathcal{L}_E$ であって

$$\int_E(f+g)\,dx=\int_E f\,dx+\int_E g\,dx.$$

証明．定理24.10にもとづいて，$mE<\infty$ としてよい．（i）$f\geqq0$，$g=l$（定数$\geqq0$）とする．$\Omega[E;\ f]$ を y 軸の正の向きへ l だけ平行移動してえられる集合を $\Omega^l[E;\ f]$ で表せば，測度は不変に保たれているから，

$$M\Omega[E;\ f+l]=M(\Omega^l[E;\ f]\cup\Omega[E;\ l])$$

$$=M\Omega^l[E;\ f]+M\Omega[E;\ l]=M\Omega[E;\ f]+M\Omega[E;\ l].$$

（ii）$f\geqq0,\ g\geqq0$ とする．正の y 軸の分割 Δ: $0=l_0<l_1<\cdots$ に対応する g の下関数を φ_Δ，上関数を ϕ_Δ で表す．慣用の記号をもって，g の可積性により $M\Omega[E_\infty;\ f+\varphi_\Delta]=M\Omega[E_\infty;\ \infty]=0$ であるから，

$$M\Omega[E;\ f+\varphi_\varDelta]=\sum M\Omega[E_\nu;\ f+l_{\nu-1}]$$
$$=\sum(M\Omega[E_\nu;\ f]+l_{\nu-1}mE_\nu)$$
$$=M\Omega[E;\ f]+M\Omega[E;\ \varphi_\varDelta];$$

同様にして

$$M\Omega[E;\ f+\hat{\varphi}_\varDelta]=M\Omega[E;\ f]+M\Omega[E;\ \hat{\varphi}_\varDelta].$$

したがって，$f+\varphi_\varDelta\leqq f+g\leqq f+\hat{\varphi}_\varDelta$ から

$$M\Omega[E;\ f]+M\Omega[E;\ \varphi_\varDelta]=M\Omega[E;\ f+\varphi_\varDelta]$$
$$\leqq M\Omega[E;\ f+g]\leqq M\Omega[E;\ f+\hat{\varphi}_\varDelta]=M\Omega[E;\ f]+M\Omega[E;\ \hat{\varphi}_\varDelta].$$

ここで $\delta(\varDelta)\to 0$ となる列を考えれば，$M\Omega[E;\ \varphi_\varDelta]$ と $M\Omega[E;\ \hat{\varphi}_\varDelta]$ は共通な極限値としての E にわたる g の積分に近づくから，

$$M\Omega[E;\ f+g]=M\Omega[E;\ f]+\int_E g\,dx;$$

これは定理の関係である．この結果は帰納法によって，有限個の関数の場合へ拡められる．(iii) 一般な場合には，$s\equiv f+g$ は定理 24.6 によって，和が意味をもつ E の最大な部分集合 E_1 で可測であり，$f,\ g\in\mathcal{L}_E$ から $m(E-E_1)=0$．さらに，$|f|,\ |g|\in\mathcal{L}_E$ から $|f|+|g|\in\mathcal{L}_E$ であり，したがって $|s|\leqq|f|+|g|$ により $s\in\mathcal{L}_E$．$s^\pm=(s\pm|s|)/2$ etc. とおき，$s=f+g$ をかきかえると，

$$s^+ +(-f^-)+(-g^-)=(-s^-)+f^+ +g^+.$$

両辺の各項は非負であるから，$m(E-E_1)=0$ に注意して

$$\int_E s^+dx+\int_E(-f^-)\,dx+\int_E(-g^-)\,dx$$
$$=\int_E(-s^-)\,dx+\int_E f^+dx+\int_E g^+dx.$$

ここで定義の関係を用いればよい:

$$\int_E s\,ds=\int_E s^+dx-\int_E(-s^-)\,dx \qquad \text{etc.}$$

系 (線形斉次性). $f_\nu\in\mathcal{L}_E$ $(\nu=1,\cdots,n)$ ならば，c_ν $(\nu=1,\cdots,n)$ を定数とするとき，$\sum_{\nu=1}^n c_\nu f_\nu\in\mathcal{L}_E$ であって，

$$\int_E\sum_{\nu=1}^n c_\nu f_\nu\,dx=\sum_{\nu=1}^n c_\nu\int_E f_\nu\,dx.$$

定理 26.11. $f\in\mathcal{L}_E$ ならば，任意な $\varepsilon>0$ に対して適当な $\delta=\delta(\varepsilon)$

>0 をえらぶと，$e\subset E,\ me<\delta$ である限り，

$$\left|\int_e f\,dx\right|\leqq\int_e|f|\,dx<\varepsilon.$$

証明. $|f|$ を考えればよいから，$f\geqq 0$ としてよい．定理 24.9 により，$0\leqq f_n\leqq f$ において $n=n(\varepsilon)$ を適当にえらべば，任意な $e\subset E$ に対して

$$0\leqq\int_e f\,dx-\int_e f_n\,dx\leqq\int_E f\,dx-\int_E f_n\,dx<\frac{\varepsilon}{2}.$$

したがって，$me<\varepsilon/2n$ である限り

$$\int_e f\,dx<\frac{\varepsilon}{2}+\int_e f_n\,dx\leqq\frac{\varepsilon}{2}+nme<\varepsilon.$$

注意. f が定められさえすれば，$\delta=\delta(\varepsilon)$ は e に関して一様にとれる．すなわち，$e\subset E,\ me<\delta$ でありさえすれば，e のいかんに関係しない．これについては，後に定理 29.3 で再びふれる．

問　題　26

1. 定理 1 の仮定の条件 $f\leqq g$ ならびに定理 8 の仮定の条件 $f\geqq 0$ は，いずれも a.e. に成立すればよい．

2. 連結な E で連続な f に対して $\int_E f\,dx=f(\xi)mE$ をみたす $\xi\in E$ が存在する；ただし，$mE=0$ のときには，右辺はつねに 0 を表すものとする．

§27. 極限関数の積分

E で関数列 $\{f_\nu\}$ が与えられたとき，その極限関数の積分と個々のメンバーの積分から成る数列の極限値とについて，それらの存在や相等の問題が重要である．この種の問題については，定理 24.9, 10, 11 などでふれた；特に，W_ν の特性関数を φ_ν で表せば，

$$\int_{W_\nu\cap E} f\,dx=\int_E\varphi_\nu f\,dx.$$

本節では，この型の有用な定理を列挙する．

定理 27.1. 有限測度をもつ E において，列 $\{f_\nu\}\subset\mathcal{L}_E$ が a.e. に

一様収束するならば，$f=\lim f_\nu \in \mathcal{L}_E$ であって，

$$\lim \int_E f_\nu dx = \int_E f dx.$$

注意．一様収束性の仮定は，§16 における縮小関数に対するものでなく，ふつうの意味に解する；ただし，$f_\nu=f=\pm\infty$ である点では $f_\nu-f=0$ と規約する．

証明．定理 26.5 の直後にのべたことにより，定理の仮定で a.e. とあるところを「いたるところ」とした場合を考えればよい．仮定によって，任意な $\varepsilon>0$ に対して適当な $\nu_0=\nu_0(\varepsilon)$ をえらべば，E 上で $|f_\nu-f|<\varepsilon$，$|f|\leqq|f_\nu|+\varepsilon$ $(\nu\geqq\nu_0)$ であるから，$f\in\mathcal{L}_E$．そして，$\nu\geqq\nu_0$ のとき，

$$\left|\int_E f_\nu dx - \int_E f dx\right| = \left|\int_E (f_\nu - f) dx\right| \leqq \int_E |f_\nu - f| dx \leqq \varepsilon mE.$$

注意．$e_\nu=E(|f_\nu|=\infty)$ とおけば，$me_\nu=0$；したがって，$e=\bigcup e_\nu$ に対して $me=0$．ゆえに，f_ν はすべて，一様収束性により f もまた，有限な関数として証明するだけでもよい．

定理 27.2 (Beppo-Levi)．列 $\{f_\nu\}\subset\mathcal{L}_E$ が増加または減少ならば，$f=\lim f_\nu\in\mathcal{L}_E$ であるための条件は，それぞれ

$$\lim \int_E f_\nu dx < \infty \quad \text{または} \quad \lim \int_E f_\nu dx > -\infty.$$

条件がみたされるとき，

$$\lim \int_E f_\nu dx = \int_E f dx.$$

証明．$\{f_\nu\}\subset\mathcal{L}_E$ が増加列ならば，$\{\Omega_0^+[E;\ f_\nu]\}$ は $\Omega_0^+[E;\ f]$ を極限集合とする可測増加列であるから，定理 13.1 によって

$$0 \leqq \lim \int_E f_\nu^+ dx = \lim M\Omega_0^+[E;\ f_\nu] = M\Omega_0^+[E;\ f].$$

また，このとき $\{\Omega_g^-[E;\ f_\nu]\}$ は $\Omega_g^-[E;\ f]$ を極限集合とする可測減少列であるから，f_1 の可積性に注意すると，定理 13.2 によって

$$-\infty < \int_E f_1^- dx \leqq \lim \int_E f_\nu^- dx = -\lim M\Omega_g^-[E;\ f_\nu]$$

$$= -M\Omega_g^-[E:\ f] = \int_E f^- dx \leqq 0.$$

したがって,

$$-\infty<\lim\int_E f_\nu dx=M\Omega^+[E;\ f]+\int_E f^- dx.$$

ゆえに, $f\in\mathcal{L}_E$ であるための条件 $M\Omega^+[E;\ f]<\infty$ は, $\lim\int_E f_\nu dx<\infty$ と同値である. 定理の最後の部分は, すぐ上の関係からえられる. $\{f_\nu\}$ が減少列の場合には, $\{-f_\nu\}$ を考えればよい.

定理 27.3. $\{f_\nu\}\subset\mathcal{L}_E$ とする. (i) もし $\bar{f}\in\mathcal{L}_E$ が存在して $f_\nu\leqq\bar{f}$ ($\nu=1, 2, \cdots$) ならば, $(\overline{\lim}\, f_\nu)^+\in\mathcal{L}_E$; もしさらに $\overline{\lim}\int_E f_\nu dx>-\infty$ ならば, $\overline{\lim} f_\nu\in\mathcal{L}_E$ であって

$$\overline{\lim}\int_E f_\nu dx\leqq\int_E\overline{\lim}\, f_\nu dx.$$

(ii) もし $\underline{f}\in\mathcal{L}_E$ が存在して $f_\nu\geqq\underline{f}$ ($\nu=1, 2, \cdots$) ならば, $(\underline{\lim}\, f_\nu)^-\in\mathcal{L}_E$; もしさらに $\underline{\lim}\int_E f_\nu dx<\infty$ ならば, $\underline{\lim}\, f_\nu\in\mathcal{L}_E$ であって

$$\underline{\lim}\int_E f_\nu dx\geqq\int_E\underline{\lim}\, f_\nu dx.$$

証明. (i) まず, $f_\nu\geqq0$ とする. 定理 18.8 によって $\overline{\lim}\, f_\nu$ は可測であり, さらに $0\leqq f_\nu\leqq\bar{f}$ により $\overline{\lim}\, f_\nu\in\mathcal{L}_E$. 定理 13.3 と定理 21.5 によって

$$\overline{\lim}\int_E f_\nu dx=\overline{\lim}\, M\Omega[E;\ f_\nu]\leqq M(\overline{\lim}\,\Omega[E;\ f_\nu])$$
$$=M\Omega[E;\ \overline{\lim} f_\nu]=\int_E\overline{\lim}\, f_\nu dx\left(\leqq\int_E\bar{f}dx<\infty\right).$$

つぎに, $f_\nu\leqq0$ とする. 明らかに $(\overline{\lim}\, f_\nu)^+\equiv0\in\mathcal{L}_E$. 特に

$$\lim\int_E f_\nu dx>-\infty$$

ならば, 定理 13.4 と定理 21.5 によって

$$\infty>\underline{\lim}\int_E(-f_\nu)\,dx=\underline{\lim}\, M\Omega[E;\ -f_\nu]\geqq M\Omega[E;\ -\overline{\lim}\, f_\nu].$$

ゆえに, $-\overline{\lim}\, f_\nu\in\mathcal{L}_E$, したがって $\overline{\lim}\, f_\nu\in\mathcal{L}_E$ であって

$$\overline{\lim}\int_E f_\nu dx=-\underline{\lim}\int_E(-f_\nu)\,dx\leqq-M\Omega[E;\ -\overline{\lim}\, f_\nu]$$
$$=\int_E\overline{\lim}\, f_\nu dx.$$

最後に，f_ν が不定符号のとき，$0\leqq f_\nu^+\leqq \bar{f}^+$ であって，$\bar{f}^+\in\mathcal{L}_E$ であるから，$(\overline{\lim}\, f_\nu)^+\equiv\overline{\lim}\, f_\nu^+\in\mathcal{L}_E$．特に $\overline{\lim}\int_E f_\nu dx>-\infty$ ならば，

$$\overline{\lim}\int_E f_\nu^- dx=\overline{\lim}\left(\int_E f_\nu dx-\int_E f_\nu^+ dx\right)$$
$$\geqq\overline{\lim}\int_E f_\nu dx-\overline{\lim}\int_E f_\nu^+ dx\geqq\overline{\lim}\int_E f_\nu dx-\int_E \bar{f}^+ dx>-\infty;$$

ゆえに，$\overline{\lim}\, f_\nu\in\mathcal{L}_E$．すでに証明したように，

$$\overline{\lim}\int_E f_\nu^\pm dx\leqq\int_E \overline{\lim}\, f_\nu^\pm dx$$

であるから，

$$\overline{\lim}\int_E f_\nu dx\leqq\overline{\lim}\int_E f_\nu^+ dx+\overline{\lim}\int_E f_\nu^- dx$$
$$\leqq\int_E\overline{\lim}\, f_\nu^+ dx+\int_E\overline{\lim}\, f_\nu^- dx=\int_E\overline{\lim}\, f_\nu dx.$$

(ii)　$\{-f_\nu\}$ に上の結果を適用すればよい．

注意 1. 条件 $f_\nu\leqq\bar{f},\ f_\nu\geqq\underline{f}$ は E で a.e. にみたされていればよい．

注意 2. 定理3の証明で定理18.8を利用した．後者は定理17.7と定理21.5にもとづいて，定理23.4に含まれる事実からも認められる．

定理 27.4 (Lebesgue の収束定理). 関数列 $\{f_\nu\}\subset\mathcal{L}_E$ に対して，$\hat{f}\in\mathcal{L}_E$ が存在して E で a.e. に $|f_\nu|\leqq\hat{f}$ $(\nu=1, 2, \cdots)$ ならば，$\underline{\lim}\, f_\nu\in\mathcal{L}_E$ であって

$$\int_E\underline{\lim}\, f_\nu dx\leqq\underline{\lim}\int_E f_\nu dx\leqq\overline{\lim}\int_E f_\nu dx\leqq\int_E\overline{\lim}\, f_\nu dx.$$

特に，このとき $\lim f_\nu$ が E で a.e. に存在するならば，

$$\lim\int_E f_\nu dx=\int_E\lim f_\nu dx.$$

証明. 前定理の系としてえられる．──この定理は有用であるから，ふつうに流布している一つの別証を追記する．零集合は影響がないから，E でいたるところ $|f_\nu|\leqq\hat{f}$ と仮定してよく，$\underline{\lim}\, f_\nu\in\mathcal{L}_E$ は明らかである．(i) はじめに，定理の最後にあげた $f=\lim f_\nu$ が存在する場合を考える．まず，$mE<\infty$ とする．定理26.11によって，任意な $\varepsilon>0$ に対して適当な $\delta(\varepsilon)>0$ をえらぶと，$e\subset E,\ me<\delta(\varepsilon)$ である限り，

$$\int_e \hat{f}\,dx<\frac{\varepsilon}{3}.$$

他方で，Egoroff の定理 18.11 によって，適当な $e\subset E$, $me<\delta(\varepsilon)$，をえらぶと，$E-e$ 上で一様に $f_\nu\to f$ となる．定理 1 により

$$\int_{E-e}|f_\nu-f|\,dx<\frac{\varepsilon}{3}\qquad(\nu\geqq\nu_0(\varepsilon)).$$

したがって，$\nu\geqq\nu_0(\varepsilon)$ のとき，

$$\left|\int_E f_\nu dx-\int_E f\,dx\right|\leqq\int_{E-e}|f_\nu-f|\,dx+\int_e(|f_\nu|+|f|)\,dx$$
$$<\frac{\varepsilon}{3}+\int_e 2\hat{f}\,dx<\varepsilon.$$

ゆえに，

$$\lim\int_E f_\nu dx=\int_E f\,dx\equiv\int_E \lim f_\nu dx.$$

つぎに，$mE=\infty$ とする．定理 24.10 によって，$\varepsilon>0$ に対して $n=n(\varepsilon)$ を適当にえらべば，W_n: $|x_j|\leqq n$ $(j=1,\cdots,N)$ に対して

$$\int_{E-W_n\cap E}(|f_\nu|+|f|)\,dx\leqq 2\int_{E-W_n\cap E}\hat{f}\,dx<\frac{\varepsilon}{2}.$$

他方で，$m(W_n\cap E)<\infty$ であるから，すでに証明したことによって，$\nu_1=\nu_1(\varepsilon)$ を適当にえらべば，$\nu\geqq\nu_1$ である限り，

$$\left|\int_{W_n\cap E}f_\nu dx-\int_{W_n\cap E}f\,dx\right|<\frac{\varepsilon}{2}.$$

したがって，結局，$\nu\geqq\nu_1$ である限り，

$$\left|\int_E f_\nu dx-\int_E f\,dx\right|$$
$$\leqq\left|\int_{W_n\cap E}f_\nu dx-\int_{W_n\cap E}f\,dx\right|+\int_{E-W_n\cap E}(|f_\nu|+|f|)\,dx<\varepsilon;$$
$$\lim\int_E f_\nu dx=\int_E f\,dx\equiv\int_E \lim f_\nu dx.$$

(ii) つぎに，一般な場合に移る．増加列 $\{\inf_{\nu\geqq\mu}f_\nu\}_\mu$ の極限関数が $\underline{\lim}\,f_\nu$ であるから，いま証明したばかりのことによって，

$$\int_E \underline{\lim}_{\nu\to\infty} f_\nu dx=\lim_{\mu\to\infty}\int_E \inf_{\nu\geqq\mu} f_\nu dx\leqq\underline{\lim}_{\mu\to\infty}\int_E f_\mu dx.$$

これで定理の不等式の左半が示されている．右半については $\{-f_\nu\}$ を

考えればよい.

系（有界収束定理）. 有限測度の集合 E で一様に有界な関数列 $\{f_\nu\}\subset\mathcal{L}_E$ に対しては, $\overline{\lim}\,f_\nu\in\mathcal{L}_E$ であって

$$\int\underline{\lim}\,f_\nu dx\leqq\underline{\lim}\int_E f_\nu dx\leqq\overline{\lim}\int_E f_\nu dx\leqq\int_E\overline{\lim}\,f_\nu dx.$$

定理 27.5 (Fatou). 関数列 $\{f_\nu\}\subset\mathcal{L}_E$ に対して, E 上で a.e. に $0\leqq\lim f_\nu=f$ ならば, $\underline{\lim}\int_E f_\nu dx<\infty$ である限り, $f\in\mathcal{L}_E$であって

$$\int_E f dx\leqq\underline{\lim}\int_E f_\nu dx.$$

証明. 定理4の系！ その証明（ii）に含まれている.

注意 1. Fatou の定理で不等号が現れる例: $f_\nu(0)=0$, $f_\nu(x)=\nu$ $(0<x<1/\nu)$, $f_\nu(x)=0$ $(1/\nu\leqq x\leqq 1)$;

$$\int_0^1\lim f_\nu dx=0<1=\lim\int_0^1 f_\nu dx.$$

注意 2. $\lim f_\nu$ が可積であっても, $\underline{\lim}\int f_\nu dx<\infty$ であるとは限らない: $f_\nu(x)=\nu^2$ $(0\leqq x<1/\nu)$, $f_\nu(x)=0$ $(1/\nu\leqq x\leqq 1)$.

収束定理は, 定理 26.10 系を併用することによって, 無限級数の項別積分に関する定理にかきかえられる.

定理 27.6. $f_\nu\in\mathcal{L}_E$ を項とする級数 $\sum f_\nu$ が E で a.e. に収束し, かつ $\hat{s}\in\mathcal{L}_E$ が存在して $|\sum_{\kappa=1}^{\nu}f_\kappa|\leqq\hat{s}$ $(\nu=1, 2, \cdots)$ ならば, $\sum f_\nu\in\mathcal{L}_E$ であって

$$\int_E\sum f_\nu dx=\sum\int_E f_\nu dx.$$

証明. $s_\nu=\sum_{\kappa=1}^{\nu}f_\kappa$ とおけば, 定理 26.10 系により $s_\nu\in\mathcal{L}_E$ であって, $|s_\nu|\leqq\hat{s}$ をみたし, a.e. に $s_\nu\to\sum f_\nu$. ゆえに,

$$\int_E\sum f_\nu dx=\int_E\lim s_\nu dx=\lim\int_E s_\nu dx$$
$$=\lim\int_E\sum_{\kappa=1}^{\nu}f_\kappa dx=\lim\sum_{\kappa=1}^{\nu}\int_E f_\kappa dx=\sum\int_E f_\nu dx.$$

ここで §25 と関連して, 一般な可積関数の積分を連続ないしは半連続関数の積分で近似することの可能性について示そう.

定理 27.7. $f\in\mathcal{L}_E$ と任意な $\varepsilon>0$ に対して

$$\left|\int_E f\,dx-\int_E \varphi\,dx\right|\leqq\int_E|f-\varphi|\,dx<\varepsilon$$

をみたす $\boldsymbol{R}^N$ で有界な連続関数 φ が存在する.

証明. 定理 26.11 によって，適当な $\delta=\delta(\varepsilon)$ をえらべば，$e\subset E,\ me<\delta$ である限り，

$$\left|\int_e f\,dx\right|<\frac{\varepsilon}{3}.$$

他方で，$E_\nu=E(|f|>\nu)$ $(\nu=1,2,\cdots)$ とおけば，$\{E_\nu\}$ は減少列であって，

$$mE_1\leqq\int_E|f|\,dx<\infty,\qquad \lim E_\nu=\bigcap E_\nu=E(|f|=\infty).$$

したがって，定理 13.2 により $\lim mE_\nu=mE(|f|=\infty)=0$ となるから，適当に $\nu=\nu(\delta)$ をえらべば，$mE_\nu<\delta$ となり，

$$\nu mE_\nu\leqq\int_{E_\nu}|f|\,dx<\frac{\varepsilon}{3}.$$

Lusin の定理 18.12 にもとづいて，適当にえらばれた

$$F\subset E-E_\nu,\qquad m(E-E_\nu-F)<\varepsilon/6\nu$$

をみたす閉集合 $F=F_\varepsilon$ で f は連続であり，しかも E_ν の定義により有界である: $|f|\leqq\nu$ $(x\in F)$. F 上の f を定理 16.8 にもとづいて $\boldsymbol{R}^N$ へ連続拡大してえられる関数を φ とする; $|\varphi|\leqq\nu$ $(x\in\boldsymbol{R}^N)$. これに対しては

$$\begin{aligned}\int_E|f-\varphi|\,dx&=\left(\int_{E_\nu}+\int_F+\int_{E-E_\nu-F}\right)|f-\varphi|\,dx\\&\leqq\int_{E_\nu}|f|\,dx+\int_{E_\nu}|\varphi|\,dx+\int_{E-E_\nu-F}|f-\varphi|\,dx\\&<\frac{\varepsilon}{3}+\nu mE_\nu+2\nu m(E-E_\nu-F)<\varepsilon.\end{aligned}$$

定理 27.8. E で可測な $f\geqq0$ と任意な $\varepsilon>0$ に対して，

$$f\leqq\varphi,\qquad \int_E(\varphi-f)\,dx<\varepsilon$$

である $\boldsymbol{R}^N$ で下に半連続な φ が存在する; ただし，$f=\infty$ したがって $\varphi=\infty$ のとき $\varphi-f=0$ とみなす.

証明. (i) E が有限測度をもち, f が有界であるとする: $0\leqq f\leqq n$. このとき,

$$\delta=\frac{\varepsilon}{mE+1},\qquad k=\left[\frac{n}{\delta}+1\right];$$

$$E_\nu=E((\nu-1)\delta\leqq f<\nu\delta)\quad(\nu=1,\cdots,k)$$

とおけば, E_ν は互いに素であって

$$E=\bigcup_{\nu=1}^{k}E_\nu,\qquad \sum_{\nu=1}^{k}mE_\nu=mE;$$

$$\sum_{\nu=1}^{k}\nu\delta mE_\nu=\sum_{\nu=1}^{k}(\nu-1)\delta mE_\nu+\sum_{\nu=1}^{k}\delta mE_\nu\leqq\int_E f\,dx+\delta mE.$$

さて, 各 ν に対して $E_\nu\subset O_\nu$, $mO_\nu<mE_\nu+1/\nu k$ である開集合 O_ν をえらび, その特性関数を φ^ν で表す. $\boldsymbol{R}^N$ で φ^ν は下に半連続であるから,

$$\varphi\equiv\sum_{\nu=1}^{k}\nu\delta\varphi^\nu$$

も下に半連続であって, $f\leqq\varphi$. しかも,

$$\int_E\varphi\,dx\leqq\sum_{\nu=1}^{k}\nu\delta mO_\nu<\sum_{\nu=1}^{k}\nu\delta\left(mE_\nu+\frac{1}{\nu k}\right)$$

$$\leqq\int_E f\,dx+\delta mE+\delta=\int_E f\,dx+\varepsilon.$$

(ii) 一般な場合には, W_n: $|x_j|\leqq n$ $(j=1,\cdots,N)$ をもって

$$f_n(x)=\begin{cases}\min(f(x),n) & (x\in E\cap W_n),\\ 0 & (x\in E-E\cap W_n)\end{cases}$$

とおけば, E で $\{f_n\}_{n=0}^{\infty}$ は増加列であって $f_n\to f$. 有限測度の集合 $E\cap W_n-E\cap W_{n-1}$ $(n=1,2,\cdots)$ で可測な f_n-f_{n-1} は有界: $0\leqq f_n-f_{n-1}\leqq n$ であるから, 上に証明したことにより $\boldsymbol{R}^N$ で下に半連続な φ_n が存在して

$$f_n-f_{n-1}\leqq\varphi_n,\qquad \int_E(\varphi_n-(f_n-f_{n-1}))\,dx<\frac{\varepsilon}{2^n}.$$

$\varphi_n\geqq0$ は下に半連続であるから, 定理 16.6 により

$$\varphi=\sum_{n=1}^{\infty}\varphi_n$$

も下に半連続である. Fatou の定理5に注意して,

$$f=\lim f_n=\sum(f_n-f_{n-1})\leqq\sum\varphi_n=\varphi,$$

$$\int_E(\varphi-f)\,dx=\int_E\sum(\varphi_n-(f_n-f_{n-1}))\,dx$$

$$=\int_E\lim_{n\to\infty}\sum_{\nu=1}^{n}(\varphi_\nu-(f_\nu-f_{\nu-1}))\,dx\leqq\varliminf_{n\to\infty}\int_E\sum_{\nu=1}^{n}(\varphi_\nu-(f_\nu-f_{\nu-1}))\,dx$$

$$<\varliminf_{n\to\infty}\sum_{\nu=1}^{n}\frac{\varepsilon}{2^\nu}=\varepsilon.$$

問　題　27

1. $\{f_\nu\}\subset\mathcal{L}_E$ が非負の関数列ならば，$\varliminf\int_E f_\nu dx<\infty$ である限り，$\varliminf f_\nu\in\mathcal{L}_E$ であって $\int_E\varliminf f_\nu dx\leqq\varliminf\int_E f_\nu dx$. また，同じ仮定のもとで $\varliminf f_\nu\notin\mathcal{L}_E$ のときは，$\lim\int_E f_\nu dx=\infty$.

2. $\{f_\nu\}\subset\mathcal{L}_E$ が非負の関数列ならば，$\sum\int_E f_\nu dx$ が E で発散するとき，$\sum f_\nu\notin\mathcal{L}_E$.

3. 関数列 $\{f_\nu\}\subset\mathcal{L}_E$ に対して $\sum\int|f_\nu|\,dx$ が収束すれば，$\sum f_\nu$ は E で a.e. に一つの $f\in\mathcal{L}_E$ に収束し，$\int f dx=\sum\int f_\nu dx$.

4. $E=\{x\,|\,0\leqq x<\infty\}\subset\boldsymbol{R}^1$ で $f_\nu(x)=\alpha e^{-\nu\alpha x}-\beta e^{-\nu\beta x}$ $(0<\alpha<\beta)$ $(\nu=1, 2, \cdots)$ とすれば，$\sum\int_E f_\nu dx\neq\int_E\sum f_\nu dx$.

§28. Fubini の定理

積分法の入門からよく知られているように，N 変数の関数の積分は，ある条件のもとで，N 回の単一積分を逐次に行ういわゆる累次積分に帰着させられる.

一般に，点 $x\equiv(x_1, \cdots, x_p)$ の空間 $\boldsymbol{R}^p=\boldsymbol{R}_x^p$ と点 $y\equiv(y_1, \cdots, y_q)$ の空間 $\boldsymbol{R}^q=\boldsymbol{R}_y^q$ から，点 $(x;\ y)\equiv(x_1, \cdots, x_p, y_1, \cdots, y_q)$ の(直)積空間 $\boldsymbol{R}^{p+q}=\boldsymbol{R}_{xy}^{p+q}\equiv\boldsymbol{R}^p\times\boldsymbol{R}^q$ が生じる. $\boldsymbol{R}^p$ の区間 I_x: $a_j\leqq x_j<b_j$ $(j=1, \cdots, p)$ と $\boldsymbol{R}^q$ の区間 I_y: $c_k\leqq y_k<d_k$ $(k=1, \cdots, q)$ から，$\boldsymbol{R}^{p+q}$ の積区間

$$I_{xy}:\ a_j\leqq x_j<b_j\ (j=1, \cdots, p),\quad c_k\leqq y_k<d_k\ (k=1, \cdots, q)$$

が生じる: $I_{xy}\equiv I_x\times I_y$. 逆に，$\boldsymbol{R}^{p+q}$ の各区間はこのような積区間とみ

なされる．これらの区間の体積の間の関係は

$$|I_{xy}|=|I_x||I_y|.$$

さて，区間の体積をもとにして，各空間 $\boldsymbol{R}_x^p$, $\boldsymbol{R}_y^q$, $\boldsymbol{R}_{xy}^{p+q}$ における測度 m_x, m_y, m_{xy} が導入される．各点 $x^0=(x_1^0, \cdots, x_p^0)\in\boldsymbol{R}_x^p$ を通って $\boldsymbol{R}_x^p$ に垂直な $\boldsymbol{R}_{xy}^{p+q}$ 内の q 次元空間

$$R^q[x^0]:\ x_j=x_j^0\ (j=1, \cdots, p),\quad -\infty<y_k<\infty\ (k=1, \cdots, q)$$

は，$\boldsymbol{R}_y^q$ に平行であり，その上に $\boldsymbol{R}_y^q$ と同じ測度 m_y が導入される．

集合の測度に関する Fubini の定理は，有限測度の $E\subset\boldsymbol{R}_{xy}^{p+q}$ の測度 $m_{xy}E$ が，E の $R^q[x]$ による断面の m_x 測度を x の関数とみなし，これの x に関する積分として表されることを主張するものである．

定理 28.1 (Fubini). $E\subset\boldsymbol{R}_{xy}^{p+q}$ を有限測度の m_{xy} 可測な集合とすれば，E の $R^q[x]$ による断面 $E^q[x]\equiv E\cap R^q[x]$ は，一つの m_x 零集合に属する x を除けば，$\boldsymbol{R}_x^p$ 上で m_y 可測である．さらに，$m_y(E^q[x])$ を $\boldsymbol{R}_x^p$ で a.e. に定義された関数とみなすと，これは m_x 可積であって

$$m_{xy}E=\int_{\boldsymbol{R}_x^p}m_y(E^q[x])\,dm_x.$$

(ここに dm_x は従来は dx と記してきたものにほかならない.)

証明. (i) E が区間 $I=I_x\times I_y$ である場合には，断面 $I\cap R^q[x]$ は，$x\in I_x$ ならば I_y と合同な区間，$x\notin I_x$ ならば空集合となるから，

$$m_{xy}I=|I|=|I_x||I_y|=\int_{I_x}|I_y|\,dm_x=\int_{\boldsymbol{R}_x^p}m_y(I^q[x])\,dm_x.$$

(ii) E が互いに素な区間の有限和 $B=\bigcup_{\nu=1}^n J_\nu$ の場合には，

$$m_{xy}B=\sum_{\nu=1}^n m_{xy}J_\nu=\sum_{\nu=1}^n\int_{\boldsymbol{R}_x^p}m_y(J_\nu^q[x])\,dm_x$$
$$=\int_{\boldsymbol{R}_x^p}\sum_{\nu=1}^n m_y(J_\nu^q[x])\,dm_x=\int_{\boldsymbol{R}_x^p}m_y(B^q[x])\,dm_x.$$

(iii) E が開集合 O の場合には，互いに素な区間の有限和から成る増加列 $\{B_\kappa\}$ により O を近似する．このとき，定理 27.2 を用いて，

$$m_{xy}O=\lim_{\kappa\to\infty}m_{xy}B_\kappa=\lim_{\kappa\to\infty}\int_{\boldsymbol{R}_x^p}m_y(B_\kappa^q[x])\,dm_x$$
$$=\int_{\boldsymbol{R}_x^p}\lim_{\kappa\to\infty}m_y(B_\kappa^q[x])\,dm_x=\int_{\boldsymbol{R}_x^p}m_y(O^q[x])\,dm_x.$$

(iv) E が閉集合 F の場合には，$m_{xy}F<\infty$ と仮定されているから，

$F \subset O$, $m_{xy}O < \infty$ である開集合 O をえらべば, $O-F$ は有限測度の開集合であって

$$m_{xy}F = m_{xy}O - m_{xy}(O-F)$$
$$= \int_{\boldsymbol{R}_x^p} m_y(O^q[x])\,dm_x - \int_{\boldsymbol{R}_x^p} m_y((O-F)^q[x])\,dm_x$$
$$= \int_{\boldsymbol{R}_x^p} (m_y(O^q[x]) - m_y((O-F)^q[x]))\,dm_x$$
$$= \int_{\boldsymbol{R}_x^p} m_y(F^q[x])\,dm_x.$$

(v) E が $H \in \mathfrak{G}_\delta$ または $K \in \mathfrak{F}_\sigma$ の場合には, $H = \bigcap O_\nu$ または $K = \bigcup F_\nu$ において, $\{O_\nu\}$ は有限測度の減少開集合列, $\{F_\nu\}$ は増加閉集合列としてよい. このとき,

$$m_{xy}H = \lim_{\nu\to\infty} m_{xy}O_\nu = \lim \int_{\boldsymbol{R}_x^p} m_y(O_\nu^q[x])\,dm_x$$
$$= \int_{\boldsymbol{R}_x^p} \lim_{\nu\to\infty} m_y(O_\nu^q[x])\,dm_x = \int_{\boldsymbol{R}_x^p} m_y(H^q[x])\,dm_x;$$

K についても同様. 以上のすべての場合では, $E^q[x]$ が各 $x \in \boldsymbol{R}_x^p$ に対して m_y 可測である. (vi) 最後に, 単に $m_{xy}E < \infty$ と仮定されている場合には, E の等測核 K と等測包 H をとる: $K \subset E \subset H$, $m_{xy}K = m_{xy}E = m_{xy}H$. このとき, すでに証明したことによって,

$$m_{xy}E = \int_{\boldsymbol{R}_x^p} m_y(K^q[x])\,dm_x = \int_{\boldsymbol{R}_x^p} m_y(H^q[x])\,dm_x.$$

定理 24.6 と定理 26.8 によって, $m_y(K^q[x])$ と $m_y(H^q[x])$ は m_x 零集合を除いて m_y 可測であり, $m_y(E^q[x]) = m_y(K^q[x])$. ゆえに, E に対しても, 定理の結論がえられる.

つぎの定理は, この定理の一つの逆を与える:

定理 28.2. m_{xy} 可測な E に対して, $m_y(E^q[x])$ が $\boldsymbol{R}_x^p$ で m_x 可積ならば, $m_{xy}E < \infty$ である.

証明. E が m_{xy} 可測ならば, $m_y(E^q[x])$ は $\boldsymbol{R}_x^p$ で m_x 可測である. 仮に $m_{xy}E = \infty$ であったとすれば, E は任意に大きい m_{xy} 測度をもつ部分集合 E_1 を含む. 特に

$$\infty > m_{xy}E_1 > \int_{\boldsymbol{R}_x^p} m_y(E^q[x])\,dm_x$$

である $E_1 \subset E$ をえらべば，定理1によって

$$m_{xy}E_1 > \int_{\boldsymbol{R}_x^p} m_y(E^q[x])\,dm_x \geqq \int_{\boldsymbol{R}_x^p} m_y(E_1^q[x])\,dm_x = m_{xy}E_1$$

となり，不合理が生じる．

関数の積分は縦線集合の測度とみなされるから，測度に関する定理1から積分に関する Fubini の定理がえられる．定義域外へは0として接続すればよいから，$\boldsymbol{R}_{xy}^{p+q}$ で定義された関数を考えればよい．

定理 28.3 (Fubini). $\boldsymbol{R}_{xy}^{p+q}$ で m_{xy} 可積な f は，一つの m_x 零集合以外の各 $x \in \boldsymbol{R}_x^p$ に対して(すなわち m_x-a.e. に) $\boldsymbol{R}_y^q$ で m_y 可積である．さらに，

$$\int_{\boldsymbol{R}_y^q} f(x;\ y)\,dm_y$$

を $\boldsymbol{R}_x^p$ で a.e. に定義された関数とみなすと，m_x 可積であって

$$\int_{\boldsymbol{R}_{xy}^{p+q}} f\,dm_{xy} = \int_{\boldsymbol{R}_x^p}\left(\int_{\boldsymbol{R}_y^q} f\,dm_y\right)dm_x.$$

証明. $f \geqq 0$ の $\boldsymbol{R}_{xy}^{p+q}$ にわたる積分は，点$(x;\ y;\ z)$ の空間 $\boldsymbol{R}_{xyz}^{p+q+1}$ の縦線集合 $\Omega[\boldsymbol{R}_{xy}^{p+q};\ f]$ の m_{xyz} 測度にほかならない．ゆえに，定理1によって

$$\int_{\boldsymbol{R}_{xy}^{p+q}} f\,dm_{xy} = m_{xyz}\Omega[\boldsymbol{R}_{xy}^{p+q};\ f]$$

$$= \int_{\boldsymbol{R}_x^p} m_{yz}(\Omega[\boldsymbol{R}_{xy}^{p+q};\ f] \cap R^{q+1}[x])\,dm_x.$$

$\Omega[\boldsymbol{R}_{xy}^{p+q};\ f] \cap R^{q+1}[x]$ は，各 $x \in \boldsymbol{R}_x^p$ に対して f を y の関数とみなすとき，$R^{q+1}[x]$ 内でつくられたその縦線集合とみなされる．定理1により，それは m_x-a.e. に $\boldsymbol{R}_{yz}^{q+1}$ で m_{yz} 可測である；しかも，f の m_{xy} 可積性にもとづいて，上の関係からわかるように，m_x-a.e. に有限な m_{yz} 測度をもつ．ゆえに，m_x-a.e. に

$$m_{yz}(\Omega[\boldsymbol{R}_{xy}^{p+q};\ f] \cap R^{q+1}[x]) = \int_{\boldsymbol{R}_y^q} f\,dm_y.$$

これで $f \geqq 0$ の場合に定理が示されている．一般な場合には，$f = f^+ + f^-$ として $\pm f^\pm \equiv (|f| \pm f)/2 (\geqq 0)$ のおのおのにこの結果を適用すればよい．

系. $\boldsymbol{R}_{xy}^{p+q}$ で m_{xy} 可積な f は，$\boldsymbol{R}_x^p$ で m_x-a.e. に m_y 可積であ

り，$\boldsymbol{R}_y^q$ で m_y-a.e. に m_x 可積である．さらに，

$$\int_{\boldsymbol{R}_y^q} f dm_y, \qquad \int_{\boldsymbol{R}_x^p} f dm_x$$

をそれぞれ $\boldsymbol{R}_x^p$, $\boldsymbol{R}_y^q$ で a.e. に定義された関数とみなすと，これらはそれぞれ m_x 可積，m_y 可積であって，

$$\int_{\boldsymbol{R}_x^p}\left(\int_{\boldsymbol{R}_y^q} f dm_y\right)dm_x=\int_{\boldsymbol{R}_y^q}\left(\int_{\boldsymbol{R}_x^p} f dm_x\right)dm_y.$$

定理 28.4. $\boldsymbol{R}_{xy}^{p+q}$ で m_{xy} 可測な $f\geqq 0$ について，$\boldsymbol{R}_x^p$ で m_x-a.e. に $\boldsymbol{R}_y^q$ で m_y 可積であり，かつその積分を x の関数とみなして $\boldsymbol{R}_x^p$ で m_x 可積ならば，f は $\boldsymbol{R}_{xy}^{p+q}$ で m_{xy} 可積である．

証明. 定理3を定理1からみちびいたと同様にして，定理2からみちびかれる．

系. $\boldsymbol{R}_{xy}^{p+q}$ で m_{xy} 可測な f について，定理4の仮定が $|f|$ に対して成り立つならば，その結論は f に対してそのままあてはまる．

注意. 定理4で f が定符号であるという仮定は本質的である．例えば，$p=q=1$ として

$$f(x, y)=x^{-1}\operatorname{sgn} y \qquad (0<x<1,\ -1<y<1)$$

を考えれば，各 $x\in(0, 1)$ に対して f は $y\in(-1, 1)$ に関して可積である．この積分の値はつねに0に等しいから，これは $x\in(0, 1)$ に関して可積である．それにもかかわらず，f は $(x, y)\in(0, 1;\ -1, 1)$ に関して可積ではない．じっさい，$|f|=x^{-1}$ の定義域上での縦線集合の三次元測度は ∞ である．

定理3系の逆についても，事情は同様である．系では $\boldsymbol{R}_{xy}^{p+q}$ での f の可積性が仮定されているが，単にその可測性だけを仮定するときには，系の等式の両辺が個々に存在しても，しかも等式が成り立つと仮定してすら，f は m_{xy} 可積とは限らない．これはつぎの例で示される．

簡単のため $p=q=1$ とし，$f=f(x, y)$ として

$$f=\begin{cases} 2^{2\nu} & \begin{pmatrix} 2^{-\nu}\leqq x<3\cdot 2^{-\nu-1},\ 2^{-\nu}\leqq y<3\cdot 2^{-\nu-1}; \\ 3\cdot 2^{-\nu-1}\leqq x<2^{-\nu+1},\ 3\cdot 2^{-\nu-1}\leqq y<2^{-\nu+1} \end{pmatrix}, \\ -2^{2\nu} & \begin{pmatrix} 3\cdot 2^{-\nu-1}\leqq x<2^{-\nu+1},\ 2^{-\nu}\leqq y<3\cdot 2^{-\nu-1}; \\ 2^{-\nu}\leqq x<3\cdot 2^{-\nu-1},\ 3\cdot 2^{-\nu-1}\leqq y<2^{-\nu+1} \end{pmatrix} \end{cases} \qquad (\nu=1, 2, \cdots)$$

を考える．これは Q: $0<x<1,\ 0<y<1$ で定義され，

$$\int_0^1 f(x,\ y)\,dy=0\quad(0<x<1),\qquad \int_0^1 f(x,\ y)\,dx=0\quad(0<y<1).$$

しかしながら，Q_ν: $2^{-\nu}\leqq x<1,\ 2^{-\nu}\leqq y<1$ に対して

$$\iint_{Q_\nu}|f(x,\ y)|\,d(x,\ y)=\nu\qquad(\nu=1,\ 2,\ \cdots)$$

となるから，$|f|$ したがって f は Q で可積ではない．

問　題 28

1. 可測集合 $A,\ B\subset \boldsymbol{R}_{xy}^{p+q}\equiv\boldsymbol{R}_x^p\times\boldsymbol{R}_y^q$ の $R^q[x]$ による断面 $A^q[x]$, $B^q[x]$ について，一つの m_x 零集合に属する x を除いて，$\boldsymbol{R}_x^p$ で $m_y(A^q[x])=m_y(B^q[x])$ ならば，$m_{xy}A=m_{xy}B$. ——**Cavalieri の原理**.

2. $0<x_1<1,\ 0<x_2<1$ で $f(x_1,\ x_2)=(x_1^2-x_2^2)/(x_1^2+x_2^2)^2$ で定義された f に対しては，$\int_0^1 dx_1\int_0^1 f\,dx_2\neq\int_0^1 dx_2\int_0^1 f\,dx_1$.

3. $-1<x_1<1,\ 0<x_2<1$ で $f(x_1,\ x_2)=1/x_1^3$ $(0<x_2<|x_1|)$, $=0$ $(x_2\geqq|x_1|)$ で定義された f に対して，$\int_0^1 dx_2\int_{-1}^1 f\,dx_1$ は存在するが，$\int_{-1}^1 dx_1\int_0^1 f\,dx_2$ は存在しない．

4. $(0,\ \infty)\subset\boldsymbol{R}^1$ の任意な有限部分区間で f が可積ならば，$f_\alpha(x)=\Gamma(\alpha)^{-1}\int_0^x(x-t)^{\alpha-1}f(t)\,dt$ $(\alpha>0)$ で定義された f_α もそうであって，$\int_0^x f_\alpha(t)\,dt=f_{\alpha+1}(x)$; ここに $\Gamma(\alpha)=\int_0^\infty t^{\alpha-1}e^{-t}dt$. さらに，$(f_\alpha)_\beta=f_{\alpha+\beta}$ $(\alpha,\ \beta>0)$.

注. 特に α が自然数ならば，

$$f_\alpha(x)=\frac{1}{(\alpha-1)!}\int_0^x(x-t)^{\alpha-1}f(t)\,dt$$
$$=\int_0^x dx_\alpha\int_0^{x_\alpha}dx_{\alpha-1}\cdots\int_0^{x_2}f(x_1)\,dx_1.$$

§29. 不 定 積 分

有限測度の可測集合 $E\subset\boldsymbol{R}^N$ について，$f\in\mathcal{L}_E$ ならば，各可測集合 $e\subset E$ に対して $f\in\mathcal{L}_e$. したがって，E の可測部分集合の全体からなる集合族を $\mathfrak{M}_E$ で表せば，

$$F(e)=\int_e f\,dx\qquad(F(e)=F(e;\ E,\ f))$$

は $\mathfrak{M}_E$ で定義された一つの集合関数である.

特に, $\boldsymbol{R}^1$ において, $I=\{a\leqq x\leqq b\}$ とするとき, I の部分区間(開,閉または半開区間)の全体から成る集合族を $\mathfrak{J}_I$ で表せば,

$$i_\alpha^\beta=\{\alpha\leqq x\leqq\beta\}\ (\text{または}\ \{\alpha<x\leqq\beta\}\ \text{etc.})\in\mathfrak{J}_I$$

に対して

$$\Phi(i_\alpha^\beta)=\int_{i_\alpha^\beta}f\,dx\equiv\int_\alpha^\beta f\,dx$$

は $\mathfrak{J}_I$ で定義された区間関数である. 点関数

$$\varphi(x)\equiv\Phi(i_a^x)=\int_a^x f\,dx\qquad(a\leqq x\leqq b)$$

を導入すれば,

$$\Phi(i_\alpha^\beta)=\varphi(\beta)-\varphi(\alpha)\equiv[\varphi(x)]_\alpha^\beta.$$

さて, $E\subset\boldsymbol{R}^N$ で定義された $f\in\mathcal{L}_E$ を $\boldsymbol{R}^N$ へ接続する:

$$\tilde{f}(x)=\begin{cases}f(x) & (x\in E),\\ 0 & (x\in\boldsymbol{R}^N-E).\end{cases}$$

接続された $\tilde{f}$ は任意な可測集合 $U\subset\boldsymbol{R}^N$ に対して $f\in\mathcal{L}_U$ であって

$$F(U)\equiv\int_U\tilde{f}\,dx=\int_{E\cap U}f\,dx.$$

すべての可測集合 $U\subset\boldsymbol{R}^N$, $mU<\infty$, に対して定義された集合関数 F を, Lebesgue にしたがって, $\tilde{f}$ の**不定積分**という.

一般に, 関数 f に対して, その不定積分

$$F(U)=\int_U f\,dx$$

が有限測度の可測集合 $U\subset\boldsymbol{R}^N$ の全体から成る集合族 $\mathfrak{M}$ で定義されるためには, つぎの条件が必要十分である:

f は $\boldsymbol{R}^N$ で a.e. に定義され, 各 $U\in\mathfrak{M}$ に対して $f\in\mathcal{L}_U$.

この条件は, つぎの二つの関数族に対しては, たしかにみたされている.

$\mathcal{F}_1$: 有限測度の可測集合 E で可積な関数から, $\boldsymbol{R}^N-E$ へ0とおいて接続された関数の全体──上記の $\tilde{f}$ のような関数の全体;

$\mathcal{F}_2$: $\boldsymbol{R}^N$ で有界な可測関数の全体.

実は, $\mathcal{F}_1$ と $\mathcal{F}_2$ によって, 上記の条件をみたす関数が本質的に尽く

されている．すなわち，つぎの定理がある：

定理 29.1. $\boldsymbol{R}^N$ で a.e. に定義された f が，各 $U\in\mathfrak{M}$ に対して $f\in\mathcal{L}_U$ をみたすならば，つぎの形に分解される：

$$f=f_1+f_2;\quad f_1\in\mathcal{F}_1,\ f_2\in\mathcal{F}_2.$$

証明．狭義の増加正数列 $\{n_\nu\}$ を $\sum n_\nu^{-1}=1$ であるようにえらぶ；例えば，$n_\nu=2^\nu$ $(\nu=1, 2, \cdots)$．

$$U_\nu=\boldsymbol{R}^N(|f|>n_\nu)\qquad(\nu=1, 2, \cdots)$$

は可測である．まず，殆んどすべての U_ν が有限測度をもつことを示そう；$\{U_\nu\}$ は減少列であるから，このことは $mU_\nu<\infty$ である ν の存在と同値である．

$$U_\nu=\boldsymbol{R}^N(f>n_\nu)\cup\boldsymbol{R}^N(f<-n_\nu)$$

において，$\{\boldsymbol{R}^N(f>n_\nu)\}$ および $\{\boldsymbol{R}^N(f<-n_\nu)\}$ はともに減少列である．仮に $m\boldsymbol{R}^N(f>n_\nu)=\infty$ $(\nu=1, 2, \cdots)$ とすれば，定理 12.9 により

$$E_1\subset\boldsymbol{R}^N(f>n_1),\qquad mE_1=n_1^{-1}$$

である E_1 が存在する．帰納的に，各 ν に対して

$$E_\nu\subset\boldsymbol{R}^N(f>n_\nu)-\bigcup_{\kappa=1}^{\nu-1}E_\kappa,\qquad mE_\nu=n_\nu^{-1}$$

である E_ν が存在する．$\{E_\nu\}$ は互いに素であって，$U\equiv\bigcup E_\nu$ に対して $mU=\sum n_\nu^{-1}=1$ であるから，

$$\infty>\int_U f\,dx=\sum\int_{E_\nu}f\,dx.$$

他方で

$$\sum\int_{E_\nu}f\,dx\geqq\sum n_\nu\cdot n_\nu^{-1}=\infty$$

となるから，不合理を生じる．ゆえに，殆んどすべての ν に対して $m\boldsymbol{R}^N(f>n_\nu)<\infty$．同様にして，殆んどすべての ν に対して $m\boldsymbol{R}^N(f<-n_\nu)<\infty$．したがって，ある ν に対して $mU_\nu<\infty$．そこで，このような一つの ν をもって

$$f_1=\begin{cases}f & (x\in U_\nu),\\ 0 & (x\in\boldsymbol{R}^N-U_\nu);\end{cases}\qquad f_2=\begin{cases}0 & (x\in U_\nu),\\ f & (x\in\boldsymbol{R}^N-U_\nu)\end{cases}$$

とおけば，$f=f_1+f_2$；$f_1\in\mathcal{F}_1$，$f_2\in\mathcal{F}_2$．

再び有限測度の可測集合 $U\subset \boldsymbol{R}^N$ の全体から成る集合族を $\mathfrak{M}$ で表す．f を各 $U\in\mathfrak{M}$ で可積な一つの関数とする．以下の諸定理は，$\mathfrak{M}$ で定義された集合関数としての不定積分 F の性質に関するものである：

$$F(U)=\int_U f\,dx \qquad (F(U)\equiv F(U;\ f)).$$

定理 29.2 (**完全加法性**)**.** $\{U_\nu\}\subset\mathfrak{M}$ が互いに素な集合の列，$U\equiv\bigcup U_\nu\in\mathfrak{M}$ ならば，

$$F(U)=\sum F(U_\nu).$$

証明．積分範囲に関する積分の加法性！ 定理 26.4.

定理 29.3 (**絶対連続性；Vitali**)**.** 任意な $\varepsilon>0$ に対して適当な $\delta(\varepsilon)>0$ をえらべば，$U\in\mathfrak{M}$, $mU<\delta(\varepsilon)$ である限り $|F(U)|<\varepsilon$.

証明．定理 1 にしたがって f を分解する：$f=f_1+f_2$；$f_1\in\mathscr{F}_1$，$f_2\in\mathscr{F}_2$．f_1 は $\boldsymbol{R}^N$ で可積であるから，定理 26.11 によって，適当な $\delta_1(\varepsilon)>0$ が存在して，$mU<\delta_1(\varepsilon)$ である限り，

$$\left|\int_U f_1\,dx\right|<\frac{\varepsilon}{2}.$$

f_2 は有界であるから，$|f_2|<k$ $(x\in\boldsymbol{R}^N)$ とすれば，$mU<\delta_2(\varepsilon)=\varepsilon/2k$ である限り，

$$\left|\int_U f_2\,dx\right|\leqq kmU<\frac{\varepsilon}{2}.$$

ゆえに，$mU<\delta(\varepsilon)=\min(\delta_1(\varepsilon),\ \delta_2(\varepsilon))$ である限り，

$$|F(U)|=\left|\int_U f\,dx\right|\leqq\left|\int_U f_1\,dx\right|+\left|\int_U f_2\,dx\right|<\varepsilon.$$

定理 29.4. すべての $U\in\mathfrak{M}$ に対して $\int_U f\,dx=\int_U g\,dx$ であるための条件は，$m\boldsymbol{R}^N(f\neq g)=0$；すなわち，$\boldsymbol{R}^N$ で $f=g$ a.e.

証明．(i) 仮に $m\boldsymbol{R}^N(f\neq g)>0$ であったとすれば，定理 12.9 により $0<mE<\infty$ である $E\subset\boldsymbol{R}^N(f\neq g)$ が存在する．このとき，定理 26.8 によって，

$$0<\int_E|f-g|\,dx=\int_{E(f>g)}(f-g)\,dx+\int_{E(f<g)}(g-f)\,dx.$$

したがって，右辺の少なくとも一項が正となり，仮定に反する．(ii) 条件が十分なことは，定理 26.6 による．

一般に，f が与えられれば，その不定積分

$$F(U)\equiv F(U;\ f)=\int_U f\,dx$$

は完全に確定する．定理4は，逆に一つの F が与えられたとき，それを不定積分とする f が存在する限り，これは a.e. に定まることを示している．F が与えられたとき，このような f をいかにして定めるか．積分の逆演算としてのこの操作が微分であって，次章でくわしくのべる．

問　題　29

1.　$f\equiv 1$ に対して，定理2，3は何をのべているか．

§30.　区間関数の拡大

前節で示したように，不定積分

$$F(U)=\int_U f\,dx$$

については，つぎの三性質が特記される：

ⅰ．**有限確定性**：有限測度の各可測集合 U に対して，$F(U)$ は有限な確定値をもつ；

ⅱ．**完全加法性**：互いに素な有限測度の可測集合列 $\{U_\nu\}$ に対して，$\bigcup U_\nu$ も有限測度ならば，$F(\bigcup U_\nu)=\sum F(U_\nu)$ ――定理29.2；

ⅲ．**絶対連続性**：任意な $\varepsilon>0$ に対して適当な $\delta(\varepsilon)>0$ をえらべば，$mU<\delta(\varepsilon)$ である限り，$|F(U)|<\varepsilon$ ――定理29.3.

ここでは逆に，一般にこれらの三性質を具えた集合関数 F を考える；変域は有限測度の可測集合 $U\subset \boldsymbol{R}^N$ の全体から成る族 $\mathfrak{M}$ であるとする．すぐ上にのべたように，$\boldsymbol{R}^N$ で a.e. に定義され，各 $U\in\mathfrak{M}$ で可積な関数からつくられた不定積分は，たしかにこのような集合関数である．特に，$f\equiv 1$ に対応しては測度関数 mU がえられる．この観点から，測度に関する諸定理は，この型の集合関数へ一般化されるであろう．

実は，次章で示すように，上記の三性質は，不定積分の単なる属性であるだけでなく，その特性である．すなわち，これらの性質を具えた集合関数は，適当な被積分関数の不定積分とみなされるのである．

さて，集合関数に課せられる上記の条件が，見掛け上はもっとも弱い

条件と同値であることを注意しておこう．

定理 30.1. 加法的，絶対連続な集合関数は有限である．

証明. 絶対連続性の条件で，特に $\varepsilon=1$ に対応する $\delta=\delta(1)$ をとる．任意な $U\in\mathfrak{M}$ に対して $mU<n\delta$ である自然数 n をとれば，定理12.9によって，U は互いに素な n 個の可測集合 $\{U_\nu\}_{\nu=1}^n$ の和として

$$U=\bigcup_{\nu=1}^{n}U_\nu,\quad mU_\nu=\frac{mU}{n}<\delta\qquad(\nu=1,\cdots,n).$$

したがって，加法性にもとづいて，

$$|F(U)|=\left|\sum_{\nu=1}^{n}F(U_\nu)\right|\leqq\sum_{\nu=1}^{n}|F(U_\nu)|<n.$$

注意. 一価な集合関数に限定することはもちろんであるから，各 $U\in\mathfrak{M}$ に対する $F(U)$ の確定性は当然な要請である．さらに，定理1によって，条件 i は条件 ii, iii からの必然的な結果である．

定理 30.2. $\mathfrak{M}$ で定義された集合関数 F が絶対連続ならば，二つの集合に関する加法性から必然的に完全加法性がみちびかれる．

証明. $\{U_\nu\}$ を互いに素な可測集合列，$U=\bigcup U_\nu\in\mathfrak{M}$ と仮定する．$mU=\sum mU_\nu$ であるから，絶対連続性における $\delta=\delta(\varepsilon)$ に対して適当な $n_0=n_0(\delta(\varepsilon))$ をえらべば，

$$m\left(U-\bigcup_{\nu=1}^{n}U_\nu\right)<\delta\qquad(n>n_0).$$

帰納法によって有限個の集合に関する加法性がえられるから，

$$F(U)=\sum_{\nu=1}^{n}F(U_\nu)+F\left(U-\bigcup_{\nu=1}^{n}U_\nu\right);$$

$$\left|F(U)-\sum_{\nu=1}^{n}F(U_\nu)\right|=\left|F\left(U-\bigcup_{\nu=1}^{n}U_\nu\right)\right|<\varepsilon\qquad(n>n_0).$$

ゆえに，$\{U_\nu\}$ が無限列の場合にも

$$F(U)=\lim_{n\to\infty}\sum_{\nu=1}^{n}F(U_\nu)=\sum_{\nu=1}^{\infty}F(U_\nu).$$

さて，$\boldsymbol{R}^N$ のすべての有限区間から成る族を $\mathfrak{J}$ で表す．$\mathfrak{J}$ で定義された区間関数 Φ に対して，つぎの条件を課する：

i′. 各 $I\in\mathfrak{J}$ に対して $\Phi(I)$ は有限確定な値をもつ ── 有限確定性；

ii′. $I\in\mathfrak{J}$ が互いに素な区間の有限和：$I=\bigcup_{\nu=1}^{n}I_\nu$ として表されると

き，$\Phi(I)=\sum_{\nu=1}^{n}\Phi(I_\nu)$ ──加法性；

iii′. 任意な $\varepsilon>0$ に対して適当な $\delta(\varepsilon)>0$ をえらべば，互いに素な区間から成る有限列 $\{I_\nu\}_{\nu=1}^{n}\subset\mathfrak{J}$ に対して，$\sum_{\nu=1}^{n}|I_\nu|<\delta(\varepsilon)$ である限り，$|\sum_{\nu=1}^{n}\Phi(I_\nu)|<\varepsilon$ ──絶対連続性.

注意 1. iii′ で互いに素とする代りに高々境界を共有するとしても，実質は変わらない．また，iii′ があれば，ii′ についても同様である．

注意 2. 一般に，$\Phi^{\pm}=(\Phi\pm|\Phi|)/2$ とおけば，$\pm\Phi^{\pm}\geqq 0$. このとき，

$$\sum_{\nu=1}^{n}|\Phi(I_\nu)|=\sum_{\nu=1}^{n}\Phi^{+}(I_\nu)+\sum_{\nu=1}^{n}(-\Phi^{-}(I_\nu))$$

において，右辺の各和に実質的に関与する区間は，いずれも $\{I_\nu\}_{\nu=1}^{n}$ の部分であるから，iii′ のもとでそれらはいずれも ε より小さい；ゆえに，$\sum_{\nu=1}^{n}|\Phi(I_\nu)|<2\varepsilon$. 他方で，一般に $|\sum_{\nu=1}^{n}\Phi(I_\nu)|\leqq\sum_{\nu=1}^{n}|\Phi(I_\nu)|$. したがって，$\varepsilon$ の任意性に注意すれば，iii′ で $|\sum_{\nu=1}^{n}\Phi(I_\nu)|<\varepsilon$ の代りに $\sum_{\nu=1}^{n}|\Phi(I_\nu)|<\varepsilon$ としても，実質は変わらない．

定理 30.3. 加法的，絶対連続な区間関数は有限である．

証明. 任意な区間は，あらかじめ指定された正数より小さい体積をもつ有限個の互いに素な区間の和として表される．

定理 30.4. Φ が絶対連続な区間関数ならば，$\mathfrak{J}$ からの互いに素な(あるいは高々境界を共有する)可算列 $\{I_\nu\}$ についても，任意な $\varepsilon>0$ に対して適当な $\delta(\varepsilon)>0$ をえらべば，$\sum|I_\nu|<\delta(\varepsilon)$ である限り，$|\sum\Phi(I_\nu)|<\varepsilon$.

証明. $\sum_{\nu=1}^{\infty}|I_\nu|<\delta(\varepsilon/2)$ ならば，任意な n に対して $\sum_{\nu=1}^{n}|I_\nu|<\delta(\varepsilon/2)$ であるから，仮定によって(上記注意2参照)，$\sum_{\nu=1}^{n}|\Phi(I_\nu)|<\varepsilon/2$. ゆえに，$\sum|\Phi(I_\nu)|\leqq\varepsilon/2<\varepsilon$；すなわち，条件 iii′(注意2併用)の $\delta(\varepsilon/2)$ をあらためて $\delta(\varepsilon)$ と記せばよい．

さて，$\mathfrak{M}$ で一つの集合関数 F が与えられれば，変域を $\mathfrak{J}\subset\mathfrak{M}$ に制限すると，所属の区間関数 Φ: $\Phi(I)=F(I)$ $(I\in\mathfrak{J})$ が誘導される．そして，F が加法的または絶対連続ならば，Φ もそれぞれそうである．ところが，実はある意味でこの事実の逆が成立する：

定理 30.5. $\mathfrak{J}$ で加法的，絶対連続な区間関数 Φ は，$\mathfrak{M}$ で加法的，

絶対連続な集合関数 F にまで拡張される；すなわち，Φ を所属の区間関数とする F が存在する．しかも，この拡張は一意である．

証明. (i) まず，Φ を開集合 $O\in\mathfrak{M}$ の範囲へ拡める．一つの網系を基礎におけば，各 O は確定した方法で互いに素な網目の可算和として表される：$O=\bigcup I_\nu$, $mO=\sum|I_\nu|<\infty$. 定理 4 により，$\varepsilon>0$ に対して $\delta(\varepsilon)>0$ が存在し，さらにそれに対して $n=n(\delta(\varepsilon))$ が存在して，$\sum_{\nu=n}^{\infty}|I_\nu|<\delta(\varepsilon)$ したがって $|\sum_{\nu=n}^{\infty}\Phi(I_\nu)|<\varepsilon$. 特に $\sum\Phi(I_\nu)$ は収束する．そこで，

$$F(O)=\sum\Phi(I_\nu)$$

と定義する．(ii) つぎに，任意な $U\in\mathfrak{M}$ を考える．U を含む開集合列 $\{O_\kappa\}$ をもって $mO_\kappa\to mU$ とするとき，

$$F(U)=\lim F(O_\kappa)$$

と定義しよう．これが可能なためには，つねに有限な極限値 $\lim F(O_\kappa)$ が存在し，$\{O_\kappa\}$ の選択に無関係であることを示せばよい．そのために，任意な二つの開集合 $O, 'O\supset U$ を考える．必要に応じて $O\cap 'O$ をあらためて $'O$ と名づければよいから，$'O\subset O$ と仮定してよい．このとき，$mO-m'O$ が 0 に近いと，$F(O)-F('O)$ も 0 に近いことを示そう．定理 4 にもとづいて，適当な $\delta=\delta(\varepsilon)$ をえらべば，互いに素な区間の可算列 $\{I_\nu\}$ に対して $\sum|I_\nu|<\delta$ である限り，$|\sum\Phi(I_\nu)|<\varepsilon/2$. $O, 'O$ を一つの網系について互いに素な区間の可算和として表す：$O=\bigcup V_\nu$, $'O=\bigcup 'V_\nu$. $'O\subset O$ であるから，各 $'V$ はある V に含まれ，したがって各 n に対して $O-\bigcup_{\nu=1}^{n}{'V_\nu}$ は互いに素な区間の和とみなされる：$O-\bigcup_{\nu=1}^{n}{'V_\nu}=\bigcup J_\lambda$. 他方において，適当に $n=n(\varepsilon)$ をえらべば，$m'O-\sum_{\nu=1}^{n}|'V_\nu|<\delta/2$. したがって，$mU\leqq m'O\leqq mO<mU+\delta/2$ である $O, 'O$ に対しては，

$$\sum|J_\lambda|=mO-\sum_{\nu=1}^{n}|'V_\nu|=(mO-m'O)+m'O-\sum_{\nu=1}^{n}|'V_\nu|<\delta.$$

これと上記の不等式

$$\sum_{\nu=n+1}^{\infty}|'V_\nu|=m'O-\sum_{\nu=1}^{n}|'V_\nu|<\frac{\delta}{2}<\delta$$

とによって，

$$|F(O)-F('O)|=\left|F\left(\left(\bigcup_{\nu=1}^{n}{}'V_\nu\right)\cup\left(\bigcup J_\lambda\right)\right)-F\left(\bigcup_{\nu=1}^{\infty}{}'V_\nu\right)\right|$$
$$=\left|\sum_{\nu=1}^{n}\Phi('V_\nu)+\sum\Phi(J_\lambda)-\sum_{\nu=1}^{\infty}\Phi('V_\nu)\right|$$
$$\leqq|\sum\Phi(J_\lambda)|+\left|\sum_{\nu=n+1}^{\infty}\Phi('V_\nu)\right|<\varepsilon.$$

以上によって，任意な $U\in\mathfrak{M}$ に対する前記の定義 $F(U)=\lim F(O_\kappa)$ が正当化された．(iii) F の絶対連続性はつぎのように示される．$O=\bigcup V_\nu$ に関しては，Φ の絶対連続性から直ちに $mO=\sum|V_\nu|$ が小さい限り $F(O)=\sum\Phi(V_\nu)$ も 0 に近い．任意な $U\in\mathfrak{M}$ に関しては，F の定義により適当な $O\supset U$ をとれば，$F(U)-F(O)$ は 0 に任意に近くできる．したがって，F についても絶対連続性の条件が成立する．つぎに，F の完全加法性については，定理 2 にもとづいて，二つの集合に関する加法性を示せばよい．そこで，U, $'U\in\mathfrak{M}$ を互いに素な集合とし，

$$U\subset O_\kappa,\quad 'U\subset 'O_\kappa;\qquad mO_\kappa\to mU,\quad m'O_\kappa\to m'U$$

とすると，

$$F(O_\kappa)\to F(U),\qquad F('O_\kappa)\to F('U).$$

さて，O_κ と $'O_\kappa$ を一つの網系によって区間の和として表すことによって，区間関数としての F の加法性から

$$F(O_\kappa)+F('O_\kappa)=F(O_\kappa\cup 'O_\kappa)+F(O_\kappa\cap 'O_\kappa).$$

ところで，$U\cap 'U=\emptyset$, $U\cup 'U\subset O_\kappa\cup 'O_\kappa$, $mO_\kappa\to mU$, $m'O_\kappa\to m'U$ であるから，$m(O_\kappa\cup 'O_\kappa)\to m(U\cup 'U)$, $m(O_\kappa\cap 'O_\kappa)\to 0$; したがって，$F$ の定義とその絶対連続性によって，

$$F(U)+F('U)=F(U\cup 'U).$$

(iv) 最後に，拡大の単独性を示すために，F のほかに $\hat{F}$ も与えられた Φ を所属の区間関数としてもつ加法的，絶対連続な集合関数とする．任意な O は一つの網系の網目の有限和 $\bigcup_{\nu=1}^{n}V_\nu$ により内側から近似される: $0<mO-\sum_{\nu=1}^{n}|V_\nu|<\delta$. ゆえに，加法性と絶対連続の仮定から，$\hat{F}(\bigcup_{\nu=1}^{n}V_\nu)=\sum_{\nu=1}^{n}\Phi(V_\nu)=F(\bigcup_{\nu=1}^{n}V_\nu)$ に注意して

$$|\hat{F}(O)-F(O)|\leqq\left|\hat{F}\left(O-\bigcup_{\nu=1}^{n}V_\nu\right)\right|+\left|F\left(O-\bigcup_{\nu=1}^{n}V_\nu\right)\right|<\varepsilon.$$

したがって，$\hat{F}(O)=F(O)$．任意な $U\in\mathfrak{M}$ に対しては，$U\subset O_\kappa$，$mO_\kappa\to mU$ である列 $\{O_\kappa\}$ を考えれば，絶対連続性によって，

$$\hat{F}(U)=\lim\hat{F}(O_\kappa)=\lim F(O_\kappa)=F(U).$$

注意．定理5で，Φ が一つの網系のすべての網目に対して定義されていれば，拡大が可能であり，拡大の一意性が成立する．

不定積分は加法的，絶対連続な集合関数である(定理 26.4, 11)が，定理5によって，それは積分範囲を区間に限定したときの区間関数としてすでに，その全貌がとらえられてしまうわけである．

問題 30

1. 一つの集合体で定義された完全加法的な集合関数 $F\geqq 0$ に対して，

$$F(\underline{\lim}\,E_\nu)\leqq\underline{\lim}\,F(E_\nu)\leqq\overline{\lim}\,F(E_\nu)\leqq F(\overline{\lim}\,E_\nu).$$

2. 前問で，$\{E_\nu\}$ が極限集合をもつならば，$\lim F(E_\nu)=F(\lim E_\nu)$．

§31. Riemann 積分との比較

有界な集合で有界な関数を考える．必要に応じて，関数値0をもって接続し，適当な定数を加えることにより，一つの区間で非負な有界関数に限定してもよい．

Lebesgue 積分では，縦線集合の Lebesgue 測度を考えた．これに対して，いわゆる Jordan 測度(Peano–Jordan 測度とも呼ばれる)を考えると，Riemann 積分に達するのである．まず，Jordan 測度について説明しよう．以下にのべるように，Lebesgue 外測度では開区間の可算和による被覆が用いられたが，Jordan 外測度では区間の有限和による被覆が利用される．この点が本質的に強い制限であり，到達される結果はそのために弱くなる．また，この事情にもとづき，ここでは最初から有界集合に限られる．

さて，与えられた有界集合 $E\subset\boldsymbol{R}^N$ を有限個の区間 $\{V_\nu\}_{\nu=1}^n$ で覆ったとし，このようなすべての被覆についての下限

$$j^*E=\inf\sum_{\nu=1}^n|V_\nu|$$

を E の **Jordan 外測度**という．

$E \subset \bigcup V_\nu$ ならば，当然 $E \subset \bigcup \bar{V}_\nu$ である．また，$E \subset \bigcup \bar{V}_\nu$ ならば，各 V_ν を中心に関してすこし相似拡大したものの開核を U_ν として，任意な $\varepsilon>0$ に対して $E \subset U_\nu$, $\sum|U_\nu|<\sum|V_\nu|+\varepsilon$ であるようにできる．ゆえに，j^* の定義における V_ν としては，閉区間としても開区間としても，したがって任意な型の区間を許容しても，実質は変わらない．

以下，Jordan 外測度に関する集合は，有界と仮定される．

定理 31.1. $$m^*E \leqq j^*E.$$

定理 31.2. $E_1 \subset E_2$ ならば，$j^*E_1 \leqq j^*E_2$.

定理 31.3. $$j^*(E_1 \cup E_2) \leqq j^*E_1 + j^*E_2.$$

さて，Lebesgue の測度論で O の役割を果たすものとして，Jordan 測度論では閉区間の有限和として表される閉集合をとることができる；このような閉集合を一般に C と記す．

定理 11.1 と同様な論法で，任意な有界集合 E について，$E \subset C$ とすれば，$j^*C-j^*(C-E)$ は個々の C に無関係な値をもつことが示される．それにもとづいて，

$$j_*E = j^*C - j^*(C-E) \qquad (E \subset C)$$

を E の **Jordan 内測度**という．

定理 31.4. $$j_*E \leqq m_*E.$$

証明. C として特に開区間 I の閉包 $\bar{I}$ をとれば，定理1によって

$$j_*E = j^*\bar{I} - j^*(\bar{I}-E) \leqq |I| - m^*(I-E) = m_*E.$$

特に $j_*E = j^*E$ ならば，E は **Jordan 可測**であるという．このとき，共通な値を単に jE とかき，**Jordan 測度**という．

定理 31.5. E が Jordan 可測ならば，Lebesgue 可測であって，

$$jE = mE.$$

証明. 定理 4，1 により $j_*E \leqq m_*E \leqq m^*E \leqq j^*E$.

定理 31.6. 閉集合 F に対しては，$j^*F = mF$.

証明. 定理1により $mF = m^*F \leqq j^*F$. つぎに，任意な $\varepsilon>0$ に対して $F \subset O$, $mO < mF + \varepsilon/2$ である O を網目の和として表す: $O = \bigcup V_\nu$, $mO = \sum|V_\nu|$. 各 V_ν を中心に関して相似拡大して開区間 U_ν をつくり，$|U_\nu| < |V_\nu| + \varepsilon/2^{\nu+1}$ とする．Heine–Borel の被覆定理 (§8) により，F

は $\{U_\nu\}$ からの有限個で覆われる: $F\subset\bigcup_{\nu=1}^{n}U_\nu\subset\bigcup_{\nu=1}^{n}\bar{U}_\nu$. したがって,

$$j^*F\leqq\sum_{\nu=1}^{n}|\bar{U}_\nu|=\sum_{\nu=1}^{n}|U_\nu|$$

$$<\sum_{\nu=1}^{n}\left(|V_\nu|+\frac{\varepsilon}{2^{\nu+1}}\right)<mO+\frac{\varepsilon}{2}<mF+\varepsilon.$$

$\varepsilon>0$ は任意であるから, $j^*F\leqq mF$.

定理 31.7. $\qquad j^*E=m\bar{E}.$

証明. 任意な $\varepsilon>0$ に対して $E\subset C\equiv\bigcup_{\nu=1}^{n}\bar{V}_\nu$, $\sum|V_\nu|<j^*E+\varepsilon$ とすれば, $\bar{E}\subset C$ であるから,

$$j^*\bar{E}\leqq\sum_{\nu=1}^{n}|V_\nu|<j^*E+\varepsilon.$$

$\varepsilon>0$ は任意であるから, $j^*\bar{E}\leqq j^*E$ したがって $j^*\bar{E}=j^*E$. ゆえに, 定理6から $j^*E=j^*\bar{E}=m\bar{E}$.

系. $\qquad j^*E=j^*\bar{E}.$

定理 31.8. $\qquad j_*E=mE^\circ.$

証明. $\bar{E}\subset I$ とすれば, $E^\circ=\bar{I}-\overline{I-E}$. したがって,

$$j_*E=|I|-j^*(\overline{I-E})=|I|-m(\overline{I-E})=m(\bar{I}-\overline{I-E})=mE^\circ.$$

系. $\qquad j_*E=j_*E^\circ.$

定理 31.9. $\qquad j_*O=mO.$

定理 31.10. E が Jordan 可測であるための条件は, $e\equiv\partial E=\bar{E}-E^\circ$ に対して $je=0$.

証明. e は閉集合であるから,

$$j^*e=me=m\bar{E}-mE^\circ=j^*E-j_*E.$$

ゆえに, $j^*E=j_*E$ と $j^*e=0$ すなわち $je=0$ とは同値である.

定理5の逆は一般には成立しない. 例えば, 単位閉立方体 W に含まれる有理点の全体から成る可算集合を A で表し, $E=W-A$ とおけば, $\bar{E}=W$, $E^\circ=\emptyset$ であるから, $j^*E=m\bar{E}=1$, $j_*E=mE^\circ=0$; ゆえに, E は Jordan 非可測である. 他方で, $mE=m(W-A)=mW=1$.

さて, Riemann 積分について考えるために, f を有限区間 $I\subset \boldsymbol{R}^N$ で定義された非負の有界関数とする. $(x;\ y)\equiv(x_1,\ \cdots,\ x_N,\ y)$ の空間 $\boldsymbol{R}^{N+1}$ での Jordan の意味の外測度, 内測度, 測度をそれぞれ J^*, J_*,

J で表す．そのとき，

$$(\mathrm{R})\overline{\int}_I f\,dx = J^*\Omega[I;\ f], \qquad (\mathrm{R})\underline{\int}_I f\,dx = J_*\Omega[I;\ f]$$

とおき，**Darboux のそれぞれ上の積分（過剰積分），下の積分（不足積分）**という．特に $\Omega[I;\ f]$ が Jordan 可測なとき，f は I で **Riemann 可積**であるといい，

$$(\mathrm{R})\int_I f\,dx = J\Omega[I;\ f]$$

を I にわたる f の **Riemann 積分**という．

定理7，8によって，

$$(\mathrm{R})\overline{\int}_I f\,dx = M\overline{\Omega[I;\ f]}, \qquad (\mathrm{R})\underline{\int}_I f\,dx = M\Omega[I;\ f]^\circ.$$

有界な定義域で単に有界と仮定された関数についても，全く同様に定義される；本節冒頭の注意参照．この定義がふつうの Riemann 積分の定義と同値であることも示される．

定理 31.11. Riemann 可積な関数は Lebesgue 可積であって，両種の積分の値は一致する．

証明．定理5参照．一般に $J_*\Omega \leqq M_*\Omega \leqq M^*\Omega \leqq J^*\Omega$.

定理11の逆は一般には成立しない．例えば，単位立方体 W 上での **Dirichlet の関数**，すなわち有理点で1に等しくそれ以外で0に等しい関数 f に対しては

$$(\mathrm{L})\int_W f\,dx = 0; \qquad (\mathrm{R})\overline{\int}_W f\,dx = 1, \qquad (\mathrm{R})\underline{\int}_W f\,dx = 0.$$

さて，Riemann 積分は，ふつうには Darboux の近似和を介して導入される．すなわち，与えられた有界関数 f の定義区間 I を有限個の互いに素ないしは高々境界を共有する区間の和に分割する：

$$D: \qquad I = \bigcup_{\nu=1}^{n} V_\nu.$$

このとき，

$$\bar{f}_\nu = \sup_{V_\nu} f, \qquad \underline{f}_\nu = \inf_{V_\nu} f_\nu$$

をもって，**Darboux の上，下の近似和**がつぎのように定義される：

$$\bar{S}(D)=\sum_{\nu=1}^{n}\bar{f}_\nu|V_\nu|,\qquad \underline{S}(D)=\sum_{\nu=1}^{n}\underline{f}_\nu|V_\nu|.$$

分割が一様に細かくなるとき，すなわち D が $\delta(D)\equiv\max|V_\nu|\to 0$ である列にわたるとき，$\bar{S}(D)$ および $\underline{S}(D)$ がそれぞれ確定した極限値をもつこと，しかも実はそれらがそれぞれ

$$(\mathrm{R})\overline{\int_I} f\,dx=\inf_D \bar{S}(D),\qquad (\mathrm{R})\underline{\int_I} f\,dx=\sup_D \underline{S}(D)$$

に等しいことが示される．

いま説明した事実にもとづいて，f が I で Riemann 可積であるための条件は，

$$\inf_D(\bar{S}(D)-\underline{S}(D))=0$$

で与えられる．しかしながら，すぐ上にのべた方法で Riemann 積分を導入した場合には，この判定条件は定義の簡単ないいかえにすぎない．Riemann 可積性の判定条件をいっそうすっきりした形でのべるために，つぎの定義を導入する．

有限開区間 I で有界な関数 f に対して，各 $x\in\bar{I}$ の δ 近傍と I との共通部分を $U_\delta(x)$ で表すとき，

$$\bar{\varphi}(x)=\lim_{\delta\to 0}\sup_{U_\delta(x)} f,\qquad \underline{\varphi}(x)=\lim_{\delta\to 0}\inf_{U_\delta(x)} f;$$

これらは $\bar{I}$ で定義された関数とみなされる．定義からわかるように，

$$\underline{\varphi}\leqq f\leqq\bar{\varphi}\qquad (x\in I).$$

また，$\bar{I}$ で $\bar{\varphi}$, $\underline{\varphi}$ はそれぞれ上，下に半連続である．

定理 31.12. I で定義された有界関数 $f\geqq 0$ に対して

$$\overline{\Omega[I;\ f]}=\Omega_{\mathrm{g}}[\bar{I};\ \bar{\varphi}],\qquad \Omega[I;\ f]^\circ=\Omega_{\mathrm{o}}[I;\ \underline{\varphi}].$$

証明. (i) $\bar{\varphi}(x)=0$ である点は問題ないから，$\bar{\varphi}(x)>0$ である点だけに着目する．$x\in I$ における縦線上で $0\leqq y<\bar{\varphi}(x)<z$ である任意な点 $p=(x;\ y)$, $q=(x;\ z)$ をとる． 任意な $\delta>0$ に対して $\xi\in U_\delta(x)$, $y<f(\xi)$ したがって $(\xi;\ y)\in\Omega_{\mathrm{g}}[I;\ f]$ である ξ が存在する．ゆえに，$p\in\Omega_{\mathrm{g}}[I;\ \bar{\varphi}]$ は $\Omega_{\mathrm{g}}[I;\ f]$ の集積点である：$p\in\overline{\Omega_{\mathrm{g}}[I;\ f]}$．他方で，$q\notin\overline{\Omega_{\mathrm{g}}[I;\ f]}$．そして，定理の第一の関係の両辺はともに閉集合であるから，これでその成立が示されている．(ii) 再び $\underline{\varphi}(x)>0$ である点だけ

で問題となる．$x\in I$ における縦線上で $0\leqq y<\underline{\varphi}(x)<z$ である任意な点 $p=(x;\ y)$, $q=(x;\ z)$ をとる．まず，$p\in\Omega[I;\ f]^\circ$．他方で，任意な $\delta>0$ に対して $\xi\in U_\delta(x)$, $f(\xi)<z$ したがって $(\xi;\ z)\notin\Omega[I;\ f]^\circ$ である ξ が存在する．ゆえに，q は $\boldsymbol{R}^{N+1}-\Omega[I;\ f]^\circ$ の集積点であるから，$q\notin\Omega[I;\ f]^\circ$．以上によって，定理の第二の関係の成立が結論される．

系． $$(\mathrm{R})\overline{\int_I} f\,dx=(\mathrm{L})\int_I\bar{\varphi}\,dx,\qquad (\mathrm{R})\underline{\int_I} f\,dx=(\mathrm{L})\int_I\underline{\varphi}\,dx.$$

定理 31.13. 有限区間 I で有界な f が Riemann 可積であるための条件は，I での f の不連続点の全体から成る集合が Lebesgue 零集合であることである．いいかえれば，f の振幅関数 $\sigma\equiv\bar{\varphi}-\underline{\varphi}$ に対して $mI(\sigma>0)=0$ が条件である．

証明． 前定理系によって

$$(\mathrm{R})\overline{\int_I} f\,dx-(\mathrm{R})\underline{\int_I} f\,dx=(\mathrm{L})\int_I\sigma\,dx.$$

f の (R) 可積性はこれが 0 であることと同値である．$\sigma\geqq 0$ であるから，定理 26.8 により，これはさらに $mI(\sigma>0)=0$ と同値である．

定理 13 の判定条件には Lebesgue 測度が利用されている．これをつぎのように，Jordan 測度を用いてのべかえることができる：

定理 31.14. 有限区間 I で有界な f が Riemann 可積であるための条件は，任意な $\delta>0$ に対して $j\bar{I}(\sigma\geqq\delta)=0$.

証明． (i) f が (R) 可積ならば，定理 13 によって $0=mI(\sigma>0)=m\bar{I}(\sigma>0)$．任意な $\delta>0$ に対して $\bar{I}(\sigma\geqq\delta)\subset\bar{I}(\sigma>0)$ であるから，$mI(\sigma\geqq\delta)=0$．$\sigma\equiv\bar{\varphi}-\underline{\varphi}$ は上に半連続であるから，定理 16.3 によって，$\bar{I}(\sigma\geqq\delta)$ は閉集合である．したがって，定理 6 により $j^*\bar{I}(\sigma\geqq\delta)=m\bar{I}(\sigma\geqq\delta)=0$; すなわち，$j\bar{I}(\sigma\geqq\delta)=0$．(ii) 逆に，定理の条件が成立すれば，任意な $\delta>0$ に対して $mI(\sigma\geqq\delta)=0$．$I(\sigma>0)=\bigcup_{\nu=1}^{\infty}(\sigma>1/\nu)$ であるから，$mI(\sigma>0)=0$; すなわち，f は (R) 可積である．

注意． 任意な $\delta>0$ に対して $j\bar{I}(\sigma\geqq\delta)=0$ は，任意な $\delta>0$ に対して $j\bar{I}(\sigma>\delta)=0$ と同値である．さらに，∂I の Jordan 測度は 0 に等しいか

ら，ここで $\bar{I}$ を I でおきかえたものとも同値である．

定理11とその直後の例からわかるように，有界集合での有界関数に関する限り，Lebesgue 積分は Riemann 積分より強力である；すなわち，Lebesgue 可積関数族は Riemann 可積関数族より広い．しかし，いわゆる仮性積分については，必ずしもそうではない．そのことは，非有界関数については，すでに§22末で例示した通りである．同様なことが，非有界な積分範囲の場合にもみられる．これらは，絶対可積性を標榜する Lebesgue 積分にとっては，宿命的な事情である．

そこで，仮性積分の定義をふりかえってみる．そのもっともらしい定義の一つは，つぎのように与えられよう：

E にわたる f の積分が問題とされているとしよう．つぎの性質をもつ増加列 $\{E_\nu\}$ を考える：$E=\lim E_\nu$ であって，f が各 E_ν で可積である．このようなすべての列に対して，

$$\lim_{\nu\to\infty}\int_{E_\nu} f\,dx$$

が個々の列に無関係に確定するならば，f は E で可積であるといい，この極限値を E にわたる f の積分と定義する．Lebesgue 積分では，これは見掛けの拡張にすぎない．すなわち，この意味で可積な関数は，実は従来の意味ですでに可積である．しかし，Riemann 積分では事情は異なる．じっさい，いわゆる **Riemann 仮性積分**が Lebesgue 可積な範囲をこえて存在する場合に，列 $\{E_\nu\}$ が特殊な型のものに限定されているのが認められる；それが Riemann 仮性積分の有効さのゆえんでもあるが．

例えば，§22末に例示した一変数の関数

$$f(0)=0, \qquad f(x)=(-1)^{\nu+1}(\nu+1) \qquad \left(\frac{1}{\nu+1}<x\leqq\frac{1}{\nu};\ \nu=1,\,2,\,\cdots\right)$$

については，区間 $0<x\leqq 1$（または $0\leqq x\leqq 1$）にわたるその Riemann 仮性積分は

$$(\mathrm{R})\int_0^1 f\,dx=\lim_{\delta\to+0}\int_\delta^1 f\,dx=\frac{\pi}{4}.$$

したがって，$\delta_\nu(<1)$ を 0 に近づく任意な正数列として，特に $E_\nu=\{x|$

$\delta_\nu \leqq x \leqq 1\}$ とおけば，$\lim E_\nu$ は区間 $0<x\leqq 1$ となり，

$$\lim_{\nu\to\infty}\int_{E_\nu} f\,dx=\frac{\pi}{4}.$$

しかし，$\{E_\nu\}$ として一般に 0, 1 を端点とする区間を極限とする任意な可測増加列を許容すれば，すぐ上の式の左辺は任意な有限または無限の極限値をもちうる；さらに，その極限記号下の積分は $\nu\to\infty$ のとき任意な様式で発散（振動）することも可能である．これは条件収束級数について，項の順序変更と同類な問題である．

単に可積性だけでなく，Riemann 積分とくらべて，Lebesgue 積分は他の面でも多くの利点を具えている．例えば，極限関数の積分に関する諸定理における条件は，前者においては後者と比較して甚だ強い形であることが多い．殊に，Lebesgue の収束定理 27.4 は，この意味で著しい成果の一つである．Riemann 積分では，有界区間で一様に有界な可積関数列の極限関数について，その可積性すら必ずしも保証されない．例えば単位立方体 W 内の有理点の全体から成る可算列を $\{x_\kappa\}$ とするとき，

$$f_\nu(x)=\begin{cases}1 & (x=x_\kappa;\ \kappa=1,\cdots,\nu),\\ 0 & (x\in W-\{x_\kappa\}_{\kappa=1}^{\nu})\end{cases}$$

で定義された各 f_ν は W で (R) 可積であるが，$\lim f_\nu$ は Dirichlet の関数であるから，(R) 可積ではない．

問　題　31

1. 定理 1，2，3 を証明せよ．

2. 有界集合 E に対して，$E\subset C$ である限り，$j^*C-j^*(C-E)$ は個々の C に無関係な値をもつ．

3. $E\subset C$ とすれば，E と $C-E$ は同時に Jordan 可測または Jordan 非可測である．

4. $$j^*E=\inf_{O\supset\bar{E}} mO,\qquad j_*E=\sup_{F\subset E^\circ} mF.$$

5. 互いに素な Jordan 可測集合の有限列 $\{E_\nu\}_{\nu=1}^{n}$ に対して，$\bigcup E_\nu$ は Jordan 可測であって $j(\bigcup E_\nu)=\sum jE_\nu$.

6. 有限閉区間で連続な関数は Riemann 可積である．

第5章　不定積分の微分

§32.　許容集合列

有限測度の可測集合の全体から成る族を $\mathfrak{M}$ で表すとき，各 $U\in\mathfrak{M}$ で可積な f の不定積分

$$F(U)=\int_U f\,dx$$

は，$\mathfrak{M}$ で定義された集合関数とみなされる．§30 で列挙したように，これはつぎの性質を具えている：

有限確定性；　完全加法性；　絶対連続性．

ついで，§30 でこれら三性質をもつ集合関数についてしらべた．

本章の主要な目的は，上記の三性質が不定積分の特性であることを示すことである．すなわち，このような性質を具えた集合関数 F は，それから微分の操作でえられる点関数 f の不定積分とみなされることを示そうというわけである．

特に F が f からつくられた不定積分の場合には，平均値の定理 26.7 によって，$mU>0$ である限り，

$$\inf_{x\in U} f(x)\leqq\frac{F(U)}{mU}\leqq\sup_{x\in U} f(x).$$

したがって，例えば f が x で連続ならば，U が点 x に縮むとき $F(U)/mU\to f(x)$ となる．

そこであらためて，三性質を具えた集合関数 F が与えられたとし，U が点 x に縮むときの $F(U)/mU$ の状況についてしらべよう．ここで，U が x に縮む様式，特に集合 $U\cup\{x\}$ の直径が 0 に近づく様式について，ある規準を設ける：

可測集合列 $\{U_\nu\}$ について，一つの $\alpha>0$ に対して

$$U_\nu\cup\{x\}\subset W_\nu,\quad \frac{mU_\nu}{|W_\nu|}\geqq\alpha\quad(\nu=1,\,2,\,\cdots);\quad |W_\nu|\to0\quad(\nu\to\infty)$$

である立方体列 $\{W_\nu\}$ が存在するならば，$\{U_\nu\}$ は(α に対して)**正則列**

または**許容列**であるという．

注意．$U\in\mathfrak{M}$ に対して，U の正則度は立方体 $W\supset U$ についての上限 $\alpha(U)\equiv\sup(mU/|W|)$ によって与えられる．すぐ上の場合に，特に $x\in U_\nu$ ならば，$\alpha(U_\nu)\geqq\alpha$.

さて，許容列 $\{U_\nu\}$ について数列 $\{F(U_\nu)/mU_\nu\}$ の極限を考えるさいに，許容性の判定に用いられる立方体列 $\{W_\nu\}$ の選択に対してある制限を設けるのが便利である．

$\boldsymbol{R}^N$ の基礎におく網系は，すべての網目が立方体から成り，しかも各格子 $\gamma_{\nu+1}$ は先行する格子 γ_ν から各軸上での二等分により順次に生じたものとする．したがって，γ_ν の網目は共通な辺長 l_ν をもち，その各網目は辺長が $l_{\nu+1}=l_\nu/2$ である $\gamma_{\nu+1}$ の 2^N 個の網目に分割されている．

格子 γ_ν の各網目にそれと境界点を共有する網目を添加して，γ_ν の 3^N 個の網目から成る立方体が生じる．これをもとの網目ならびにその各点に所属の**環状網目**という．γ_ν の網目 $a_j\leqq x_j<a_j+l_\nu$ $(j=1,\cdots,N)$ に所属の環状網目は

$$a_j-l_\nu\leqq x_j<a_j+2l_\nu \qquad (j=1,\cdots,N).$$

各格子 γ_ν の網目に所属の環状網目の全体は，$\boldsymbol{R}^N$ を 3^N 重に覆う．これを各組が $\boldsymbol{R}^N$ を一重に覆うような 3^N 個の格子 Γ_ν^κ $(\kappa=1,2,\cdots,3^N)$ を形成するように分類する．

$\gamma_{\nu+1}$ の網目 $i_{\nu+1}$ に所属の環状網目 $I_{\nu+1}$ およびそれの x_j 座標軸への正射影を考えれば，$I_{\nu+1}$ の射影は三つの線分から成る；すなわち，$i_{\nu+1}$ の射影と x_j 軸上で $\gamma_{\nu+1}$ に対応する線形（1次元）格子においてこの射影に隣る二つの網目から成る．これら三線分のうちの二つが γ_ν の一つの網目の射影になっている．残りの一つの線分を二倍にして γ_ν の一つの網目 i_ν の射影であるようにする．この i_ν の射影に所属の x_j 軸上での線形格子の環状網目をつくると，それが γ_ν の一つの網目 i_ν の環状網目 I_ν を射影したものとなっている．そして，これの半分が $I_{\nu+1}$ の射影である．いまのべた作図を各 x_j $(j=1,\cdots,N)$ 軸上で行えば，$\gamma_{\nu+1}$ の一つの網目に所属の環状網目 I_ν がえられる．このとき，$I_{\nu+1}$ は I_ν を 2^N 等分することによりえられる立方体の一つである．この I_ν の

2^N 等分はその各軸上への射影の2等分に対応している.

逆に, γ_ν の一つの網目に所属の環状網目 I_ν から, 各軸上での2等分に対応して, $\gamma_{\nu+1}$ の 2^N 個の環状網目 $I_{\nu+1}$ が生じる. したがって, 格子 γ_1 から出発し, その 3^N 個の環状格子 Γ_1^κ $(\kappa=1, 2, \cdots, 3^N)$ から各軸上での2等分により 3^N 個の細分された格子を生じるが, これらは Γ_2^κ $(\kappa=1, 2, \cdots, 3^N)$ にほかならない. 以下, 帰納的に各軸上での2等分の操作を反復して, 3^N 個の格子の列がえられる:

$$\Gamma_\nu^\kappa \qquad (\kappa=1, 2, \cdots, 3^N;\ \nu=1, 2, \cdots).$$

3^N 個の各組についての格子の列 $\{\Gamma_\nu^\kappa\}_{\nu=1}^\infty$ がつくる網系をそれぞれ

$$\mathfrak{N}^\kappa:\quad \{\Gamma_\nu^\kappa\}_{\nu=1}^\infty \qquad (\kappa=1, 2, \cdots, 3^N)$$

で表す. 3^N 個の網系 $\mathfrak{N}^\kappa$ $(\kappa=1, 2, \cdots, 3^N)$ の網目は全体として, もとの網系の網目に所属の環状網目と一致している.

定理 32.1. 立方体 W の辺長が格子 γ_1 の網目の辺長 l_1 より大きくならないならば, $x\in W$ に所属の適当な環状網目 $I\supset W$ をえらぶと, $|W|/|I|>1/6^N$.

証明. W の辺長 $k(\leqq l_1)$ に対して, $l_{\nu+1}<k\leqq l_\nu(=2l_{\nu+1})$ である ν を定める. x が所属する γ_ν の網目に所属の環状網目を I で表せば, $k\leqq l_\nu$ であるから, $W\subset I$. また, $k>l_{\nu+1}$ であるから,

$$\frac{|W|}{|I|}=\frac{k^N}{(3l_\nu)^N}=\left(\frac{k}{6l_{\nu+1}}\right)^N>\frac{1}{6^N}.$$

定理 32.2. x に収束する列 $\{U_\nu\}$ の許容性を判断するさいに, 比較の立方体列 $\{W_\nu\}$ として x に所属の環状網目から成るものに限定してよい. いいかえれば, $\{U_\nu\}$ が許容列ならば, $\{W_\nu\}$ として適当な環状網目列をえらべば, 許容性の条件がそれに対してすでに成り立つ.

証明. $\{U_\nu\}$ が許容列ならば, ある $\alpha>0$ に対して $U_\nu\cup\{x\}\subset W_\nu$, $mU_\nu/|W_\nu|\geqq\alpha$ である立方体列 $\{W_\nu\}$ が存在する. $|W_\nu|\to 0$ $(\nu\to\infty)$ であるから, 殆んどすべての ν に対して, $x\in\overline{W}_\nu$ に所属の適当な環状網目 $J_\nu\supset W_\nu$ をえらぶと, $|W_\nu|/|J_\nu|>1/6^N$. すなわち, W_ν, J_ν の辺長をそれぞれ k_ν, λ_ν で表せば, $k_\nu/\lambda_\nu>1/6$. したがって, $\nu\to\infty$ のとき $\{\overline{W}_\nu\}\ni x$ が点 x に縮むから, $\{J_\nu\}$ もまた点 x に縮み, しかも

$$\frac{mU_\nu}{|J_\nu|}=\frac{mU_\nu}{|W_\nu|}\frac{|W_\nu|}{|J_\nu|}>\frac{\alpha}{6^N};$$

すなわち，$\{U_\nu\}$ に対する許容性の条件が $\{W_\nu\}$ の代りに $\{J_\nu\}$ として（α を $\alpha/6^N$ でおきかえて）成立する．

問　題　32

1. 点 $x^0\equiv(x_1^0, \cdots, x_N^0)$ に縮む区間列 U_ν: $a_{\nu j}<x_j<b_{\nu j}$ $(j=1, \cdots, N;\ \nu=1, 2, \cdots)$ が α に対して許容列であるための条件を求めよ．

2. 原点に縮む列 $\{x\,|\sum_{j=1}^N x_j^2/a_{\nu j}^2<1\}_{\nu=1}^\infty$ は，どのような条件のもとで許容列となるか．

§33.　微分可能性

点 $x\in\boldsymbol{R}^N$ に収束する許容集合列に関して，つぎの記号を導入する：$x\in\boldsymbol{R}^N$ と正数 $\alpha\leqq1$ と $\nu=1, 2, \cdots$ とが与えられたとき，格子 γ_ν の x に所属の環状網目 I_ν が存在して $U\subset I_\nu$, $mU/|I_\nu|\geqq\alpha$ となるような $U\in\mathfrak{M}$ の全体から成る集合族を $\mathfrak{U}(x;\ \alpha, \nu)$ で表す．α が減少すると，$\mathfrak{U}(x;\ \alpha, \nu)$ は増す．この定義から直ちに，つぎの定理がえられる：

定理 33.1. $\{U_\kappa\}$ が x に収束する許容列であるための条件は，

$$U_\kappa\in\mathfrak{U}(x;\ \alpha_\kappa, \nu_\kappa),\qquad \nu_\kappa\to\infty\ (\kappa\to\infty),\qquad \inf\alpha_\kappa>0$$

である $\{\alpha_\kappa, \nu_\kappa\}_{\kappa=1}^\infty$ が存在することである．これは $U_\kappa\in\mathfrak{U}(x;\ \alpha, \nu_\kappa)$, $\nu_\kappa\to\infty$ $(\kappa\to\infty)$ である $\alpha>0$ と $\{\nu_\kappa\}_{\kappa=1}^\infty$ が存在することと同値である．

さて，x に収束する $\{\mathfrak{U}(x;\ \alpha, \nu)\}_{\nu=1}^\infty$ からの許容列 $\{U_\kappa\}$ に対して

$$D_\alpha F(x)\equiv\lim_{\kappa\to\infty}\frac{F(U_\kappa)}{mU_\kappa}$$

が存在するならば，これを F の x における**平均 α 微分商**という．これは与えられた F に対して，α と x を定めても，一般にはなお列 $\{U_\kappa\}$ に依存する；その意味でくわしくは，列 $\{U_\kappa\}$ に関する平均 α 微分商と呼ばれる．

注意. F は集合関数であるが，平均 α 微分商 $D_\alpha F$ は点関数とみなされる．

つぎの二つの点関数 $\bar{f}_\nu^\alpha$, $\underline{f}_\nu^\alpha$ を導入する：

$$\bar{f}^{\alpha}_{\nu}(x)=\sup_{U\in\mathfrak{U}(x;\ \alpha,\ \nu)}\frac{F(U)}{mU},\qquad \underline{f}^{\alpha}_{\nu}(x)=\inf_{U\in\mathfrak{U}(x;\ \alpha,\ \nu)}\frac{F(U)}{mU}.$$

これらは与えられた F に対して，α と ν を定めれば，いずれも確定する関数であって，$-\infty<\underline{f}^{\alpha}_{\nu}\leqq\bar{f}^{\alpha}_{\nu}<\infty$．さて，$\mathfrak{U}(x;\ \alpha,\ \nu)$ は各 $\alpha,\ \nu$ の対に対して x に所属の環状網目を介して定義されているから，同じ網目に所属のすべての x に対して $\mathfrak{U}(x;\ \alpha,\ \nu)$ は同一である．したがって，両関数 $\bar{\underline{f}}^{\alpha}_{\nu}$ はいずれも，各網目で一定な値をもつという意味での階段関数である．そこでさらに，つぎの二つの点関数 $\bar{D}_{\alpha}F=\bar{f}^{\alpha}$, $\underline{D}_{\alpha}F=\underline{f}^{\alpha}$ を導入する：

$$\bar{D}_{\alpha}F(x)\equiv\bar{f}^{\alpha}(x)=\varlimsup_{\nu\to\infty}\bar{f}^{\alpha}_{\nu}(x),\qquad \underline{D}_{\alpha}F(x)\equiv\underline{f}^{\alpha}(x)=\varliminf_{\nu\to\infty}\underline{f}^{\alpha}_{\nu}(x).$$

これらを x におけるそれぞれ**最大，最小平均** α **微分商**という；明らかに $-\infty\leqq\underline{D}_{\alpha}F\leqq\bar{D}_{\alpha}F\leqq+\infty$．命名の根拠はつぎの定理による：

定理 33.2.　$\bar{f}^{\alpha}(x)$，$\underline{f}^{\alpha}(x)$ は x における平均 α 微分商のうちで，許容列に関してそれぞれ最大，最小なものである．

証明.（i）$\bar{f}^{\alpha}$ の定義によって，自然数列の適当な部分列 $\{\nu_{\kappa}\}_{\kappa=1}^{\infty}$ に対して $\bar{f}^{\alpha}_{\nu_{\kappa}}(x)\to\bar{f}^{\alpha}(x)$ $(\kappa\to\infty)$．他方で，$\bar{f}^{\alpha}_{\nu_{\kappa}}$ の定義により，適当な $U_{\kappa}\in\mathfrak{U}(x;\ \alpha,\ \nu_{\kappa})$ をえらぶと，

$$\bar{f}^{\alpha}_{\nu_{\kappa}}(x)-\frac{1}{\kappa}<\frac{F(U_{\kappa})}{mU_{\kappa}}\leqq\bar{f}^{\alpha}_{\nu_{\kappa}}(x).$$

ゆえに，x に収束するこの許容列 $\{U_{\kappa}\}$，$U_{\kappa}\in\mathfrak{U}(x;\ \alpha,\ \nu_{\kappa})$，に対して $\bar{f}^{\alpha}(x)=\lim(F(U_{\kappa})/mU_{\kappa})$．すなわち，$\bar{f}^{\alpha}(x)$ は x における一つの平均 α 微分商である．$\underline{f}^{\alpha}$ についても同様に，あるいは $-\underline{f}^{\alpha}$ が $-F$ の一つの平均 α 微分商であることに注意することによって，示される．
（ii）$\bar{f}^{\alpha}$ の定義により，任意な $\varepsilon>0$ に対して適当な $n(\varepsilon)$ をえらぶと，

$$\sup_{\nu\geqq\nu_0}\bar{f}^{\alpha}_{\nu}(x)\leqq\bar{f}^{\alpha}(x)+\varepsilon\qquad(\nu_0\geqq n(\varepsilon));$$

ゆえに，$U\in\mathfrak{U}(x;\ \alpha,\ \nu)$ $(\nu\geqq n(\varepsilon))$ である限り，$F(U)/mU\leqq\bar{f}^{\alpha}(x)+\varepsilon$．したがって，任意な許容列 $\{U_{\kappa}\}$ に対して

$$\varlimsup_{\kappa\to\infty}\frac{F(U_{\kappa})}{mU_{\kappa}}\leqq\bar{f}^{\alpha}(x).$$

$\underline{f}^{\alpha}$ についても同様．

さて，$\underline{D}_{\alpha}F(x)=\bar{D}_{\alpha}F(x)$ であるとき，F は x でこの共通な値を α **微分商**としてもつという．一般に，$\alpha<\beta$ のとき $\mathfrak{U}(x;\ \alpha,\nu)\supset\mathfrak{U}(x;\ \beta,\nu)$ であるから，

$$\underline{D}_{\alpha}F(x)\leqq\underline{D}_{\beta}F(x)\leqq\bar{D}_{\beta}F(x)\leqq\bar{D}_{\alpha}F(x)\qquad(\alpha<\beta);$$

すなわち，$\underline{D}_{\alpha}F(x)$, $\bar{D}_{\alpha}F(x)$ はともに α について単調である．したがって，いたるところ両極限値

$$\bar{D}F(x)=\lim_{\alpha\to+0}\bar{D}_{\alpha}F(x),\qquad \underline{D}F(x)=\lim_{\alpha\to+0}\underline{D}_{\alpha}F(x)$$

が存在し，任意な $\alpha>0$ に対して

$$\underline{D}F(x)\leqq\underline{D}_{\alpha}F(x)\leqq\bar{D}_{\alpha}F(x)\leqq\bar{D}F(x).$$

$\bar{D}F$, $\underline{D}F$ を F のそれぞれ**優，劣導関数**または**上，下導関数**という．もし

$$\underline{D}F(x)=\bar{D}F(x)$$

ならば，F は x でこの共通な値を**微分商**としてもつという；このとき単に $DF(x)$ とかく．特に，x で有限な微分商が存在するとき，そこで**微分可能**または**可微分**であるという．

微分商が存在する点では，すべての $\alpha>0$ に対して α 微分商が存在して，すべて DF の値に等しい．

定理 33.3. すべての $0<\alpha<1$ に対して $\bar{D}_{\alpha}F$ は $\boldsymbol{R}^N$ で可測，したがって $\bar{D}F$ もそうである．

証明. (i) $\bar{f}_{\nu}^{\alpha}$ は階段関数であるから，$\boldsymbol{R}^N$ で可測である．ゆえに，$\bar{D}_{\alpha}F=\overline{\lim}_{\nu\to\infty}\bar{f}_{\nu}^{\alpha}$ したがって $\bar{D}F=\lim_{\lambda\to\infty}\bar{D}_{1/\lambda}F$ も $\boldsymbol{R}^N$ で可測である．(ii) 残りの部分も同様に，または $\underline{D}_{\alpha}F=-\bar{D}_{\alpha}(-F)$, $\underline{D}F=-\bar{D}(-F)$ に注意して，示される．

問　題 33

1. $F(U)=mU$ の微分商を求めよ．

2. W が単位立方体のとき，$F(U)=m(W\cap U)$ の平均 α 微分商についてしらべよ．

3. $F_{-}(U)=-F(U)$ とおけば，$\bar{D}F_{-}=-\underline{D}F$, $\underline{D}F_{-}=-\bar{D}F$.

4. $(-\infty,\infty)$ で定義された Y に対して $Y'(0)\equiv\lim_{y\to0}(Y(y)/y)$

が存在するならば，　$Y'(0) \geqq 0$ のとき $\bar{D}Y(F) = Y'(0)\bar{D}F$，$\underline{D}Y(F) = Y'(0)\underline{D}F$ であり，　$Y'(0) < 0$ のとき $\bar{D}Y(F) = Y'(0)\underline{D}F$，$\underline{D}Y(F) = Y'(0)\bar{D}F$ である；ただし，右辺に $0 \cdot (\pm\infty)$ が現れる場合は除く．

§34.　Vitali の被覆定理

集合関数 F の微分についてしらべるために，一つの計量的な被覆定理を準備する：

定理 34.1 (Vitali の被覆定理)． 有限外測度の $E \subset \boldsymbol{R}^N$ の各点 x に対して，それに収束する閉集合から成る許容列 $\{F_\nu^x\}_{\nu=1}^\infty$ が所属させられているならば，任意な $\varepsilon > 0$ に対して

$$\{F_\nu^x\} \qquad (x \in E;\ \nu = 1, 2, \cdots)$$

のうちから可算列 $\{F_\mu\}_{\mu=1}^\infty$ を，つぎの条件がみたされるようにえらび出すことができる：(1) F_μ は互いに素；(2) $\{F_\mu\}$ は殆んど E を覆う，すなわち $m(E - E \cap \bigcup F_\mu) = 0$；(3) $\sum mF_\mu < m^*E + \varepsilon$.

証明．（i）$E \subset O$, $mO < m^*E + \varepsilon$ とし，各点 $x \in E$ で $F_\nu^\alpha \subset O$ となるものだけを考えればよいから，(3) はよろしい．さらに，$m^*E > 0$ のときだけが本質的である．各 $x \in E$ に所属の許容列 $\{F_\nu^x\}$ については，定理 32.2 により，その許容性を x に所属の環状網目列 $\{I_\nu^x\}$ を用いて判定してよい：$mF_\nu^x / |I_\nu^x| \geqq \alpha^x > 0$.（ii）まず，$d \equiv \inf_{x \in E} \alpha^x > 0$ の場合を考える．条件 (2) をつぎの弱い形でおきかえたとき，定理が成り立つことを示そう：

(2′)　ある $\theta > 0$ に対して $m(\bigcup F_\mu) > \theta m^*E$.

さて，各 $x \in E$ に対して $F_\nu^x \subset I_\nu^x$, $mF_\nu^x / |I_\nu^x| \geqq d$．各 $x \in E$ ごとに一つの I_ν^x をとって $I_{\nu(x)}^x$ で表せば，

$$E \subset \bigcup_{x \in E} I_{\nu(x)}^x.$$

各 $\kappa = 1, 2, \cdots, 3^N$ に対して同じ網系 $\mathfrak{N}^\kappa$ に含まれる $\{I_{\nu(x)}^x\}_{x \in E}$ の全体を一つの組 $\mathfrak{L}^\kappa$ にまとめる．そのとき，少なくとも一つの組――それをあらためて $\mathfrak{L}^\kappa$ で表す――は，

$$E_1 \subset E, \qquad m^*E_1 \geqq m^*E / 3^N$$

である E_1 を覆う．$\mathfrak{L}^\kappa$ は集合としては $\mathfrak{N}^\kappa$ の高々可算個の相異なる網目から成る．これらのうちで互いに素な網目の全体を $\{I_\mu\}$ で表せば，$\sum|I_\mu|\geqq m^*E/3^N$．ところで，各 I_μ には少なくとも一つの $F_\nu^x\subset I_\nu^x=I_\mu$ が対応している；このような F_ν^x, I_ν^x の一対を F_μ, I_μ で表すとき，$\{F_\mu\}$ は互いに素であって $mF_\mu/|I_\mu|\geqq d$．したがって，$\theta<d/3^N$ である限り，

$$m(\bigcup F_\mu)\geqq d\sum|I_\mu|\geqq dm^*E/3^N>\theta m^*E.$$

(iii) そこで，(2′) を (2) にまで精密化する．上に示したことにより，十分大きい μ_0 をえらぶと，$F^1\equiv\bigcup_{\mu=1}^{\mu_0}F_\mu$ に対して

$$mF^1>\theta m^*E.$$

開集合 $O^1=O-F^1$ に対しては，$E-E\cap F^1\subset O-O\cap F^1=O^1$．上に E と O について施した操作を，あらためて $E-E\cap F^1$ と O^1 について施す．それによって，上に F^1 をえたと同様に，こんどは $\{F_\nu^x\}\subset O^1$ からの互いに素なものの有限和 F^2 をえて

$$mF^2>\theta m^*(E-E\cap F^1).$$

一般に，帰納的に $O^\lambda=O-\bigcup_{\kappa=1}^{\lambda-1}F^\kappa$ に含まれる $\{F_\nu^x\}$ からの互いに素なものの有限和 F^λ をつくって

$$mF^\lambda>\theta m^*\left(E-E\cap\bigcup_{\kappa=1}^{\lambda-1}F^\kappa\right)$$

となるようにできる．　各 F^λ は，　したがって $M\equiv\bigcup_{\lambda=1}^{\infty}F^\lambda$ もまた，$\{F_\nu^x\}$ からの互いに素なものの高々可算和である．しかも $M\subset O$ であるから，$mM=\sum mF^\lambda\leqq mO<\infty$．ゆえに，$mF^\lambda\to0$ $(\lambda\to\infty)$；すなわち，(2) がみたされる：$m(E-E\cap M)=0$．(iv) 最後に，$d\equiv\inf_{x\in E}\alpha^x=0$ の場合を考える．$E_n=E(\alpha^x\geqq1/n)$ とおけば，$\{E_n\}$ は増加列であって $E=\bigcup E_n=\lim E_n$．定理 13.11 により $m^*E=\lim m^*E_n$．ゆえに，十分大きい n に対して $m^*E_n>m^*E/2$．他方で，$x\in E_n$ のとき $\alpha^x\geqq1/n>0$ であるから，すでに示したことにより，$\{F_\nu^x\}_{x\in E_n}$ からの互いに素なものから成る列 $\{F_\mu^n\}$ が存在して

$$m(\bigcup_\mu F_\mu^n)\geqq m^*E_n>\frac{1}{2}m^*E.$$

これで $d=0$ の場合に，条件 (2) を $\theta=1/2$ とおいた (2′) でおきかえた

結果の成立が示された．(2′) を (2) にまで精密化する操作は，上記にならえばよい．

Vitali の被覆定理を利用して，平均値の定理に相当する結果をみちびこう．

定理 34.2. $\mathfrak{M}$ で定義された加法的，絶対連続な集合関数 F に対して，$E\in\mathfrak{M}$ で $u\leqq\bar{D}F$, $\underline{D}F\leqq v$ ならば，それぞれ

$$umE\leqq F(E),\qquad F(E)\leqq vmE.$$

証明. (i) $mE=0$ ならば $F(E)=0$ であるから，$mE>0$ と仮定する．$\bar{D}F$ の定義により，各 $x\in E$ と任意な $\varepsilon>0$ に対して $\alpha=\alpha(x,\varepsilon)$ を適当にえらべば，$u\leqq\bar{D}F(x)<\bar{D}_\alpha F(x)+\varepsilon$. ゆえに，$\bar{D}_\alpha F$ の定義により，各 $x\in E$ に対して適当な $n=n(x,\alpha)$ をえらべば，許容列 $\{U_\nu^x\}_{\nu\geqq n}$ が存在して

$$(u-\varepsilon)mU_\nu^x<F(U_\nu^x)\qquad(\nu\geqq n).$$

これらの各 U_ν^x を閉集合 $G_\nu^x\subset U_\nu^x$ でおきかえる．m および F の絶対連続性にもとづいて，mG_ν^x が mU_ν^x に十分近い限り，

$$(u-\varepsilon)mG_\nu^x<F(G_\nu^x)\qquad(x\in E;\ \nu\geqq n).$$

さらに，$U_\nu^x\subset W_\nu^x$, $mU_\nu^x/|W_\nu^x|>\alpha$ とするとき，$mG_\nu^x/|W_\nu^x|>\alpha/2$ となるように G_ν^x をえらんでおけるから，$\{G_\nu^x\}$ は許容列であるとしてよい；これはもちろん点 x に収束する．ここで Vitali の定理 1 を適用する．すなわち，任意な $\delta>0$ に対して，$\{G_\nu^x\}_{x\in E,\,\nu\geqq n(x,\alpha)}$ から適当に可算列 $\{G_\mu\}$ をえらんで，つぎの三条件がみたされるようにできる：$\{G_\mu\}$ は互いに素；$m(E-E\cap\bigcup G_\mu)=0$; $m(\bigcup G_\mu)<mE+\delta$. さて，各 G_μ は一つの G_ν^x $(x\in E;\ \nu\geqq n)$ であるから，上記の不等式によって

$$(u-\varepsilon)m(\bigcup G_\mu)<F(\bigcup G_\mu).$$

ところで，$mE=m(E\cap\bigcup G_\mu)\leqq m(\bigcup G_\mu)<mE+\varepsilon$ であるから，最後の不等式で $\delta\to0$ とすれば，F の絶対連続性によって，$(u-\varepsilon)mE\leqq F(E)$. さらに，$\varepsilon\to0$ とすれば，$umE\leqq F(E)$. (ii) 定理の残りの部分も同様に示される．あるいはむしろ，$F_-\equiv-F$ とおき，$\underline{D}F\leqq v$ が $\bar{D}F_-\geqq-v$ と同値なことに注意すれば，いま証明したことにより，$F_-(E)\geqq-vmE$ すなわち $F(E)\leqq vmE$.

系. $E\in\mathfrak{M}$ で $u\leqq\bar{D}F\leqq v$ または $u\leqq\underline{D}F\leqq v$ ならば,

$$umE\leqq F(E)\leqq vmE.$$

問　題 34

1. $\mathfrak{M}$ で定義された絶対連続な加法的集合関数 F に対して，有限測度の可測集合 E で $\bar{D}F(x)=\lambda$ (const) ならば，可測な各 $e\subset E$ に対して $F(e)=\lambda me$.

2. Vitali の定理1で条件(3)を撤廃すれば，E は有限外測度であるを要しない.

§35.　Lebesgue の定理

前節で準備が整ったから，ここでいよいよ本題に移る.

定理 35.1 (Lebesgue). 有限確定，完全加法的，絶対連続な集合関数は，a.e. に可微分であって，しかもその微分商の不定積分と一致する．すなわち，このような集合関数 F に対して，a.e. に DF が存在して

$$F(U)=\int_U DF(x)\,dx.$$

証明. (i) 定理33.3で示したように，$\bar{D}F$ は可測である．$(\bar{D}F)^+\equiv(\bar{D}F+|\bar{D}F|)/2=\max(\bar{D}F,0)$ にもとづいて(同じことだが，$\bar{D}F$ 自身にもとづいて)，正の y 軸の分割

$$0=l_0<l_1<\cdots,\qquad \lim l_\nu=\infty$$

に対応する互いに素な集合への $U^+\equiv U(\bar{D}F\geqq 0)$ の分割を考える:

$$U^+=(\bigcup U_\nu^+)\cup U_\infty^+=\hat{U}_0^+\cup(\bigcup\hat{U}_\nu^+)\cup U_\infty^+;$$
$$U_\nu^+=U^+(l_{\nu-1}\leqq\bar{D}F<l_\nu),\qquad U_\infty^+=U^+(\bar{D}F=\infty),$$
$$\hat{U}_0^+=U^+(\bar{D}F=0),\qquad \hat{U}_\nu^+=U^+(l_{\nu-1}<\bar{D}F\leqq l_\nu).$$

$x\in U_\infty^+$ のとき，任意に大きな l に対して $\bar{D}F\geqq l$，したがって，定理34.2 により $F(U_\infty^+)\geqq lmU_\infty^+$．$F$ の有限確定性により $F(U_\infty^+)<\infty$ であるから，$mU_\infty^+=0$; F の絶対連続性により，これから $F(U_\infty^+)=0$．また，もちろん $U_\nu^+,\hat{U}_\nu^+\in\mathfrak{M}$ であって，再び定理34.2(系参照)によって $l_{\nu-1}mU_\nu^+\leqq F(U_\nu^+)$, $F(\hat{U}_\nu^+)\leqq l_\nu m\hat{U}_\nu^+$ であるから，F の完全加法性によ

って,

$$\sum l_{\nu-1} mU_\nu^+ \leqq F(U^+) \leqq \sum l_\nu m\hat{U}_\nu^+;$$

$$0 \leqq \sum l_\nu m\hat{U}_\nu^+ - \sum l_{\nu-1} mU_\nu^+$$
$$= \sum (l_\nu - l_{\nu-1}) mU_\nu^+ (l_{\nu-1} < \bar{D}F < l_\nu) \leqq \sup(l_\nu - l_{\nu-1}) \cdot mU^+.$$

ゆえに, $\sup(l_\nu - l_{\nu-1}) < \infty$ である限り, $(\bar{D}F)^+ \geqq 0$ の U^+ にわたる積分に対する近似和 $\sum l_{\nu-1} mU_\nu^+$, $\sum l_\nu m\hat{U}_\nu^+$ はともに収束する. すなわち, $U^+ \equiv U(\bar{D}F \geqq 0)$ で $\bar{D}F = (\bar{D}F)^+$ は可積であって, 上記の評価からわかるように,

$$F(U(\bar{D}F \geqq 0)) \equiv F(U^+) = \int_{U^+} \bar{D}F dx \equiv \int_{U(\bar{D}F \geqq 0)} \bar{D}F dx.$$

同様に——上の所論で $\bar{D}$ を $\underline{D}$ でおきかえるだけでよい!——,

$$F(U(\underline{D}F \geqq 0)) = \int_{U(\underline{D}F \geqq 0)} \underline{D}F dx.$$

以上の結果を $-F$ に適用すれば, $\bar{D}(-F) = -\underline{D}F$, $\underline{D}(-F) = -\bar{D}F$ であるから, それぞれ

$$F(U(\underline{D}F \leqq 0)) = \int_{U(\underline{D}F \leqq 0)} \underline{D}F dx,$$

$$F(U(\bar{D}F \leqq 0)) = \int_{U(\bar{D}F \leqq 0)} \bar{D}F dx$$

がえられる. 集合 $U(\bar{D}F = 0)$, $U(\underline{D}F = 0)$ はそれぞれ $\bar{D}F$, $\underline{D}F$ の積分にも F の値にも(定理 34.2 系参照)影響を与えないから, 結局,

$$F(U) = \int_U \bar{D}F dx = \int_U \underline{D}F dx.$$

(ii) すぐ上の関係でつねに $\bar{D}F \geqq \underline{D}F$ であるから, 定理 26.8 により $\bar{D}F = \underline{D}F$ a.e. がえられる. すなわち, a.e. に DF が存在し, 定理の最後にあげた関係が成り立つ. その可積性から $DF \neq \pm\infty$ a.e. である.

系. E で可積な f に対して

$$D\left(\int_E f dx\right) = f \qquad \text{a.e.}$$

いま証明した定理1と §30 末にのべたことによって, 問題の三性質を具えた集合関数は実質上は不定積分であり, 不定積分 F を微分するという問題は所属の区間関数 $\Phi = F$ を微分することに帰着される. 区

間関数 Φ については，一つの零集合 e を除外すれば，各点 $x\in\boldsymbol{R}^N-e$ に収束する許容区間列 $\{I_\nu\}$ に対して

$$D\Phi(x)\equiv\lim\frac{\Phi(I_\nu)}{|I_\nu|}=f.$$

定理 35.2. 不定積分 F からつくられた関数列 $\{\bar{f}_\nu^\alpha\}$, $\{\underline{f}_\nu^\alpha\}$ はいずれも，$\nu\to\infty$ のとき，a.e. に DF に収束する．

証明. §33における記号を用いて，

$$\underline{D}F\leqq\underline{D}_\alpha F=\varliminf_{\nu\to\infty}\underline{f}_\nu^\alpha=\varliminf_{\nu\to\infty}\inf_{U\in\mathfrak{U}(x;\ \alpha,\ \nu)}(F(U)/mU)$$

$$\leqq\left\{\begin{array}{l}\varlimsup\limits_{\nu\to\infty}\inf\limits_{U\in\mathfrak{U}(x;\ \alpha,\ \nu)}(F(U)/mU)=\varlimsup\limits_{\nu\to\infty}\underline{f}_\nu^\alpha\\ \varliminf\limits_{\nu\to\infty}\sup\limits_{U\in\mathfrak{U}(x;\ \alpha,\ \nu)}(F(U)/mU)=\varliminf\limits_{\nu\to\infty}\bar{f}_\nu^\alpha\end{array}\right\}$$

$$\leqq\varlimsup_{\nu\to\infty}\sup_{U\in\mathfrak{U}(x;\ \alpha,\ \nu)}(F(U)/mU)=\varlimsup_{\nu\to\infty}\bar{f}_\nu^\alpha=\bar{D}_\alpha F\leqq\bar{D}F.$$

ここで定理1により $\underline{D}F=\bar{D}F=DF$ a.e.

定理 35.3. 可積な関数は a.e. に，一つの網系の格子の各網目で一定値をとる階段関数から成る列の極限関数として表される．くわしくは，E で可積な f に対して，

$$F(U)\equiv\int_{U\cap E}f\,dx$$

からつくられた階段関数列 $\{\bar{f}_\nu^\alpha\}_{\nu=1}^\infty$ および $\{\underline{f}_\nu^\alpha\}_{\nu=1}^\infty$ は，任意な $0<\alpha\leqq1$ に対して E で a.e. に f に収束する．しかも，E で

$$\inf_E f\leqq\underline{f}_\nu^\alpha\leqq\bar{f}_\nu^\alpha\leqq\sup_E f.$$

証明. 前定理と平均値の定理26.7！

さて，可測集合 E の特性関数を φ_E で表せば，これは各 $U\in\mathfrak{M}$ で可積であって，

$$\int_U\varphi_E\,dx=\int_{U\cap E}1\,dx=m(U\cap E).$$

特に，$mE<\infty$ ならば，

$$\int_E\varphi_E\,dx=\int_E 1\,dx=mE.$$

ゆえに，Lebesgue の測度概念はその積分概念のうちに特殊な場合として含まれる．積分概念が縦線集合の測度として測度概念に包括されるこ

とは，前章でのべた通りである．

定義 (Lebesgue)． $F(U)\equiv m(U\cap E)$ に対する $DF(x)$ を x での E の**密度**という．

定理 35.4 (Lebesgue). 可測集合 E の密度関数は，E の特性関数 φ_E と a.e. に一致する．

証明． $\mathfrak{M}$ で集合関数 F: $F(U)=m(U\cap E)$ を考えれば，

$$DF(x)=D\left(\int_U \varphi_E dx\right)=\varphi_E(x) \quad \text{a.e.}$$

ちなみに，$DF=\varphi_E$ である $\bar{E}$ の点を E の**密点**という．

問　題　35

1. x を中心とする稜長 δ の立方体を W^δ で表すとき，可測な E に対して $\lim_{\delta\to+0}(m(E\cap W^\delta)/|W^\delta|)$ が存在するならば，それを x における E の**対称密度**という．x での E の対称密度が 1 ならば，x は E の密点である．

2. 任意な集合 E と点 x に縮む任意な許容列 $\{U_\nu\}$ に対して，E 上で a.e. に $m^*(E\cap U_\nu)/mU_\nu\to 1$.

第6章　一変数の関数

§36.　点関数と区間関数

前節の定理 35.2 の直前にのべた注意にもとづいて，特に $\boldsymbol{R}^1$ において区間 $J_a^b=[a, b]$ で可積な f を考える．その部分区間 $J_\alpha^\beta=[\alpha, \beta]$ にわたる f の積分を

$$\int_{J_\alpha^\beta} f\,dx=\int_\alpha^\beta f\,dx$$

と記す；この記法はすでに何度か利用した．なお，J_α^β をそれと端点を共有する開または半開区間でおきかえても，積分の値に影響しない．ここでさらに，便宜上

$$\int_\alpha^\alpha f\,dx=0, \qquad \int_\beta^\alpha f\,dx=-\int_\alpha^\beta f\,dx \qquad (\alpha<\beta)$$

とおいて，記号の意味を拡める．このとき，例えば任意な三点 $\alpha, \beta, \gamma \in J_a^b$ に対して

$$\int_\alpha^\beta f\,dx+\int_\beta^\gamma f\,dx=\int_\alpha^\gamma f\,dx.$$

区間関数

$$\Phi(J_\alpha^\beta)\equiv\int_{J_\alpha^\beta} f\,dx\equiv\int_\alpha^\beta f\,dx \qquad (\alpha<\beta)$$

に対して，任意な $\gamma\in J_a^b$ と任意な定数 C をもって，点関数

$$F(x)=\int_\gamma^x f\,dx+C$$

を導入すれば，

$$\Phi(J_\alpha^\beta)=[F(x)]_\alpha^\beta\equiv F(\beta)-F(\alpha).$$

この関係にもとづいて，一変数の関数の不定積分の問題は，点関数のそれに帰着される．特に，上記の形の F を f の**積分関数**といい，C を**積分定数**という．

注意．J_a^b で定義された被積分関数 f を，$\boldsymbol{R}^1-J_a^b$ へ $f(x)=0$ とおいて接続しておくこともできたであろう．このときには，任意な $\gamma\in\boldsymbol{R}^1$

をもって F が $\boldsymbol{R}^1$ 全体で，Φ は $\boldsymbol{R}^1$ のすべての区間に対して定義される．

さて，上に例示した一変数の関数の不定積分としての区間関数よりはいっそう一般に，ここで単に加法的と仮定された有限な区間関数について考える．

Φ を基礎区間 J_a^b のすべての部分区間に対して定義された有限な値をとる加法的区間関数とする．$J_\alpha^\beta \subset J_a^b$ に対して

$$\Phi(J_\alpha^\beta) = \Phi(\alpha, \beta)$$

と記すことにする．

定義． 有限な加法的区間関数 $\Phi(\alpha, \beta)$ に対して，

$$\Phi(\alpha, \beta) = [F(x)]_\alpha^\beta \equiv F(\beta) - F(\alpha)$$

をみたす F を Φ に**所属の点関数**という．逆に，有限な点関数 F に対してこの関係で定められる Φ を F に**所属の区間関数**という．

注意． 記法 $\Phi(J_\alpha^\beta) = \Phi(\alpha, \beta)$ では，Φ の加法性を確保するために，区間の退化した場合としての一点はその定義域から除外される．すなわち，$\Phi(\alpha, \alpha) = F(\alpha) - F(\alpha)$ と解しないだけでなく，一般には $\Phi(\alpha, \alpha)$ 自身を考えないでおくのである．強いてこれに当るものが必要なときは，例えば特に極限値 $F(\alpha+0)$ または $F(\alpha-0)$ が存在するとき，

$$\Phi(\alpha, \alpha+0) = [F(x)]_\alpha^{\alpha+0}, \qquad \Phi(\alpha-0, \alpha) = [F(x)]_{\alpha-0}^\alpha,$$
$$\Phi(\alpha-0, \alpha+0) = [F(x)]_{\alpha-0}^{\alpha+0}$$

とおかれるべきであろう．α が F の不連続点ならば，これらのうちのあるものが 0 でない．あいまいさを避けたければ，例えば $[\alpha, \beta)$ という型の区間に限ればよい；端点 b ではそれに応じた修正がいる．

しかし，ここではむしろ加法性についての規約修正を施す．すなわち，閉区間 J が重ならない（高々端点を共有する）閉区間 i_κ $(\kappa=1, \cdots, k)$ の和として表されているとき，

$$\Phi(J) = \sum_{\kappa=1}^{k} \Phi(i_\kappa).$$

与えられた点関数に所属の区間関数は一意に定まる．それに対して，与えられた区間関数に所属の点関数は付加定数だけの随意性がある：

定理 36.1. $[a, b]$ のすべての部分区間に対して定義された有限な加法的区間関数 Φ に対して，$F_0(x)=\Phi(a, x)$ $(a\leqq x\leqq b)$ とおけば，F_0 は Φ に所属の一つの点関数である；ただし，ここでは $F_0(a)=\Phi(a, a)=0$ と規約する．しかも，Φ に所属の点関数は，C を任意な定数として，F_0+C で尽くされる．

証明. (i) Φ の加法性によって

$$\Phi(\alpha, \beta)=\Phi(a, \beta)-\Phi(a, \alpha)=[F_0(x)]_\alpha^\beta;$$

$\alpha=a$ であってもよい．ゆえに，F_0 は Φ に所属の一つの点関数である．(ii) F を Φ に所属の任意な点関数とすれば，$[F(x)]_a^x=[F_0(x)]_a^x$ から $F(x)=F_0(x)+F(a)$.

以上によって，互いに所属の区間関数と点関数については，後者における付加定数を顧慮するだけで，すべての議論が全く並行してなされるわけである．

定理 36.2. c_ν $(\nu=1, \cdots, n)$ を定数とするとき，F_ν が Φ_ν に所属の点関数ならば，$\sum c_\nu F_\nu$ は $\sum c_\nu \Phi_\nu$ に所属の点関数である．逆に，Φ_ν が F_ν に所属の区間関数ならば，$\sum c_\nu \Phi_\nu$ は $\sum c_\nu F_\nu$ に所属の区間関数である．

定理 36.3. $[a, b]$ で定義された点関数が単調[増加または減少]であるための条件は，所属の区間関数が定符号[非負または非正]であることである．

$[a, b]$ で定義された点関数 F は，基礎区間の任意な分割 $a=x_0<x_1<\cdots<x_n=b$ に対して $\sum_{\nu=1}^n |F(x_\nu)-F(x_{\nu-1})|$ が有界なとき，$[a, b]$ で**有界変動**であるという．この条件は，$[a, b]$ に含まれる重ならない区間の任意な組 $\{[\alpha_\kappa, \beta_\kappa]\}_{\kappa=1}^k$ に対して $\sum_{\kappa=1}^k |F(\beta_\kappa)-F(\alpha_\kappa)|$ が有界なことと同値である．一般に，$\Lambda^\pm=(\Lambda\pm|\Lambda|)/2$ とかくとき，

$$\left|\sum_{\kappa=1}^k (F(\beta_\kappa)-F(\alpha_\kappa))\right|\leqq\sum_{\kappa=1}^k |F(\beta_\kappa)-F(\alpha_\kappa)|$$

$$=\sum_{\kappa=1}^k (F(\beta_\kappa)-F(\alpha_\kappa))^+ +\sum_{\kappa=1}^k (-(F(\beta_\kappa)-F(\alpha_\kappa))^-)$$

となるから，条件はさらに $\sum_{\kappa=1}^k (F(\beta_\kappa)-F(\alpha_\kappa))$ が有界なことと同値である．他方で，付加定数だけの随意性をもつ関数族では，そのうちの

一つが有界変動ならば，そのすべての関数がそうである．そこで，つぎの定義を設ける：

定義．J_a^b のすべての部分閉区間に対して定義された加法的区間関数は，所属の点関数がそこで有界変動であるとき，J_a^b で**値の和が有界**であるという．いいかえれば，基礎区間 J_a^b に含まれる重ならない閉区間の任意な組 $\{i_\kappa\}_{\kappa=1}^k$ に対して $\sum_{\kappa=1}^k \Phi(i_\kappa)$（あるいは $\sum_{\kappa=1}^k |\Phi(i_\kappa)|$）が有界なとき，$\Phi$ は J_a^b で値の和が有界であるという．

例えば，J_a^b で可積な f からつくられた区間関数

$$\Phi:\quad \Phi(J)=\int_J f\,dx \qquad (J\subset J_a^b)$$

はそこで値の和が有界である．じっさい，

$$\left|\sum_{\kappa=1}^k \Phi(i_\kappa)\right|=\left|\sum_{\kappa=1}^k \int_{i_\kappa} f\,dx\right|\leqq \sum_{\kappa=1}^k \int_{i_\kappa}|f|\,dx\leqq \int_{J_a^\beta}|f|\,dx<\infty.$$

定義．所属の点関数が点 c または区間 I で連続なとき，加法的区間関数はそれぞれ c または I で**連続**であるという．いいかえれば，Φ の c での連続性の条件は，任意な $\varepsilon>0$ に対して適当な $\delta=\delta(\varepsilon)>0$ をえらぶと，$0<\xi<\delta$ である限り，

$$|\Phi(c-\xi,\ c)|+|\Phi(c,\ c+\xi)|<\varepsilon;$$

ただし，c が基礎区間の左端または右端のときは，左辺のそれぞれ第一項または第二項は 0 とみなす．また，Φ の J での連続性の条件は，任意な $\varepsilon>0$ に対して適当な $\delta=\delta(\varepsilon;\ \alpha,\ \beta)>0$ をえらぶと，$0<\beta-\alpha<\delta$, $J_\alpha^\beta\subset I$ である限り，

$$|\Phi(\alpha,\ \beta)|<\varepsilon.$$

定義．所属の点関数が基礎区間で絶対連続なとき，加法的区間関数はそこで**絶対連続**であるという．いいかえれば，Φ の J_a^b での絶対連続性の条件は，任意な $\varepsilon>0$ に対して適当な $\delta=\delta(\varepsilon)>0$ をえらぶと，重ならない区間の組 $\{i_\kappa\}_{\kappa=1}^k$ に対して $\sum|i_\kappa|<\delta$ である限り，

$$\left|\sum_{\kappa=1}^k \Phi(i_\kappa)\right|<\varepsilon \qquad \left(\text{あるいは}\ \sum_{\kappa=1}^k |\Phi(i_\kappa)|<\varepsilon\right).$$

注意．これはすでに§30 でのべた定義と一致する．

絶対連続ならば，必然的に連続である．しかし，連続であってしかも

有界変動[値の和が有界]であるが，絶対連続でない点関数[区間関数]が存在する；§40 例1参照．

問　題　36

1. 定理2，3を証明せよ．

2. 点関数に対する絶対連続性の定義をのべよ．

3. 二つの絶対連続関数の和，差，積は絶対連続である．

4. F が絶対連続，x が単調かつ絶対連続ならば，$F\circ x$ は絶対連続である．

§37. 単調点関数

$\boldsymbol{R}^1$ の一つの有限または無限区間で定義された単調点関数は，定符号の区間関数に対応している．本節では，主として前者を扱うが，結果を後者の形にかき直すことは容易であろう．さらに，F が減少ならば，$-F$ は増加であるから，増加点関数に限定してよい；これは正（くわしくは非負）の区間関数に対応する．すなわち，定義域の任意な二点 α, β に対して，$\alpha<\beta$ である限り，$F(\alpha)\leqq F(\beta)$ とする．以下，関数値は有限であると仮定するが，必要な修正をすれば有限でない場合にも当てはまる．

定理 37.1. F が (a, b) で増加ならば，各 $c\in(a, b)$ に対して

$$F(c-0)\equiv\lim_{x\to c-0}F(x),\qquad F(c+0)\equiv\lim_{x\to c+0}F(x)$$

が存在する．これらについては，さらに

$$F(c-0)=\varliminf_{x\to c}F(x)=\sup_{x\in(a,\,c)}F(x),$$
$$F(c+0)=\varlimsup_{x\to c}F(x)=\inf_{x\in(c,\,b)}F(x).$$

定理 37.2. F が増加ならば，$F_\pm(x)=F(x\pm0)$ で定められる両関数 $F_\pm$ も増加であって $F_-(x)\leqq F(x)\leqq F_+(x)$．さらに，$\alpha<\beta$ である限り $F_+(\alpha)\leqq F_-(\beta)$．

定義．F が増加関数のとき，その定義域の一点 c に対して

$$\omega_-(c)\equiv\omega_-(c;\ F)=F(c)-F(c-0),$$
$$\omega_+(c)\equiv\omega_+(c;\ F)=F(c+0)-F(c)$$

を F の c におけるそれぞれ**左側，右側振幅**という．さらに

$$\omega(c)\equiv\omega(c;\ F)=\omega_-(c)+\omega_+(c)=F(c+0)-F(c-0)$$

を F の c における**振幅**あるいは**跳躍の高さ**という．

注意．ちなみに，単調と限らない F の c における**振幅**は，つぎの式で定義される：

$$\omega(c;\ F)=\lim_{\delta\to+0}\left(\sup_{|x-c|<\delta}F(x)-\inf_{|x-c|<\delta}F(x)\right).$$

つねに $\omega(c)\geqq 0$ であり，F が c で連続であるための条件は，$\omega(c;\ F)=0$．いっそうくわしくは，F が c で左側または右側連続であるための条件は，それぞれ $\omega_-(c;\ F)=0$ または $\omega_+(c;\ F)=0$．単調な F が $[a,\ b]$ で連続であるための条件は，F が $(a,\ b)$ で $F(a)$ と $F(b)$ の間のすべての値をとることである．

定理 37.3. 単調関数の不連続点は高々可算集合をなす．

証明．単調関数の不連続点は，すべて跳躍点(第一種の不連続点)である．F を J で増加とする．各自然数 n に対して，不連続点 $c\in J(|F|\leqq n)$ のうちで各 $\nu=1,\ 2,\ \cdots$ に対して $\omega(c)>1/\nu$ であるものは有限個しか存在しない；じっさい，$2\nu n$ 個をこえない．ゆえに，$J(|F|\leqq n)$ に含まれる不連続点の全体から成る集合 e_n は高々可算である．ゆえに，すべての不連続点から成る集合 $\bigcup_{n=1}^{\infty}e_n$ も高々可算である．

注意．単調関数の不連続点の全体から成る集合は，いたるところ稠密なことがありうる．例えば，有理点の全体を $\{r_\kappa\}_{\kappa=1}^{\infty}$ として

$$F(x)=\sum_{r_\kappa<x}2^{-\kappa}$$

とおけば(和は $r_\kappa<x$ であるすべての κ にわたる)，F は $\boldsymbol{R}^1$ で増加であって，$\omega(r_\kappa)=2^{-\kappa}>0$．さらに，つねに $0<F(x)<1$.

定理 37.4. F が増加ならば，増加関数 $F_\mp$: $F_\mp(x)=F(x\mp 0)$ はそれぞれ左側，右側連続である．さらに，振幅について

$$\omega(x;\ F_-)=\omega(x;\ F_+)=\omega(x;\ F).$$

証明．前半は明白であり，後半は $F_-(x\pm 0)=F_+(x\pm 0)=F(x\pm 0)$ に注意すればよい．

定義．有限な増加関数 F について，

$$F^*(x)=F(x-0)-\sum_{\xi<x}\omega(\xi;\ F),$$

$$d(x)\equiv d(x;\ F)=F(x)-F^*(x)=F(x)-F(x-0)+\sum_{\xi<x}\omega(\xi;\ F)$$

で定められる F^*, d を F のそれぞれ**連続成分**，**不連続成分**という；後者を**判別式**ともいう．ここに和は $\xi<x$ である F の不連続点 ξ の全体にわたる．

定理 37.5. 有限な増加関数 F の連続成分 F^* は増加連続関数である．

証明. $x<x'$ とすれば，$F_{\pm}(x)=F(x\pm 0)$ とおくとき，

$$F^*(x')-F^*(x)=F(x'-0)-F(x-0)-\sum_{x\leqq\xi<x'}\omega(\xi;\ F)$$

$$=(F_-(x')-F_-(x))-\sum_{x\leqq\xi<x'}\omega(\xi;\ F_-)\geqq 0;$$

すなわち，F^* は増加である．つぎに，

$$F^*(x)=F_-(x)-\sum_{\xi<x}\omega(\xi;\ F)=F_+(x)-\sum_{\xi\leqq x}\omega(\xi;\ F)$$

において，定義域に含まれる任意な閉区間 $[\alpha,\beta]$ に対して正項級数 $\sum_{\alpha\leqq\xi<\beta}\omega(\xi;\ F)\ (\leqq F_+(\beta)-F_-(\alpha))$ が収束することに注意すれば，第一，第二の表示から F^* のそれぞれ左側，右側連続性がえられる．

系. F が連続であるための条件は，$d(x;\ F)\equiv 0$.

定理 37.6. 有限な増加関数 F の不連続成分 d は増加関数であって，その不連続成分はそれ自身と一致する．

証明. $x<x'$ とすれば，$F_{\pm}(x)=F(x\pm 0)$ とおくとき，

$$d(x')-d(x)=F(x')-F(x)-F(x'-0)+F(x-0)$$

$$+\sum_{x\leqq\xi<x'}\omega(\xi;\ F)$$

$$=(F(x')-F_-(x'))+(F_+(x)-F(x))$$

$$+\sum_{x<\xi<x'}d(\omega;\ F)\geqq 0;$$

すなわち，d は増加である．つぎに，

$$d(x-0)=\sum_{\xi<x}\omega(\xi;\ F),\qquad d(x+0)=\sum_{\xi\leqq x}\omega(\xi;\ F);$$

$$\omega(x;\ d)\equiv d(x+0)-d(x-0)=\omega(x;\ F)$$

に注意すれば，$d(x)\equiv d(x;\ F)$ の不連続成分 $d(x;\ d)$ に対して

$$d(x;\ d)=d(x)-d(x-0)+\sum_{\xi<x}\omega(\xi;\ d)$$
$$=F(x)-F(x-0)+\sum_{\xi<x}\omega(\xi;\ F)=d(x).$$

注意. F の不連続成分 d は，各点で f と振幅を共有する．さらに，F が (α,β) で連続ならば，d はそこで一定な値 $\sum_{\xi\leqq\alpha}\omega(\xi;\ F)$ をもつ．したがって，F の不連続成分 d は，F の不連続点での性状によってすでに決定される．

最後に，増加関数 F の連続成分 F^* と不連続成分 d とへの分解 $F=F^*+d$ に対応する区間関数の性質だけを，念のため併記しておこう．そのために，基礎区間のすべての部分閉区間にわたって定義された加法的区間関数 Φ が有限かつ非負であるとする．所属の点関数を F とすれば，これは増加であって，$J_\alpha^\beta=[\alpha,\beta]$ に対して

$$\Phi(J_\alpha^\beta)=F(\beta)-F(\alpha).$$

注意. ここでは $F(\alpha\pm0)$，$F(\beta\pm0)$ の存在が保証されているから，J を任意な部分区間としてそれが (α,β), $[\alpha,\beta)$, $(\alpha,\beta]$, $[\alpha,\beta]$ であるのに応じて，$\Phi(J)$ は $F(\beta-0)-F(\alpha+0)$, $F(\beta-0)-F(\alpha-0)$, $F(\beta+0)-F(\alpha+0)$, $F(\beta+0)-F(\alpha-0)$ であると定めることもできたであろう．このときは，本来の意味での加法性が，閉区間の退化したものとしての点を許しても，成り立つ．しかし，前節での一般論との釣合上，上のように定めておく；なお，§45 参照．

さて，増加関数 F の (α,β) に含まれる不連続点の全体を $\{\xi_\kappa\}$ とする．$\sum\omega(\xi_\kappa;\ F)\leqq F(\beta)-F(\alpha)$ であるから，正項級数 $\sum\omega(\xi_\kappa;\ F)$ は収束する．そこで，$J=J_\alpha^\beta=[\alpha,\beta]$ に対して

$$\Phi^*(J)=\Phi(J)-\delta(J),$$
$$\delta(J)\equiv\delta(J;\ \Phi)=\omega_+(\alpha;\ F)+\sum_{\alpha<\xi<\beta}\omega(\xi;\ F)+\omega_-(\beta;\ F)$$

とおき，Φ^*, δ を Φ のそれぞれ**連続成分**，**不連続成分**という．定義からわかるように，Φ^*, δ はそれぞれ F^*, d に所属の区間関数である：

$$\Phi^*(J)=F^*(\beta)-F^*(\alpha),\qquad \delta(J)=d(\beta)-d(\alpha).$$

問　題　37

1. 定理 1，2 を証明せよ．

2. F が単調点関数ならば，$F_{\pm}(x)=F(x\pm 0)$ で定義された関数 $F_{\pm}$ に対して $F_{\pm\pm}=F_{\pm}$.

3. 増加関数は B 可測である.

§38. 値の和が有界な区間関数

$J_a^b=[a, b]$ のすべての部分閉区間にわたって定義された値の和が有界な加法的区間関数 Φ の全体から成る族を $\mathscr{F}\equiv\mathscr{F}[J_a^b]$ で表す. $\Phi\in\mathscr{F}$ の特性は所属の点関数 F が J_a^b で有界変動であることである. 以下の諸性質は F については見馴れたことがらではあるが, ここで念のため Φ に関する形で列挙しておこう:

値の和が有界な加法的区間関数は有界である;

基礎区間で値の和が有界ならば，各部分区間でもそうである;

$\{c_\nu\}_{\nu=1}^n$ を定数とするとき，$\Phi_\nu\in\mathscr{F}$ ならば，$\sum c_\nu\Phi_\nu\in\mathscr{F}$ である.

有限な加法的区間関数 Φ が定符号ならば，$\Phi\in\mathscr{F}$.

つぎに，有界変動の点関数についての正変動，負変動，全変動に対応する概念を導入する:

定義. $\Phi\in\mathscr{F}$ に対して，所属の点関数 F の $J\subset J_a^b$ における正変動，負変動，全変動をそれぞれ $P(J)$, $N(J)$, $V(J)$ とするとき，

$$T^+(J)=P(J),\qquad T^-(J)=N(J),\qquad T(J)=V(J)$$

を Φ の J におけるそれぞれ値の**正和**，**負和**，**総和**という; くわしくは $T^+(J)\equiv T^+(J;\ \Phi)$ etc. いいかえれば，J からの重ならない区間の組 $\{i_\kappa\}_{\kappa=1}^k$ を許容するとき，

$$T^+(J)=\sup\sum\Phi(i_\kappa),\quad T^-(J)=\inf\sum\Phi(i_\kappa),\quad T(J)=\sup\sum|\Phi(i_\kappa)|.$$

注意. $\Phi\in\mathscr{F}$ であるから，これらはすべて有限である. また，つねに $T^+(J)\geqq 0\geqq T^-(J)$. じっさい，仮に $T^+(J)=-\eta<0$ とすれば，特に各区間 $i\subset J$ に対して $\Phi(i)\leqq-\eta$. したがって，任意な自然数 n に対して J を n 分して $\{i_\nu\}_{\nu=1}^n$ をつくれば，$\sum_{\nu=1}^n\Phi(i_\nu)\leqq -n\eta$ となるが，これは $\Phi\in\mathscr{F}$ であるとの仮定に反する. $T^-(J)\leqq 0$ についても同様. この注意にもとづいて，上記の組 $\{i_\kappa\}_{\kappa=1}^k$ として空な組を許容し，空な和は 0 と規約してもよかったわけである. また，明らかに

$$T^+(J)=\sup\sum\Phi(i_\kappa)^+,\qquad T^-(J)=\inf\sum\Phi(i_\kappa)^-.$$

定理 38.1. $\Phi\in\mathscr{F}$ の値の正和，負和，総和をそれぞれ T^+, T^-, T で表せば，

$$T=T^+-T^-,\qquad \Phi=T^++T^-.$$

証明. T^+, T^- に対する sup, inf は，$\{i_\kappa\}$ が J の分割の極限である場合に同時に達せられることに注意すればよい．くわしくは，つぎの通り．（i）任意な $\varepsilon>0$ に対して，J からの重ならない区間の適当な組 $\{i_\kappa\}_{\kappa=1}^k$ をえらぶと，

$$T(J)-\varepsilon<\sum|\Phi(i_\kappa)|=\sum\Phi(i_\kappa)^+-\sum\Phi(i_\kappa)^-\leqq T^+(J)-T^-(J);$$

$\varepsilon>0$ の任意性によって，$T\leqq T^+-T^-$. 他方で，J からおのおののうちで重ならない区間の適当な組 $\{i_\kappa^+\}$, $\{i_\kappa^-\}$ をえらぶと，

$$T^+(J)-\frac{\varepsilon}{2}<\sum\Phi(i_\kappa^+),\qquad T^-(J)+\frac{\varepsilon}{2}>\sum\Phi(i_\kappa^-).$$

$\{i_\kappa^\pm\}$ に含まれるすべての区間の端点による J の分割を $\{i_\kappa\}$ とする；各 i_κ は閉区間とする．Φ の加法性によって

$$T^+(J)-\frac{\varepsilon}{2}<\sum\Phi(i_\kappa)^+,\qquad T^-(J)+\frac{\varepsilon}{2}>\sum\Phi(i_\kappa)^-.$$

最後の両式の右辺で被加項のうち0となるものを捨てれば，両式に関与する i_κ は互いに重ならなくなるから，

$$\begin{aligned}&T^+(J)-\frac{\varepsilon}{2}-\left(T^-(J)+\frac{\varepsilon}{2}\right)\\&\quad<\sum\Phi(i_\kappa)^+-\sum\Phi(i_\kappa)^-=\sum|\Phi(i_\kappa)^+|+\sum|\Phi(i_\kappa)^-|\leqq T(J);\end{aligned}$$

$\varepsilon>0$ の任意性によって，$T^+-T^-\leqq T$.（ii）すぐ上にのべたところによって，任意な $\varepsilon>0$ に対して J の重ならない区間への適当な分割 $\{i_\kappa\}$ をえらぶと，

$$T^+(J)-\varepsilon<\sum\Phi(i_\kappa)^+\leqq T^+(J),\quad T^-(J)\leqq\sum\Phi(i_\kappa)^-<T^-(J)+\varepsilon;$$

$$\begin{aligned}T^+(J)-\varepsilon+T^-(J)&<\sum\Phi(i_\kappa)^++\sum\Phi(i_\kappa)^-\\&=\Phi(J)<T^+(J)+T^-(J)+\varepsilon;\end{aligned}$$

$\varepsilon>0$ の任意性によって，$\Phi=T^++T^-$.

定理 38.2. $\Phi\in\mathscr{F}$ に対して，$T^\pm$, T はすべて加法的である．すなわち，J が重ならない有限個の閉区間 $\{J_\nu\}_{\nu=1}^n$ の和として表されるとき，

$$T^{\pm}(J)=\sum T^{\pm}(J_\nu), \qquad T(J)=\sum T(J_\nu).$$

証明. $n=2$ の場合を示せばよい；帰納法！ J からの重ならない区間の任意な組 $\{i_\kappa\}_{\kappa=1}^{k}$ をとる．もしある i_κ が J_1 と J_2 にまたがるならば，それを二分すればよい――それによって $\sum\Phi(i_\kappa)$ は不変に保たれる――から，$i_\kappa\subset J_1$ $(\kappa=1, \cdots, h)$, $i_\kappa\subset J_2$ $(\kappa=h+1, \cdots, k)$ と仮定してよい．そのとき

$$\sum_{\kappa=1}^{k}\Phi(i_\kappa)=\sum_{\kappa=1}^{h}\Phi(i_\kappa)+\sum_{\kappa=h+1}^{k}\Phi(i_\kappa)\leqq T^+(J_1)+T^+(J_2);$$

$$T^+(J)\leqq T^+(J_1)+T^+(J_2).$$

他方で，重ならない任意な組 $\{i_\kappa^1\}_{\kappa=1}^{k_1}\subset J_1$, $\{i_\kappa^2\}_{\kappa=1}^{k_2}\subset J_2$ を考えれば，

$$\sum_{\kappa=1}^{k_1}\Phi(i_\kappa^1)+\sum_{\kappa=1}^{k_2}\Phi(i_\kappa^2)\leqq T^+(J);$$

$$T^+(J_1)+T^+(J_2)\leqq T^+(J).$$

これで T^+ の加法性が示されている．T^- についても同様；したがって，T の加法性がえられる．

定理 38.3 (Jordan 分解)． $\Phi\in\mathscr{F}$ はつぎの形に表される：

$$\Phi=P-Q;$$

ここに P, Q はともに非負の加法的区間関数である．

証明．例えば，$P=T^+$, $Q=-T^-$ とおけばよい：

$$\Phi=T^++T^-=P-Q; \qquad P, Q\geqq 0.$$

所属の点関数にうつれば，この定理は有界変動の点関数が有界な増加関数の差として表されることをのべている．

注意．不定積分が区間関数として定理にあげた性質をもつことは，すでにのべた通りである：

$$\Phi(J)\equiv\int_J f\,dx=\int_J f^+dx-\int_J(-f^-)\,dx\equiv P(J)-Q(J).$$

その証明で示したように，$\Phi=T^+-(-T^-)$ は定理3にあげた形の一つの分解である．これはつぎの定理にのべる意味で特性的である：

定理 38.4． 定理3の分解 $\Phi=P-Q$; $P, Q\geqq 0$ に対しては，つねに

$$P\geqq T^+, \qquad Q\geqq -T^-.$$

証明．(i) $\{i_\kappa\}$ を J からの重ならない区間の組とすれば，

$$\sum|\Phi(i_\kappa)|\leqq\sum P(i_\kappa)+\sum Q(i_\kappa)\leqq P(J)+Q(J);$$
$$T\leqq P+Q,$$
$$T^+=(T+\Phi)/2\leqq(P+Q+\Phi)/2=P.$$

(ii) 同様にして，あるいはすぐ上の結果を利用して，

$$-T^-=T^+-\Phi\leqq P-\Phi=Q.$$

定理 38.5. $\Phi\in\mathscr{F}$ の任意な Jordan 分解 $\Phi=P-Q$; $P, Q\geqq 0$ について，P, Q の不連続成分をそれぞれ ξ, η とするとき，$\delta=\xi-\eta$ は個々の分解に無関係である．

証明. 定理 4 にもとづいて，Jordan 分解の一般な形は $P=T^++Z$, $Q=-T^-+Z$ とおくことによってえられる；ここに Z は任意な非負の加法的区間関数を表す．$\pm T^\pm$, Z の不連続成分をそれぞれ $\pm\delta^\pm$, ζ とすれば，

$$\xi=\delta^++\zeta,\ \ \eta=-\delta^-+\zeta;\qquad \xi-\eta=\delta^++\delta^-.$$

定義. $\Phi\in\mathscr{F}$ の任意な一つの Jordan 分解を $\Phi=P-Q$; $P, Q\geqq 0$ とする．P および Q の連続成分，不連続成分をそれぞれ P^*, ξ および Q^*, η とするとき，$\Phi^*=P^*-Q^*$, $\delta=\xi-\eta$ を Φ のそれぞれ**連続成分**，**不連続成分**という．――これらは個々の分解に無関係に確定し，しかも

$$\Phi=\Phi^*+\delta.$$

定理 38.6. $\Phi\in\mathscr{F}$ が連続であるための条件は，その値の正和と負和 $T^\pm$ が(したがって総和もまた)連続なことである．

証明. (i) 仮に Φ が連続であって，T^+ または T^- が不連続であったとする．$T^\pm$ の連続成分，不連続成分をそれぞれ $T^{\pm*}$, $\delta^\pm$ で表せば，$\Phi=T^++T^-$ の連続性によって $\delta\equiv\delta^++\delta^-=0$. したがって，

$$\Phi=T^{+*}+T^{-*}=T^{+*}-(-T^{-*});\qquad \pm T^{\pm*}\geqq 0.$$

ところで，T^+ の不連続性が現れる区間に対しては $\delta^+>0$, したがって $T^+=T^{+*}+\delta^+>T^{+*}$. これは定理 4 にあげた T^+ の最小性に反する．

(ii) $T^\pm$ が連続ならば，$\Phi=T^++T^-$ は連続である．

さきに (§30)，有限で絶対連続な加法的区間関数から同じ性質をもつ集合関数への拡張についてのべた．ここでは，$\mathscr{F}$ の連続な関数を連続な加法的集合関数にまで拡張する問題についてしらべよう．

連続な $\Phi\in\mathfrak{F}=\mathfrak{F}(J_a^b)$ が与えられたとする．連続性が仮定されているから，区間の退化した場合としての点を許容してもよい；点に対する Φ の値はもちろん0とする．任意な区間 I に対して

$$\Phi(I)=\Phi(I\cap J_a^b)$$

とおくことにより，Φ の変域は任意な区間にまで拡められる；しかも，連続性と加法性は保たれる．

まず，$\Phi\geqq 0$ とする．$E\subset \boldsymbol{R}^1$ を任意な集合とし，区間の高々可算和 $\bigcup i_\kappa$ による E のすべての被覆についての下限を

$$\Phi^*(E)=\inf_{E\subset\cup i_\kappa}\sum\Phi(i_\kappa)$$

で表す；以下，記号 Φ^* をこの意味に用いる．これは外測度の一般化にあたる．すなわち，特に $\Phi(J)=|J|$ のとき，$\Phi^*(E)=m^*E$ となる．

第2章で区間の長さから出発して測度の理論を展開したとき，本質的な役割を演じた事情は，区間の長さが区間関数として加法性と連続性を具えていることに要約される．それに応じて，ここで $\Phi^*(E)$ について，m^*E に対して行ったのと並行な議論が進められる．しかも，無限外測度に相当するものは現れない：$\Phi^*(E)\leqq\Phi(J_a^b)$．

まず，開集合 O については，定理6.10にもとづいて，それを互いに素な開区間の和として表す：$O=\bigcup I_\nu$．このとき

$$\Phi^*(O)=\sum\Phi(I_\nu).$$

特に，全空間に対しては，直接にもわかるように，$\Phi^*(\boldsymbol{R}^1)=\Phi(J_a^b)$．

測度論におけると全く同様にして，

$$\Phi_*(E)=\Phi^*(O)-\Phi^*(O-E),\qquad E\subset O,$$

は個々の O の選択に無関係なことが示される；これは内測度の一般化に当っている．特に，

$$\Phi_*(E)=\Phi^*(E)\,(=\Phi(E))$$

である E は Φ **可測**であるという．

Φ 可測な集合の全体は一つの集合体をなす．$\Phi\geqq 0$ と仮定されていることにちなみ，それを $\mathfrak{F}^+\equiv\mathfrak{F}_\Phi^+$ で表し，Φ に**所属の集合体**と呼ぼう；$\mathfrak{F}^+$ は Borel 可測集合族 $\mathfrak{F}$ を含んでいる．与えられた区間関数 $\Phi\geqq 0$

が $\mathfrak{F}$ 上の集合関数にまで拡張されたわけである．これはつぎの性質をもっている；変集合はすべて $\mathfrak{F}^+$ からとる：

(a⁺) $E_1 \subset E_2$ ならば，$\Phi(E_1) \leqq \Phi(E_2)$ （単調性）；

(b⁺) 一般に，開集合を O，閉集合を G で表すとき，

$$\Phi(E) = \inf_{O \supset E} \Phi(O) = \sup_{G \subset E} \Phi(G);$$

(c⁺) 互いに素な Φ 可測集合の可算列 $\{E_\nu\}$ に対して

$$\Phi(\bigcup E_\nu) = \sum \Phi(E_\nu) \quad （完全加法性）.$$

つぎに，$\Phi \leqq 0$ とする．$-\Phi \geqq 0$ に対して上記の論法を反復すれば，Φ は集合体 $\mathfrak{F}^- \equiv \mathfrak{F}_\Phi^- = \mathfrak{F}_{-\Phi}^+$ 上の集合関数にまで拡張される．変集合はすべて $\mathfrak{F}^-$ からとるとき，

(a⁻) $E_1 \subset E_2$ ならば，$\Phi(E_1) \geqq \Phi(E_2)$ （単調性）；

(b⁻) $$\Phi(E) = \sup_{O \supset E} \Phi(O) = \inf_{G \subset E} \Phi(G);$$

(c⁻) 互いに素な Φ 可測集合の可算列 $\{E_\nu\}$ に対して

$$\Phi(\bigcup E_\nu) = \sum \Phi(E_\nu) \quad （完全加法性）.$$

最後に，連続な $\Phi \in \mathscr{F}$ が不定符号であるとする．定理1にもとづく分解

$$\Phi(J) = T^+(J) + T^-(J); \qquad \pm T^\pm(J) \geqq 0,$$

をとれば，定理6で示したように，$T^\pm$ は連続である．$T^\pm$ は定符号であるから，それぞれ $\mathfrak{F}_{T^\pm}^\pm$ 上の集合関数にまで拡張される．したがって，

$$\Phi(E) = T^+(E) + T^-(E)$$

とおくことによって，Φ は集合体 $\mathfrak{F} \equiv \mathfrak{F}_\Phi = \mathfrak{F}_{T^+}^+ \cap \mathfrak{F}_{T^-}^-$ 上の集合関数にまで拡張される．$\mathfrak{F}_\Phi \supset \mathfrak{B}$ である．$\mathfrak{F}_\Phi$ の各元は Φ **可測**であるという．拡張された Φ は完全加法性をもつ：

(c) 互いに素な Φ 可測集合の可算列 $\{E_\nu\}$ に対して

$$\Phi(\bigcup E_\nu) = \sum \Phi(E_\nu).$$

拡張された Φ の連続性に関して，さらにつぎの定理がある：

定理 38.7. 与えられた $E \in \mathfrak{F}_\Phi$ と任意な $\varepsilon > 0$ に対して，$G \subset E \subset O$ である開集合 O と閉集合 G を適当にえらべば，$'E \in \mathfrak{F}_\Phi$，$G \subset {'E} \subset O$ である限り，$|\Phi('E) - \Phi(E)| < \varepsilon$.

証明．性質 (b±) にもとづいて，$G^\pm \subset E \subset O^\pm$ である開集合 $O^\pm$ と閉

集合 $G^{\pm}$ を適当にえらべば，

$$\pm T^{\pm}(O^{\pm})-\varepsilon/4<\pm T^{\pm}(E)<\pm T^{\pm}(G^{\pm})+\varepsilon/4.$$

したがって，$O=O^{+}\cap O^{-}$, $G=G^{+}\cup G^{-}$ とおけば，

$$\pm T^{\pm}(O)-\varepsilon/4<\pm T^{\pm}(E)<\pm T^{\pm}(G)+\varepsilon/4;$$

$$\pm T^{\pm}(G)\leqq\pm T^{\pm}(O)<\pm T^{\pm}(G)+\varepsilon/2, \quad |T^{\pm}(O)-T^{\pm}(G)|<\varepsilon/2.$$

さて，$'E\in\mathfrak{F}_{\Phi}$, $G\subset'E\subset O$ とすれば，順次に

$$\pm T^{\pm}(G)\mp T^{\pm}(O)\leqq\pm T^{\pm}('E)\mp T^{\pm}(E)\leqq\pm T^{\pm}(O)\mp T^{\pm}(G);$$

$$|T^{\pm}('E)-T^{\pm}(E)|<\varepsilon/2, \qquad |\Phi('E)-\Phi(E)|<\varepsilon.$$

注意. もとの区間関数に対する基礎区間が J_a^b であったから，$\Phi(I)=\Phi(I\cap J_a^b)$ によって一応接続したが，拡張された集合関数についても $\Phi(E)=\Phi(E\cap J_a^b)$ となっている．したがって，$\mathfrak{F}$ からの集合と J_a^b との共通部分として表される集合の全体から成る集合体 $\mathfrak{F}\cap\{J_a^b\}$ を考えれば十分である．

問　題 38

1. 値の和が有界な加法的区間関数は有界である．

2. c_1, c_2 が定数のとき，Φ_1 と Φ_2 がともに値の和が有界な加法的区間関数ならば，$c_1\Phi_1+c_2\Phi_2$ もそうである．

3. 有界変動の点関数は，非負の有界な増加関数の差として表される．——**Jordan 分解**. 逆に，(非負の)有界な増加関数の差として表される関数は，有界変動である．

4. 値の和が有界で連続な加法的区間関数 Φ について，Φ 可測な集合の全体は，Borel 集合を含む集合体をなす．

§ 39. 区間関数の微分

基礎区間 $J_a^b=[a, b]$ のすべての部分区間にわたって定義された有限連続な加法的区間関数 Φ を考える：

$$\Phi(J_\alpha^\beta)\equiv\Phi(\alpha, \beta);$$

必要に応じて，任意な区間へ接続してもよい：

$$\Phi(I)=\Phi(I\cap J_a^b).$$

Dini にしたがって，四種の微分商を導入する：

$$\underline{D}_-\Phi(x)=\varliminf_{h\to+0}\frac{\Phi(x-h,\ x)}{h},\qquad \underline{D}_+\Phi(x)=\varliminf_{h\to+0}\frac{\Phi(x,\ x+h)}{h};$$

$$\bar{D}_-\Phi(x)=\varlimsup_{h\to+0}\frac{\Phi(x-h,\ x)}{h},\qquad \bar{D}_+\Phi(x)=\varlimsup_{h\to+0}\frac{\Phi(x,\ x+h)}{h}.$$

これらを Φ の x におけるそれぞれ**左下，右下，左上，右上微分商**という；時にはそれぞれ D_-, D_+, D^-, D^+ とも記される．特に $\underline{D}_-\Phi(x)=\bar{D}_-\Phi(x)$ または $\underline{D}_+\Phi(x)=\bar{D}_+\Phi(x)$ のとき，それぞれ $D_-\Phi(x)$ または $D_+\Phi(x)$ と記し，Φ の x におけるそれぞれ**左**または**右微分商**という；これらが有限なとき，Φ は x でそれぞれ**左側**または**右側可微分**［**微分可能**］であるという．さらに $D_-\Phi(x)=D_+\Phi(x)$ のとき，これを $D\Phi(x)$ と記し，Φ の x における**微分商**という：

$$D\Phi(x)=\lim_{h\to+0}\frac{\Phi(x-h,\ x)}{h}=\lim_{h\to+0}\frac{\Phi(x,\ x+h)}{h}.$$

これが有限なとき，Φ は x で**可微分**であるという．

Φ に所属の点関数 F についても同様である．簡単のため有限差商

$$r(x_1,\ x_2)\equiv\frac{F(x_2)-F(x_1)}{x_2-x_1}\qquad(x_1\neq x_2)$$

を導入すれば，$r(x_1,\ x_2)=r(x_2,\ x_1)$ であって，$h\to+0$ として

$$\underline{D}_-F(x)=\varliminf r(x-h,\ x),\qquad \underline{D}_+F(x)=\varliminf r(x,\ x+h),$$

$$\bar{D}_-F(x)=\varlimsup r(x-h,\ x),\qquad \bar{D}_+F(x)=\varlimsup r(x,\ x+h).$$

これらはそれぞれ Φ の対応する微分商に等しい．特に，$D_\pm F(x)$, $DF(x)$ が存在する限り，同様に定義される．例えば，

$$DF(x)=\lim_{h\to0}r(x,\ x+h).$$

$F'\equiv DF$ を F の**導関数**という．D を F から DF をつくる演算とみなすとき，$\dfrac{d}{dx}$ ともかき，その操作を**微分**という．

例えば，Φ が絶対連続，すなわち不定積分である場合には，Lebesgue の定理 35.1 によって，有限な微分商が a.e. に存在する：

$$\Phi(J)=\int_J f\,dx,\qquad D\Phi=f\quad\text{a.e.}$$

定理 39.1. 有限連続な加法的区間関数の四種の微分商は，いずれも Baire 関数であり，したがって Borel 可測である．

証明. (i) $\underline{D}_{-}\Phi$ について考える．各 x に対して

$$\underline{\varphi}_{\delta}(x)\equiv\inf_{0<h<\delta}\frac{\Phi(x-h,\ x)}{h}$$

は $\delta>0$ に関して単調であって，

$$\underline{D}_{-}\Phi(x)=\lim_{\delta\to+0}\underline{\varphi}_{\delta}(x).$$

$\Phi(x-h,\ x)/h$ は 0 に近い $h>0$ に関して連続であるから，$\{h_\nu\}$ を $(0,\ \delta)$ で稠密な可算列とすれば，$\underline{\varphi}_{\delta}(x)=\inf_\nu(\Phi(x-h_\nu,\ x)/h_\nu)$．したがって，

$$\lim_{\mu\to\infty}\min_{\nu\leqq\mu}\frac{\Phi(x-h_\nu,\ x)}{h_\nu}=\underline{\varphi}_{\delta}(x).$$

$\Phi(x-h_\nu,\ x)/h_\nu$ は x に関して連続であるから，$\underline{\varphi}_{\delta}$ は高々第1級の Baire 関数である．ゆえに，

$$\underline{D}_{-}\Phi=\lim_{\delta\to+0}\underline{\varphi}_{\delta}=\lim_{\kappa\to\infty}\underline{\varphi}_{1/\kappa}$$

は高々第2級の Baire 関数である．(ii) 残りの微分商についても，全く同様である．あるいは，Φ に所属の点関数を F とするとき，$\hat{F}$: $\hat{F}(x)=F(a+b-x)$ に所属の区間関数を $\hat{\Phi}$ で表せば，$\underline{D}_{+}\Phi(x)=\underline{D}_{-}\hat{\Phi}(a+b-x)$ となることに注意してもよい．さらに，

$$\bar{D}_{\pm}\Phi=-\underline{D}_{\pm}(-\Phi).$$

絶対連続な集合関数に対しては，Vitali の被覆定理 34.1 が重要な役割を果たしている．値の和が有界な区間関数に対して，それと類似な役割をなす被覆定理は，つぎの形にのべられる：

定理 39.2. $E\subset J_a^b=[a,\ b]$ の各点 x に，x を左端点としてそれに縮む半開区間の減少列 $\{i_\nu^x\}$ が所属させられているとする：

$$i_\nu^x=[x,\ x+h_\nu^x),\qquad h_\nu^x\geqq h_{\nu+1}^x\to 0\qquad(\nu\to\infty).$$

このとき，$G\subset E\subset O$ である開集合 O と閉集合 G の任意な組に対して，$\{i_\nu^x\}_{x\in E}$ から互いに素な可算列 $\{i_\nu\}$ をえらんで $G\subset\bigcup i_\nu\subset O$ となるようにできる．

証明. 各 $x\in G$ に対して，$\{i_\nu^x\}$ から O に含まれる最大な i^x をとって，$\mathfrak{J}=\{i^x\}_{x\in G}$ とおく．x_0 を G の左端の点とする：$x_0=\min G=\min_{x\in G}x$．$x_0\in G$ であって，$G-i^{x_0}=G-G\cap i^{x_0}$ は閉集合である．

$x_1=\min(G-i^{x_0})$ とおけば，$G-i^{x_0}-i^{x_1}$ は閉集合である．以下，同様に進む；帰納法！ このようにして，逐次に G の点を覆っていく $\mathfrak{J}$ からの互いに素な区間の列がえられる．この列で覆われる各 $x\in G$ には，一つの確定した $\mathfrak{J}$ からの区間の有限鎖が対応し，これによって x より小さい G のすべての点が覆われ，かつその最後の区間が x を覆っている．しかも，この性質をもつ区間鎖は一意に定まる．あらためて，つぎの両性質をもつ $x\in G$ は到達可能であるということにする：（1）$\xi<x$ である各 $\xi\in G$ には互いに素な区間の高々可算鎖 $\mathfrak{K}^{\xi}\subset\mathfrak{J}$ が所属し，ξ より小さい G の各点を覆いかつその最も右にある区間が存在して ξ 自身を覆う；（2）この条件をみたす唯一つの鎖が存在する．さて，到達可能な x は存在する；例えば i^{x_0} の各点．しかも，x が到達可能ならば，$\xi<x$ である各 $\xi\in G$ は到達可能であって，$\mathfrak{K}^{\xi}\subset\mathfrak{K}^{x}\subset O$．$G$ のすべての到達可能な点から成る集合の上限を $\bar{x}$ で表す．G は閉集合であるから，$\bar{x}\in G$．（i）まず，$\bar{x}$ が到達可能であることを示す．$\bar{x}$ に収束する狭義の増加列 $\{\xi_\nu\}\subset G$ をとる；$\xi_\nu(<\bar{x})$ は到達可能であって，$\{\mathfrak{K}^{\xi_\nu}\}$ は増加列である．もしある ν に対して $\bar{x}\in\mathfrak{K}^{\xi_\nu}$ ならば，$\mathfrak{K}^{\xi_\mu}=\mathfrak{K}^{\xi_\nu}$ $(\mu>\nu)$ となって，$\bar{x}$ は到達可能である：$\mathfrak{K}^{\bar{x}}=\mathfrak{K}^{\xi_\nu}$．もし $\bar{x}\notin\mathfrak{K}^{\xi_\nu}$ ならば，任意な $x<\bar{x}$, $x\in G$, に対して $x\in\bigcup_{\nu=1}^{\infty}\mathfrak{K}^{\xi_\nu}$．したがって，$(\bigcup\mathfrak{K}^{\xi_\nu})\cup i^{\bar{x}}=\mathfrak{K}^{\bar{x}}$とおけば，$\bar{x}$ に対しても到達可能性の条件がみたされる．（ii）つぎに，$\bar{x}$ が G の右端の点であることを示す．仮に $\bar{x}<\max G$ とすれば，$x>\bar{x}$, $x\notin i^{\bar{x}}$ である $x\in G$ が存在する．このような x のうちで最小なものを ξ とすれば，$\xi>\bar{x}$．$\mathfrak{K}^{\bar{x}}\cup i^{\xi}=\mathfrak{K}^{\xi}$ とおくと，ξ も到達可能性の条件をみたす．これは $\bar{x}$ が上限であることに反する．結局，$\mathfrak{K}^{\bar{x}}$ が定理にいう高々可算列 $\{i_\nu\}$ を与える．

前節で示したようにして，$\Phi\in\mathscr{F}(J_a^b)$ を $\mathfrak{F}_\Phi\cap J_a^b$ 上の有限連続な加法的集合関数 Φ にまで拡大する．$E\in\mathfrak{F}_\Phi\cap J_a^b$ を m 可測とすれば，定理1で示したように，Φ の四種の微分商はすべて Baire 関数であるから，E で可測である．以下，このような Φ について考える．

定理 39.3. Φ の四種の微分商のいずれか（いずれでもよい）が，可測な $E\in\mathfrak{F}_\Phi\cap J_a^b$ で α 以上かつ β 以下ならば，

$$\alpha mE \leqq \Phi(E) \leqq \beta mE.$$

証明. (i) 例えば $\alpha \leqq \bar{D}_+\Phi \leqq \beta$ とする．定理 38.7 によって，任意な $\varepsilon > O$ に対して，$G \subset E \subset O$ である適当な開集合 O と閉集合 G をえらべば，$'E \in \mathfrak{F}_\Phi \cap J_a^b$, $G \subset 'E \subset O$ である限り，$|\Phi('E) - \Phi(E)| < \varepsilon$; さらに $mO - mG < \varepsilon$ としてよい．他方で，各 $x \in E$ に対して定理 2 の型の列 $\{i_\nu^x\}$ を適当にえらべば，$\Phi(i_\nu^x)/|i_\nu^x| \to \bar{D}_+\Phi(x)$ $(\nu \to \infty)$. ゆえに，ある $\nu_0(x)$ に対して

$$\alpha - \varepsilon < \Phi(i_\nu^x)/|i_\nu^x| < \beta + \varepsilon \qquad (\nu \geqq \nu_0(x)).$$

定理 2 により，$\{i_\nu^x\}$ $(x \in E;\ \nu \geqq \nu_0(x))$ から互いに素な高々可算列 $\{i_\nu\}$ を $G \subset \bigcup i_\nu \subset O$ であるようにえらぶ．Φ の完全加法性によって

$$(\alpha - \varepsilon)\sum |i_\nu| < \Phi(\bigcup i_\nu) < (\beta + \varepsilon)\sum |i_\nu|.$$

したがって，証明の最初にのべたことに注意して，

$$(\alpha - \varepsilon)(mE - \varepsilon) - \varepsilon < \Phi(E) < (\beta + \varepsilon)(mE + \varepsilon) + \varepsilon:$$

$\varepsilon \to +0$ とすればよい．(ii) 残りの微分商の場合も同様である．あるいは，定理 1 の証明末の部分参照．

系. E でいたるところ Φ の四種の微分商のあるものが非負かつあるものが非正ならば，$\Phi = 0$.

定理 39.4. 可測な $E \in \mathfrak{F}_\Phi \cap J_a^b$ で Φ の四種の微分商はいずれも可積である．

証明. (i) 例えば，$\bar{D}_+\Phi$ について考える．簡単のため，しばらく $E^+ = E(\bar{D}_+\Phi \geqq 0)$, $E^- = E(\bar{D}_+\Phi < 0)$ とおく．定理 1 により $\bar{D}_+\Phi$ は Baire 関数であるから，$E^\pm$ は E と Borel 可測集合との共通部分として $\mathfrak{F}_\Phi \cap J_a^b$ に属する．正の y 軸の分割

$$0 = l_0 < l_1 < \cdots < l_\nu < \cdots, \qquad l_\nu \to \infty \ (\nu \to \infty),$$

にもとづいて，E^+ を分割する：

$$E^+ = (\bigcup E_\nu^+) \cup E_\infty^+ = \hat{E}_0^+ \cup (\bigcup \hat{E}_\nu^+) \cup \hat{E}_\infty^+;$$

$$E_\nu^+ = E^+(l_{\nu-1} \leqq \bar{D}_+\Phi < l_\nu), \qquad E_\infty^+ = E^+(\bar{D}_+\Phi = \infty),$$

$$\hat{E}_0^+ = E^+(\bar{D}_+\Phi = 0), \qquad \hat{E}_\nu^+ = E^+(l_{\nu-1} < \bar{D}_+\Phi \leqq l_\nu), \qquad \hat{E}_\infty^+ = E_\infty^+.$$

E_ν^+ etc. はすべて $\mathfrak{F}_\Phi \cap J_a^b$ に属する可測集合である．以前に（例えば定理 35.1 参照）絶対連続関数について行ったと同じ論法により，$mE_\infty^+ = 0$

が示される；しかし，Φ は絶対連続と仮定されていないから，これから $\Phi(E_\infty)=0$ は結論されない．さて，定理3にもとづいて，

$$\sum l_{\nu-1} mE_\nu^+ + \Phi(E_\infty^+) \leqq \Phi(E^+) \leqq \sum l_\nu m\hat{E}_\nu^+ + \Phi(E_\infty^+).$$

特に $\sum l_{\nu-1} mE_\nu^+ < \infty$．$E\cap J_a^b$ は有限測度であるから，E^+ で $\bar{D}_+\Phi$ の可積性がえられる；しかも

$$\Phi(E^+)=\Phi(E_\infty^+)+\int_{E^+}\bar{D}_+\Phi\,dx.$$

全く同様に，$E_{-\infty}^- = E^-(\bar{D}_+\Phi=-\infty)$ とおけば，

$$\Phi(E^-)=\Phi(E_{-\infty}^-)+\int_{E^-}\bar{D}_+\Phi\,dx.$$

(ii) 残りの微分商の場合も同様である．

系． Φ の四種の微分商の一つを φ で表せば，

$$\Phi(E)=\Phi(E_{+\infty}\cup E_{-\infty})+\int_E \varphi\,dx,\qquad E_{\pm\infty}=E(\varphi=\pm\infty);\qquad mE_{\pm\infty}=0.$$

定理 39.5 (Lebesgue の分解定理)． Φ は a.e. に微分可能であって，可測な各 $E\in\mathfrak{F}_\Phi\cap J_a^b$ に対して

$$\Phi(E)=\Phi(E\cap V)+\int_E D\Phi\,dx,\qquad V\equiv J_a^b(D\Phi=\pm\infty);\qquad mV=0.$$

証明． 定理4系によって

$$\Phi(E)=\Phi(E_\infty\cup E_{-\infty})+\int_E \bar{D}_+\Phi\,dx,\qquad E_{\pm\infty}=E(\bar{D}_+\Phi=\pm\infty);$$
$$mE_{\pm\infty}=0.$$

$E_{+\infty}$ はつぎの三つの互いに素な部分から成る：$E_{+\infty}=e_1\cup e_2\cup e_3$．(1) e_1: $D\Phi=+\infty$；(2) e_2: $\bar{D}_-\Phi$ と $\underline{D}_\pm\Phi$ の少なくとも一つが有限；(3) e_3: $\bar{D}_-\Phi$ と $\underline{D}_\pm\Phi$ の少なくとも一つが $-\infty$ であって他の二つが $+\infty$ または $-\infty$．まず，例えば，$e_{21}=e_2(\bar{D}_-\Phi\neq\pm\infty)\subset E_{+\infty}$ とおけば，再び定理4系を参照して，

$$\Phi(e_{21})=\int_{e_{21}}\bar{D}_-\Phi\,dx=0.$$

同様にして，結局，$\Phi(e_2)=0$ となる．つぎに，例えば，$e_{31}=e_3(\bar{D}_-\Phi=-\infty)$ とおけば，$e_{31}\subset E_{+\infty}$ で $\bar{D}_+\Phi=+\infty$ であることに注意して，定理3系により $\Phi(e_{31})=0$．同様にして，結局，$\Phi(e_3)=0$ となる．以上に

よって,

$$\Phi(E_{+\infty})=\Phi(e_1)+\Phi(e_2)+\Phi(e_3)=\Phi(e_1),\qquad e_1=E_{+\infty}(D\Phi=+\infty).$$

全く同様にして,

$$\Phi(E_{-\infty})=\Phi(e_{-1}),\qquad e_{-1}=E_{-\infty}(D\Phi=-\infty).$$

ゆえに,

$$\Phi(E)-\Phi(E\cap V)=\int_E \bar{D}_+\Phi dx,\qquad V=J_a^b(D\Phi=\pm\infty).$$

最後の式は, $\bar{D}_+$ の代りに他の種類の微分商を用いても, 成り立つ; その左辺はこれらの選択に無関係である. すなわち, 四種の微分商は不定積分を共有する. ゆえに, 定理 29.4 により, これらは a.e. に一致する.

定義. 定理5にあげた関係

$$\Phi(E)=\Phi(E\cap V)+\int_E D\Phi dx$$

において, 右辺の第一項, 第二項を Φ のそれぞれ**特異成分**, **絶対連続成分**という. $\Phi(E\cap V)\neq 0$ のとき, Φ を**特異関数**という; その例については次節参照.

系 1. 特異成分は a.e. に可微分であって微分商0をもつ.

系 2. $\Phi\geqq 0$ ならば, $\Phi(E)\geqq\int_E D\Phi dx$.

定理 39.6. 前定理における Φ の分解は一意である. くわしくは, 零集合 W と絶対連続な Ψ をもって, $\Phi(E)=\Phi_0(E\cap W)+\Psi(E)$ が各 E に対して成り立つならば,

$$\Phi_0(E\cap W)=\Phi(E\cap V),\qquad \Psi(E)=\int_E D\Phi dx.$$

証明. 零集合に対して絶対連続成分が消えるから,

$$\begin{aligned}\Phi_0(E\cap W)&=\Phi(E\cap W)=\Phi(E\cap W\cap V)\\&=\Phi_0(E\cap W\cap V\cap W)=\Phi_0(E\cap V\cap W)\\&=\Phi(E\cap V);\end{aligned}$$

$$\Psi(E)=\Phi(E)-\Phi_0(E\cap W)=\Phi(E)-\Phi(E\cap V)=\int_E D\Phi dx.$$

さて, 定理5の表示で E が特に区間 J の場合には,

$$\Phi(J)=\Phi_s(J)+\int_J D\Phi dx, \quad \Phi_s(J)\equiv\Phi(J\cap V), \quad mV=0.$$

$mV=0$ であるから，任意な $\varepsilon>0$ に対して，互いに素な(ないしは高々端点を共有する)区間の高々可算列 $\{i_\nu^{(\varepsilon)}\}$ を

$$J\cap V\subset\bigcup i_\nu^{(\varepsilon)}, \quad \sum|i_\nu^{(\varepsilon)}|<\varepsilon$$

であるようにとることができる．このとき，

$$\Phi(J)=\sum\Phi(i_\nu^{(\varepsilon)})+\Phi(J-\bigcup i_\nu^{(\varepsilon)})$$

において，$J-\bigcup i_\nu^{(\varepsilon)}$ は V と互いに素であるから，

$$\Phi(J-\bigcup i_\nu^{(\varepsilon)})=\int_{J-\cup i_\nu^{(\varepsilon)}}D\Phi dx,$$

$$\Phi(J)=\sum\Phi(i_\nu^{(\varepsilon)})+\int_J D\Phi dx-\sum\int_{J\cap i_\nu^{(\varepsilon)}}D\Phi dx.$$

右辺の最後の項は，積分の絶対連続性にもとづいて，$\varepsilon\to0$ のとき 0 に近づく．したがって，

$$\Phi_s(J)=\lim_{\varepsilon\to0}\sum\Phi(i_\nu^{(\varepsilon)}).$$

これは特異成分 Φ_s を Φ 自身で(間接には V と関連して)表したものである．

結局，連続な $\Phi\in\mathcal{F}(J_a^b)$ は，a.e. に微分商が 0 である特異成分と絶対連続成分とに一意に分解される．特に，Φ が絶対連続なとき，しかもそのときに限って，Φ は可積な $D\Phi$ の不定積分とみなされる；この事実は，すでに§35で一般にのべたところである．

所属の点関数 F にうつれば，$\Phi(J_a^x)=F(x)-F(a)$ であるから，

$$F(x)-F(a)=F_s(x)+\int_a^x DFdx;$$

ここに F_s: $F_s(x)=\Phi(J_a^x\cap V)$ は特異成分を表す；特に $\Phi_s(a)=0$.

他方で，定理 38.3 の表示 $\Phi=T^++T^-$ において，

$$\Phi_s^\pm(J)=\Phi_s(J_{\pm\infty}), \quad J_{\pm\infty}=J(D\Phi=\pm\infty),$$

とおけば，$\pm\Phi_s^\pm(J)\geqq0$ であって，

$$T^\pm(J)=\Phi_s^\pm(J)+\int_J(D\Phi)^\pm dx,$$

$$T(J)=T^+(J)-T^-(J)=\Phi_s^+(J)-\Phi_s^-(J)+\int_J|D\Phi|dx.$$

$DT^{\pm}=(D\Phi)^{\pm}$ a.e., したがって $DT=|D\Phi|$ a.e. であるから,

$$T(J)=T_s(J)+\int_J DT\,dx;\qquad T_s=\Phi_s^+-\Phi_s^-,\qquad DT=|D\Phi|\ \text{a.e.}$$

Φ が絶対連続ならば, $\Phi_s^{\pm}=0$. このとき, $T^{\pm}$ は, したがって T もまた, 絶対連続である.

つぎの定理は,増加点関数を項とする無限級数の項別微分という形(下記の系参照)では, Fubini の定理と呼ばれている.

定理 39.7 (Fubini). J_a^b で非負の連続な加法的区間関数列 $\{\Phi_\nu\}$ に対して $\sum\Phi_\nu(J_a^b)<\infty$ であって, かつ $\Phi=\sum_{\nu=1}^\infty\Phi_\nu$ が連続ならば,

$$D\Phi=\sum_{\nu=1}^\infty D\Phi_\nu\quad \text{a.e.}$$

証明. $\sum\Phi_\nu$ の第 $\nu-1$ 部分和を Ψ_ν として $\Phi=\Psi_\nu+R_\nu$ とおけば $R_\nu\geqq 0$ であって, $R_\nu(J_a^b)\to 0$ $(\nu\to\infty)$. 他方で, $R_\nu-R_{\nu+1}=\Phi_\nu\geqq 0$ であるから, J_a^b で $DR_\nu\geqq DR_{\nu+1}\geqq 0$ a.e. したがって, Fatou の定理 27.5 と定理 5 系 2 によって,

$$0\leqq\int_a^b(\lim DR_\nu)\,dx\leqq\lim\int_a^b DR_\nu\,dx\leqq\lim R_\nu(J_a^b)=0.$$

ゆえに, 定理 26.8 によって, $\lim DR_\nu=0$ a.e. ところで, J_a^b で a.e. に Φ, Ψ_ν, R_ν は可微分であって $D\Phi=D\Psi_\nu+DR_\nu$ であるから,

$$D\Phi=\lim(D\Psi_\nu+DR_\nu)=\lim D\Psi_\nu=\sum_{\nu=1}^\infty D\Phi_\nu\quad \text{a.e.}$$

系 (Fubini). J_a^b で増加関数を項とする級数 $f=\sum f_\nu$ が b で(したがって, いたるところ)収束する(有限な値に!)ならば,

$$f'=\sum f_\nu'\quad \text{a.e.}$$

証明. 定理 37.3 で示したように, 増加関数 f_ν, f の不連続点は高々可算集合をなす. この集合の点で分けられた小区間のおのおのに, 定理を点関数に翻訳して適用すればよい.

問　題　39

1. $[0,\infty)$ で定義された点関数 F に対して $\Phi(J)=F(|J|)$ で定義される区間関数に対して, Dini の四種の微分商を求めよ.

2. $F_1(x)=|x|$, $F_2(x)=x\sin x^{-1}$ で定義された F_1, F_2 に対して,

Dini の四種の微分商を求めよ.

3. 単調点関数は a.e. に微分可能である.

4. 単調点関数 F はつぎの形に表される: $F=F_{\mathrm{a}}+F_{\mathrm{c}}+F_{\mathrm{s}}$. ここに F_{a} は絶対連続, F_{c} は連続であって $F_{\mathrm{c}}'=0$ a.e., F のすべての不連続点を $\{\xi_\nu\}$ とするとき, $F_{\mathrm{s}}(x)=\sum_{\xi_\nu<x}(F(\xi_\nu+0)-F(\xi_\nu-0))$.

5. 有界変動の点関数 F に対しては, $F(x)-F(a)=\int_a^x F'dx+\hat{F}_{\mathrm{s}}(x)$. — $F(x)=x-[x]$, $a=0$ のとき, $\hat{F}_{\mathrm{s}}$ を定めよ; [ ] は Gauss の記号.

§ 40. 導関数の性質

定理 35.1 系で示したように, $[a, b]$ で可積な f の不定積分

$$F:\qquad F(x)=F(a)+\int_a^x f\,dx \qquad (a\leqq x\leqq b)$$

は a.e. に可微分であって,

$$F'\equiv DF=f \quad \text{a.e.}$$

逆に, $[a, b]$ で絶対連続な F は, a.e. に可微分であって,

$$(*)\qquad \int_a^x F'\,dx=F(x)-F(a) \qquad (a\leqq x\leqq b).$$

この意味で, 可積な被積分関数 f と絶対連続な積分関数 F とに関する限り, 積分と微分はほぼ逆演算であるということができる.

さて, (*) が成立するためには, F の絶対連続性が必要十分である. そして, この関係はこのような F がその a.e. に存在するところの F' によって一意に定まることを示している.

それでは, F が絶対連続でないときはどうなるであろうか. 前節で区間関数に関する形(定理 39.5 参照)でのべたように, 結果は否定的である. これを具体的に裏づけるための例をあげる.

例 1. 連続増加特異関数.

区間 [0, 1] から出発して, いわゆる **Cantor の三進集合** e をつくる. すなわち, 第 1 段階で [0, 1] から中央にある三分の一の開区間 (1/3, 2/3) を除く. 第 p 段階では第 $p-1$ 段階まで終ったとき残っている 2^{p-1} 個の閉区間のおのおのからその中央にある三分の一の開区間を除

く．第 p 段階で除かれる区間は(空な和は0として)

$$\left(\sum_{\nu=1}^{p-1}\frac{2a_\nu}{3^\nu}+\frac{1}{3^p},\ \sum_{\nu=1}^{p-1}\frac{2a_\nu}{3^\nu}+\frac{2}{3^p}\right)\ (a_\nu=0,\ 1;\ \nu=1,\ \cdots,\ p-1).$$

第 p 段階で残された点集合の極限 ($p\to\infty$) として，集合 e が定められる：

$$e=\left\{\sum_{\nu=1}^{\infty}\frac{2a_\nu}{3^\nu}\middle|a_\nu=0,\ 1;\ \nu=1,\ 2,\ \cdots\right\}.$$

これは完全集合であって，

$$me=1-\sum_{\nu=1}^{\infty}\frac{2^{\nu-1}}{3^\nu}=0.$$

さて，[0, 1] で関数 S をつぎのように定義する．まず，$x\in e$ に対しては

$$S(x)=\sum_{\nu=1}^{\infty}\frac{a_\nu}{2^\nu}\qquad\left(x=\sum_{\nu=1}^{\infty}\frac{2a_\nu}{3^\nu};\ a_\nu=0,\ 1;\ \nu=1,\ 2,\ \cdots\right).$$

各 $x\notin e$ はある第 p 段階に除かれる一つの区間に含まれる：

$$x\in(\alpha_x,\ \beta_x)\equiv\left(\sum_{\nu=1}^{p-1}\frac{2a_\nu}{3^\nu}+\frac{1}{3^p},\ \sum_{\nu=1}^{p-1}\frac{2a_\nu}{3^\nu}+\frac{2}{3^p}\right).$$

このとき，$\alpha_x,\ \beta_x\in e$ であって

$$S(\alpha_x)=\sum_{\nu=1}^{p-1}\frac{a_\nu}{2^\nu}+\sum_{\nu=p+1}^{\infty}\frac{1}{2^\nu}=\sum_{\nu=1}^{p-1}\frac{a_\nu}{2^\nu}+\frac{1}{2^p}=S(\beta_x).$$

これにもとづいて，$x\notin e$ に対しては

$$S(x)=S(\alpha_x)\qquad(\alpha_x<x<\beta_x;\ x\notin e)$$

とおく．このように定義された S は，[0, 1] で増加であって，

$$S(0)=0,\qquad S(1)=1.$$

さらに，$\sum_{\nu=1}^{\infty}a_\nu/2^\nu$ ($a_\nu=0,\ 1;\ \nu=1,\ 2,\ \cdots$) によって [0, 1] のすべての値が尽くされる(二進展開！)から，[0, 1] の S による値域は [0, 1] である．S は増加であるから，その連続性がわかる．他方で，e 以外では，したがって a.e. に，$DS=0$. ゆえに，

$$\int_0^1 DS\,dx=0<1=[S(x)]_0^1;$$

すなわち，S は絶対連続ではない．しかも，$DS=0$ a.e. であるから，S は特異成分だけから成っている．

つぎに，F が可微分なとき，$F' \equiv DF$ が例えば有界連続ならば，F' はもちろん可積であって，(*) はたしかに成り立つ．しかし，F' が単に存在するというだけでは，その可積性は保証されない．つぎの例はこのことに関している．

例 2. 導関数が可積でない関数.

[0, 1] で定義された関数

$$F:\quad F(0)=0,\quad F(x)=x^2\sin(\pi x^{-2})\qquad (0<x\leqq 1)$$

はいたるところ可微分であって，

$$F'(0)=0,\quad F'(x)=2x\sin(\pi x^{-2})-2\pi x^{-1}\cos(\pi x^{-2})\qquad (0<x\leqq 1);$$

ただし，両端点では内側からの微分商をとる．ところで，任意な $\delta>0$ に対して F' は $[\delta, 1]$ で有界連続であるから，

$$\int_{1/\sqrt{2\nu+3/2}}^{1/\sqrt{2\nu+1/2}} F'(x)\,dx=[F(x)]_{1/\sqrt{2\nu+3/2}}^{1/\sqrt{2\nu+1/2}}$$

$$=\frac{1}{2\nu+1/2}+\frac{1}{2\nu+3/2}>\frac{1}{\nu+1}\qquad (\nu=1, 2, \cdots).$$

$\sum 1/(\nu+1)$ は発散するから，F' は

$$E_1=\bigcup_{\nu=1}^{\infty}\left[\frac{1}{\sqrt{2\nu+3/2}},\ \frac{1}{\sqrt{2\nu+1/2}}\right]$$

で可積でない．したがって，$[0, 1]\supset E_1$ ではもちろん可積でない．

さきにのべたように，(*) が成立するためには，F の絶対連続性が必要十分である．例1からわかるように，F' が a.e. に存在するだけでは，F が連続増加と仮定されてすら，まだ不十分である．──F' の存在から (*) の成立を保証することを目指して，いわゆる **Denjoy 積分**が導入されている．また，例2からわかるように，F' がいたるところ存在する(このとき F は必然的に連続である)というだけでも，不十分である．このようなわけで，(*) が成立するための十分条件を，F' に関する条件の形で求める問題がおこる．それは F' によって F が(積分定数を除いて)一意に確定するための十分条件とみなされる．ここでは，すこし一般に，F' が一つの区間でいたるところないしは a.e. に与えられたとき，それによって F がどの程度に定まるかを問題としよう．

まず，つぎの定理は簡単である：

定理 40.1. J_a^b で有界変動の連続関数 F に対して, $V\equiv J_a^b(F'=\pm\infty)$ が高々可算集合ならば,

$$\int_a^x F'dx=F(x)-F(a) \qquad (a\leqq x\leqq b).$$

証明. 定理 39.5 を点関数 F に関する形でかけば, F に所属の区間関数 Φ をもって,

$$F(b)-F(a)=\Phi(V)+\int_a^b F'dx.$$

仮定により $V=\{\xi_\nu\}$ とおけば, Φ の加法性によって $\Phi(V)=\sum\Phi(\xi_\nu)$. Φ の連続性により右辺の各項は0であるから, $\Phi(V)=0$. これで $x=b$ の場合が示されている. $x=a$ のときは自明である. $a<x<b$ のときは, 上の証明で b とあるところを x でおきかえればよい; V はそれに応じて部分集合 $J_a^x(F'=\pm\infty)$ でおきかえられるだけである.

定理1の V の高々可算性は必ずしも必要ではない. それに関するつぎの定理は, 下記の定理5を証明するための一つの準備でもある:

定理 40.2. J_a^b で任意な (非可算でもよい) 零集合 e が与えられたとき, つぎの条件をみたす絶対連続な増加関数 G が存在する:

$$G'(x)=+\infty \ \ (x\in e), \qquad G(b)-G(a)<1.$$

証明. $e\subset O_\nu$, $mO_\nu<1/2^\nu$ をみたす減少開集合列 $\{O_\nu\}$ をとり, O_ν の特性関数を φ_ν として $\psi_\mu=\sum_{\nu=1}^\mu\varphi_\nu$ とおけば, $\{\psi_\mu\}$ は非負の増加列であって,

$$\int_a^x\psi_\mu dx\leqq\sum_{\nu=1}^\mu\int_a^b\varphi_\nu dx=\sum_{\nu=1}^\mu mO_\nu<1 \qquad (a\leqq x\leqq b).$$

ゆえに, $\psi=\lim\psi_\mu$ は a.e. に有限である. そこで,

$$G(x)=\int_a^x\psi dx=\lim\int_a^x\psi_\mu dx$$

とおけば, G が定理にあげた性質をもつ. じっさい, G は非負の関数の不定積分として, 絶対連続な増加関数である. また,

$$G(b)-G(a)=\int_a^b\psi dx\leqq\sum_{\nu=1}^\infty mO_\nu<1.$$

さらに, $x\in O_\mu\subset O_\nu$ $(\nu=1, \cdots, \mu)$ のとき,

$$\frac{d}{dx}\int_a^x \psi_\mu dx = \sum_{\nu=1}^{\mu} \frac{d}{dx}\int_a^x \varphi_\nu dx = \mu.$$

したがって，任意な $\delta>0$ に対して適当な $h_0(\delta)>0$ をえらべば，$x \in O_\mu$ のとき，$0<|h|<h_0(\delta)$ である限り，

$$\frac{G(x+h)-G(x)}{h} = \frac{1}{h}\int_x^{x+h}\psi dx \geqq \frac{1}{h}\int_x^{x+h}\psi_\mu dx$$
$$= \frac{1}{h}\left(\int_a^{x+h} - \int_a^x\right)\psi_\mu dx > \mu-\delta.$$

ゆえに，$h\to 0$ として，$\delta>0$ の任意性に注意すると，$\underline{D}_\pm G \geqq \mu$. ここで μ は任意に大きくえらべるから，$x\in e\subset \bigcap O_\mu$ に対して $G'(x)=+\infty$.

定理 40.3. (i) J_a^b で連続な F に対して，いたるところ $\bar{D}_+F\geqq 0$ ならば，F は増加である．

証明. まず，いたるところ $\bar{D}_+F>0$ とする．$\bar{D}_+F(a)>0$ により a に近い $\xi(>a)$ に対して $F(a)<F(\xi)$. $F(a)<F(x)$ である $x\in J_a^b$ の上限を $\bar{\xi}$ とする．仮に $\bar{\xi}<b$ であったとすれば，F の連続性により $F(\bar{\xi})=F(a)$. $\bar{D}_+F(\bar{\xi})>0$ であるから，$\bar{\xi}$ に近い $\xi_1(>\bar{\xi})$ に対して $F(a)=F(\bar{\xi})<F(\xi_1)$. これは $\bar{\xi}$ が上限であることに反する．ゆえに，$\bar{\xi}=b$. したがって，$F(a)\leqq F(b)$. (ii) 単に $\bar{D}_+F\geqq 0$ と仮定されている場合には，任意な一つの ε をもって $F_\varepsilon(x)=F(x)+\varepsilon(x-a)$ とおけば，$\bar{D}_+F_\varepsilon=\bar{D}_+F+\varepsilon>0$. ゆえに，$F_\varepsilon(a)\leqq F_\varepsilon(b)$ すなわち $F(a)\leqq F(b)+\varepsilon(b-a)$. $\varepsilon\to 0$ として $F(a)\leqq F(b)$. (iii) $a\leqq x_1<x_2\leqq b$ である対 x_1, x_2 に対しては，上の結果を J_a^b の代りに $J_{x_1}^{x_2}$ に適用して，$F(x_1)\leqq F(x_2)$.

注意. J_a^b で $\bar{D}_+F\geqq 0$ のとき，$F(a)=F(b)$ となるのは，$F(x)\equiv F(a)$ の場合に限る．

定理3はつぎの形にひろめられる：

定理 40.4. J_a^b で連続な F に対して，a.e. に $\bar{D}_+F\geqq 0$ かついたるところ $\underline{D}_+F>-\infty$ ならば，F は増加である．——したがって，F の四種の微分商はいたるところ非負である．

証明. $e=J_a^b(\bar{D}_+F<0)$ とおけば，$me=0$. 定理2にしたがって一つの G をつくる．任意な一つの $\varepsilon>0$ をもって $F_\varepsilon=F+\varepsilon G$ とおけば，$x\in e$ のとき $\bar{D}_+F_\varepsilon\geqq \underline{D}_+F+\varepsilon\bar{D}_+G=+\infty$. また，$x\in J_a^b-e$ のとき，

$\bar{D}_+F_\varepsilon \geqq \bar{D}_+F \geqq 0$ であるから，J_a^b で $\bar{D}_+F_\varepsilon \geqq 0$．$F_\varepsilon$ は連続であるから，定理3によって，$a \leqq x_1 < x_2 \leqq b$ である限り，$F_\varepsilon(x_1) \leqq F_\varepsilon(x_2)$．ここで $\varepsilon \to 0$ として $F(x_1) \leqq F(x_2)$．

さて，上の定理から導関数の積分に関する結果をみちびこう．

定理 40.5. J_a^b で有限な F' がいたるところ存在して(F は必然的に連続である)，可積ならば，

$$\int_a^x F'\,dx = F(x) - F(a) \qquad (x \in J_a^b).$$

証明. (i) n を自然数として，$f_n \equiv \max(F', -n)$ は可積であって，

$$f_n \geqq F', \qquad \lim_{n\to\infty}\int_a^x f_n\,dx = \int_a^x F'\,dx.$$

まず，a.e. に

$$\bar{D}_+\left(\int_a^x f_n\,dx - F\right) = \bar{D}_+\int_a^x f_n\,dx - F' = f_n - F' \geqq 0;$$

また，いたるところ

$$\underline{D}_+\left(\int_a^x f_n\,dx - F\right) = \underline{\lim}_{h\to+0}\frac{1}{h}\int_x^{x+h} f_n\,dx - F' \geqq -n - F' > -\infty.$$

したがって，定理4によって

$$-F(a) = \left[\int_a^x f_n\,dx - F\right]^{x=a} \leqq \int_a^x f_n\,dx - F(x) \qquad (x \in J_a^b).$$

ここで $n \to \infty$ とすれば，

$$-F(a) \leqq \int_a^x F'\,dx - F(x) \text{ すなわち } \int_a^x F'\,dx \geqq F(x) - F(a).$$

(ii) すぐ上の結果を F の代りに $-F$ に適用すると，

$$\int_a^x (-F')\,dx \geqq -F(x) + F(a) \text{ すなわち } \int_a^x F'\,dx \leqq F(x) - F(a).$$

ここでついでに，定理4と関連する定理をあげる．前者は $\bar{D}_+F$ のほかに $\underline{D}_+F$ をも引き合いに出しているが，これは $\bar{D}_+F$ の性質だけを利用するものである:

定理 40.6. J_a^b で連続な F に対して，$e \equiv J_a^b(\bar{D}_+F < 0)$ が連続体の濃度をもつことがなければ(したがって，e が高々可算ならば)，F は増加である．いいかえれば，F が増加でなければ，e は連続体の濃度をもつ(したがって，e は高々可算ではない)．

証明. (i) $F(a)>F(b)$ であったとすれば,

$$H(x)=F(x)+\frac{F(a)-F(b)}{2}\frac{x-a}{b-a} \qquad (x\in J_a^b)$$

で定められる H は連続であって, $H(a)-H(b)=(F(a)-F(b))/2>0$. したがって, $H(a)>\eta>H(b)$ である各 η に対して $H(\xi_\eta)=\eta$ をみたす $\xi_\eta\in J_a^b$ が存在する. このような ξ_η の上限を $\bar{\xi}_\eta$ とすれば, 連続性により $H(\bar{\xi}_\eta)=\eta$. ここで各 $x>\bar{\xi}_\eta$ に対して $H(x)<\eta$ でなければならない. なぜなら, $H(x)\neq\eta$ は当然である; また仮に $H(x)>\eta$ とすれば, $H(b)<\eta$ とくらべて $H(\hat{\xi})=\eta$, $\bar{\xi}_\eta<x<\hat{\xi}<b$ となる $\hat{\xi}$ が存在し, $\bar{\xi}_\eta$ が上限であることに反する. さて各 $x>\bar{\xi}_\eta$ に対して $H(x)<\eta=H(\bar{\xi}_\eta)$ であるから,

$$0\geqq\bar{D}_+H(\bar{\xi}_\eta)=\bar{D}_+F(\bar{\xi}_\eta)+\frac{F(a)-F(b)}{2(b-a)}>\bar{D}_+F(\bar{\xi}_\eta)$$

すなわち $\bar{\xi}_\eta\in e$. ところで, $H(\bar{\xi}_\eta)=\eta$ であるから, 異なる η には異なる $\bar{\xi}_\eta$ が対応し, $\eta\in(H(b), H(a))$ は連続体の濃度をもつから, e も連続体の濃度をもつ. (ii) $a\leqq x_1<x_2\leqq b$, $F(x_1)>F(x_2)$ の場合には, 上の所論を $J_{x_1}^{x_2}$ に適用すればよい. ——なお, 定理 41.1 参照.

注意. 本節ではもっぱら点関数を扱ったが, 区間関数についての対応する結果は容易にかきおろせよう. 特に, 増加点関数には非負の区間関数が対応する.

問 題 40

1. F が $[a, b]$ で増加ならば, $\int_a^b F'dx\leqq F(b)-F(a)$.

2. $F(0)=0$, $F(x)=x^2\sin(\pi x^{-2})$ $(0<x\leqq 1)$ によって定義された F は $[0, 1]$ で絶対連続でない.

§41. 原始関数と不定積分

可積な f からその不定積分

$$\Phi(J)=\int_J f\,dx$$

がつくられ, $D\Phi=f$ a. e. 他方で, 前節例 2 で(点関数の形で)示したように, 有限連続な加法的区間関数 Φ に対して, たとえいたるところ $D\Phi$

が存在したとしても，これが可積とは限らない；Φ が絶対連続とは限らず，不定積分とみなせないわけである．しかしながら，与えられた f に対して $D\Phi=f$ となる Φ は，ある制限のもとで一意に定まることが示される(定理2参照)．このような事情にもとづいて，つぎの定義を設ける：

定義．可測な f に対して，有限連続な加法的区間関数 Φ が $\bar{D}_+\Phi=f$ a.e. をみたし，さらに $A=\{x\,|\,\bar{D}_+\Phi(x)=\pm\infty\}$ が高々可算ならば，Φ を f の **原始関数**という．Φ に所属の点関数をも f の **原始関数**という．

この定義の根拠は，原始区間関数[原始点関数]が存在する限り，一意に[付加定数を除いて一意に]確定することにある． 定理1は定理 40.6 の一般化であると同時に，この単独性を示す定理2(その系参照)をみちびくための準備である．

定理 41.1. 有限連続な加法的区間関数 Φ が $\bar{D}_+\Phi\geqq 0$ a.e. をみたして，さらに $A=\{x\,|\,\bar{D}_+\Phi(x)=-\infty\}$ が高々可算ならば，$\Phi\geqq 0$. ――したがって，実はいたるところ $\bar{D}_+\Phi\geqq 0$ である；すなわち $A=\varnothing$.

証明．仮にある J_0 に対して $\Phi(J_0)<0$ と仮定する．定理 40.2 における点関数 G に対応する非負の絶対連続な加法的区間関数 Ψ を

$$D\Psi(x)=+\infty \qquad (x\in e\equiv\{x\,|\,\bar{D}_+\Phi(x)<0\}), \qquad 0\leqq\Psi(J_0)<1$$

であるようにつくる．このとき，有限連続な加法的区間関数

$$\Lambda=\Phi-\Phi(J_0)\Psi$$

に対して $\Lambda(J_0)<0$. ゆえに，定理 40.6 により，$\{x\,|\,\bar{D}_+\Lambda(x)<0\}$ は非可算無限集合である．他方で，e 以外では $\bar{D}_+\Lambda\geqq 0$ であり，$e-A$ でも $\bar{D}_+\Lambda=+\infty$ であるから，非可算集合 $\{x\,|\,\bar{D}_+\Lambda(x)<0\}$ が高々可算集合 A の部分集合であるという不合理が生じる．ゆえに，つねに $\Phi\geqq 0$.

定理 41.2. 有限連続な加法的区間関数 Φ_1, Φ_2 に対して $\bar{D}_+\Phi_1=\bar{D}_+\Phi_2$ a.e. であり，さらに $\{x\,|\,\bar{D}_+\Phi_1(x)=\pm\infty\}\cup\{x\,|\,\bar{D}_+\Phi_2(x)=\pm\infty\}$ が高高可算ならば，$\Phi_1=\Phi_2$.

証明．$\bar{D}_+(\Phi_1-\Phi_2)\geqq\bar{D}_+\Phi_1-\bar{D}_+\Phi_2$ であるから，$\Phi=\Phi_1-\Phi_2$ に対して定理1の仮定がみたされる．ゆえに，$0\leqq\Phi=\Phi_1-\Phi_2$ すなわち $\Phi_1\geqq\Phi_2$.

役割を交換すれば，$\Phi_2 \geqq \Phi_1$．ゆえに，$\Phi_1 = \Phi_2$．

系． 可測関数 f の原始区間関数[原始点関数]が存在する限り，それは一意に[付加定数を除いて一意に]確定する．

注意 1． 定理 2 で $\{x \mid \bar{D}_+\Phi_1 \neq \bar{D}_+\Phi_2\}$ も特に高々可算と仮定された場合は **Scheeffer の定理**として知られている．

注意 2． 定理 40.3，6 ならびに定理 1，2 で，$\bar{D}_+$ の代りに他の型の微分商演算をおきかえても，これらはやはり成り立つ；定理 39.1 の証明の最後の部分参照．

さて，不定積分は絶対連続であるが，原始関数はそうとは限らない．他方で，原始関数の微分商が有限でない点の全体は高々可算集合をなすが，不定積分の微分商は単に零集合と仮定された任意な集合でいたるところ無限大となりうる．したがって，両者の範囲は，互いにくいちがっている．

i．原始関数も不定積分も存在する場合．$f \equiv 0$ に対して，$\Phi \equiv 0$ は原始関数であると同時に不定積分である．

ii．原始関数は存在するが，不定積分が存在しない場合．前節例 2 にあげた関数について，

$$f(0) = 0, \qquad f(x) = 2x \sin(\pi x^{-2}) - 2\pi x^{-1} \cos(\pi x^{-2}) \qquad (x \neq 0)$$

に対して

$$\Phi(J_\alpha^\beta) = [x^2 \sin(\pi x^{-2})]_\alpha^\beta \qquad (\text{ただし } [x^2 \sin(\pi x^{-2})]^0 = 0)$$

は原始関数である．しかし，f は 0 を含む区間で可積でないから，不定積分は存在しない．

iii．原始関数は存在しないが，不定積分が存在する場合．定理 40.2 にあげた絶対連続増加点関数 G をもって，

$$\Psi(J_\alpha^\beta) = [G(x)]_\alpha^\beta \quad (J_\alpha^\beta \subset J_a^b), \qquad \Phi(J) = \Psi(J \cap J_a^b)$$

とおけば，e で $D\Phi = G' = +\infty$ となるから，e として高々可算でない零集合をとっておけば，Φ は原始関数でない．しかし，Φ は絶対連続であるから，不定積分である：

$$\Phi(J) = \int_J D\Phi \, dx = \int_J G' \, dx.$$

iv. 原始関数も不定積分も存在しない場合. $f(0)=0$, $f(x)=1/x^2$ $(x\neq 0)$ で定義された f は可測である. $\delta>0$ のとき, f は $\delta\leqq x$ に対して有界連続であるから, 原始関数 Φ が存在する限り,

$$\Phi(J_\delta^1)=\int_\delta^1 f\,dx=\frac{1}{\delta}-1.$$

$\Phi(J_\delta^1)\to\infty$ $(\delta\to+0)$ となるから, Φ に要請されている有限性と連続性は両立できない. また, f は $[0, 1]$ で可積でないから, 不定積分も存在しない.

原始関数と不定積分が一致するための条件については, つぎの定理がある:

定理 41.3. 可測な f の原始関数が存在するならば, それは(点関数の場合には付加定数を除いて)不定積分と一致する.

証明. 各自然数 n に対して

$$\bar{f}_n=\max(f,\ -n)=f^+ +\max(f^-,\ -n)$$

とおけば, $\bar{f}_n\geqq -n$ であって $\{\bar{f}_n\}_{n=1}^\infty$ は f に収束する可測減少列である. したがって,

$$\bar{\Phi}_n(J)\equiv\int_J\bar{f}_n\,dx\to\int_J f\,dx \qquad (n\to\infty).$$

他方で, f の原始関数を Φ で表せば, a.e. に

$$\bar{D}_+(\bar{\Phi}_n-\Phi)\geqq\bar{D}_+\bar{\Phi}_n-\bar{D}_+\Phi=\bar{f}_n-f\geqq 0.$$

また, 高々可算集合 $\{x\,|\,\bar{D}_+\Phi(x)=+\infty\}$ を除けば,

$$\bar{D}_+(\bar{\Phi}_n-\Phi)\geqq\bar{D}_+\bar{\Phi}_n-\bar{D}_+\Phi\geqq -n-\bar{D}_+\Phi>-\infty.$$

ゆえに, 定理1によって, つねに $\bar{\Phi}_n-\Phi\geqq 0$; $n\to\infty$ として

$$\Phi(J)\leqq\int_J f\,dx.$$

上の結果を f, Φ の代りに $-f$, $-\Phi$ に適用すると,

$$-\Phi(J)\leqq\int_J(-f)\,dx \quad \text{すなわち} \quad \Phi(J)\geqq\int_J f\,dx.$$

ゆえに, Φ は f の不定積分と一致する.

注意. f が単に可積(かつ定符号)と仮定されるだけでは, 原始関数が存在するとは限らない; 上記 iii 参照.

問　題　41

1. 定理2系に引続く注意2でのべた事実を確認せよ.

2. 閉区間で連続な関数に対しては，原始関数と不定積分がともに存在して一致する；ただし，点関数では付加定数を無視する.

§42.　部分積分と変数の置換

部分積分の公式はつぎのようにのべられる：

定理 42.1. $[a, b]$ で f, g がともに可積ならば，

$$\int_a^b Fg\,dx = [FG]_a^b - \int_a^b fG\,dx;$$

$$F(x) \equiv \int_a^x f\,dx, \qquad G(x) \equiv \int_a^x g\,dx.$$

証明. F, G はともに絶対連続であるから，FG も絶対連続であって，$D(FG) = Fg + fG$ a.e. したがって，

$$[FG]_a^b = \int_a^b D(FG)\,dx = \int_a^b Fg\,dx + \int_a^b fG\,dx.$$

積分変数の置換については，つぎの補助定理からはじめる：

補助定理. 増加関数 x が絶対連続ならば，その値域に含まれる任意な零集合 $X \subset \boldsymbol{R}_x^1$ に対して，$T = \{t \mid x(t) \in X\} \subset \boldsymbol{R}_t^1$ で $x'(t) = 0$ a.e.

証明. x の絶対連続性から，任意な開区間 $I_\sigma^\tau \subset \boldsymbol{R}_t^1$ に対して

$$x(\tau) - x(\sigma) = \int_\sigma^\tau x'(t)\,dt.$$

任意な開集合 $O_x \subset \boldsymbol{R}_x^1$ に対応する $O_t = \{t \mid x(t) \in O_x\} \subset \boldsymbol{R}_t^1$ は開集合である．定理6.10により，開集合は互いに素な開区間の高々可算和として表せるから，

$$mO_x = \int_{O_t} x'(t)\,dt.$$

零集合 X を極限集合とする開集合の減少列をとる：

$$\{O_x^\nu\}_{\nu=1}^\infty; \quad O_x^\nu \supset X \ (\nu = 1, 2, \cdots), \quad mO_x^\nu \to 0 \quad (\nu \to \infty).$$

$O_t^\nu = \{t \mid x(t) \in O_x^\nu\}$ として，$\{O_t^\nu\}$ は開集合の減少列であり，$\lim O_t^\nu \supset T$. ゆえに，$x'(t) \geqq 0$ a.e. に注意すれば，

$$0\leqq\int_T x'(t)\,dt\leqq\int_{\lim O_t^\nu}x'(t)\,dt=\lim\int_{O_t^\nu}x'(t)\,dt=\lim mO_x^\nu=0.$$

ゆえに，定理 26.8 により，T で $x'(t)=0$ a.e.

定理 42.2. $[\alpha,\beta]$ で x が絶対連続な増加関数ならば，$[a,b]\equiv[x(\alpha),x(\beta)]$ で可積な f に対して

$$\int_a^b f(x)\,dx=\int_\alpha^\beta f(x(t))\,x'(t)\,dt.$$

証明. x' は a.e. に存在する．$S=\{t\,|\,x'(t)\neq 0\}$ とおけば，各 $t\in S$ に対して，$|h|$ が十分 0 に近い限り，$x(t+h)\neq x(t)$．また，

$$F(x)=\int_a^x f\,dx$$

とおけば，ある零集合 $X\subset J_a^b$ を除いて $F'=f$．ゆえに，$T=\{t\,|\,x(t)\in X\}$ とおけば，補助定理により $m(S\cap T)=0$ であって，$t\in S-S\cap T$ のとき，

$$\frac{d}{dt}F(x(t))=\lim_{h\to 0}\frac{F(x(t+h))-F(x(t))}{x(t+h)-x(t)}\,\frac{x(t+h)-x(t)}{h}$$
$$=f(x(t))\,x'(t).$$

(i) f は有界とする：$|f|\leqq K<\infty$．そのとき，

$$|F(x(t+h))-F(x(t))|\leqq K|x(t+h)-x(t)|$$

であるから，$x'(t)=0$ ならば $(d/dt)F(x(t))=0$．ゆえに，$[\alpha,\beta]$ から x' が存在しない点から成る零集合と零集合 $S\cap T$ とを除けば，したがって $[\alpha,\beta]$ で a.e. に

$$\frac{d}{dt}F(x(t))=f(x(t))\,x'(t).$$

$[\alpha,\beta]$ で $F(x)$ は絶対連続であるから，

$$\int_a^b f(x)\,dx=[F(x)]_a^b=[F(x(t))]_\alpha^\beta=\int_\alpha^\beta f(x(t))\,x'(t)\,dt.$$

(ii) f が非有界なとき，まず $f\geqq 0$ と仮定する．自然数 n に対して $f_n=\min(f,n)$ とおけば，上に証明したことから

$$F_n(x)=\int_a^x f_n\,dx=\int_\alpha^t f_n(x(t))\,x'(t)\,dt\qquad(x=x(t)).$$

$n\to\infty$ のとき $F_n\to F$ であり，x' が存在する限り $f_n(x)x'$ は増加しな

から $f(x)x'$ に近づく．ところで，$f(x)x'$ は $S-S\cap T$ で絶対連続な $F(x)$ の導関数であって $m(S\cap T)=0$ であるから，これは S で可積である．さらに，$f(x)x'$ は S 以外では a.e. に 0 であるから，これは結局 $[\alpha, \beta]$ で可積である．Beppo-Levi の定理 27.2 によって

$$\int_a^b f(x)\,dx=\lim\int_a^b f_n(x)\,dx$$
$$=\lim\int_\alpha^\beta f_n(x(t))\,x'(t)\,dt=\int_\alpha^\beta f(x(t))\,x'(t)\,dt.$$

$f\leqq 0$ のときも同様に，あるいは上の結果を $-f$ に適用して示される．したがって，$f=f^+ + f^-$, $\pm f^\pm\geqq 0$, に対しても定理は成立する．

問　題 42

1. $[a, b]$ で f が可積であり，G が有界な微分商 g をもつならば，

$$\int_a^b fG\,dx=G(b)\int_a^b f\,dx-\int_a^b\left(\int_a^x f\,dx\right)g\,dx.$$

2. 定理 2 で，x が絶対連続な減少関数の場合には，どのように修正すればよいか．

§43. 関数族 L^p

定義．$p>0$ とする．$(a, b)\subset \boldsymbol{R}^1$ で $|f|^p$ が可積であるような可測関数 f の全体から成る集合を，(a, b) または $[a, b]$ における**指数** p の **Lebesgue 族**といい，$L^p=L^p(a, b)$ で表す；L^1 を L と略記する．一般には，(a, b) の代りに可測集合をとることができる．

Lebesgue 積分では絶対可積性を基礎におくから，L は可積関数族にほかならない．そして，$L^p=\{f \mid f|f|^{p-1}\in L\}$.

$p>1$ に対して，

$$\frac{1}{p}+\frac{1}{q}=1 \quad \text{すなわち} \quad q=\frac{p}{p-1}$$

となる q を p に**共役**な指数という．さきに，§4 で和についての Hölder および Minkowski の不等式をあげた．全く対応する不等式が積分についても成立する：

Hölder の不等式．$p>1$ のとき，一つの基礎区間 I で $f\in L^p$, g

$\in L^q$ ならば，$fg\in L$ であって

$$\int_I |fg|\,dx \leqq \left(\int_I |f|^p dx\right)^{1/p}\left(\int_I |g|^q dx\right)^{1/q}.$$

等号が成立するのは，同時には0とならない定数 α, β をもって $\alpha|f|^p=\beta|g|^q$ a.e. のときに限る；このとき $|f|^p$ と $|g|^q$ は**実質的に比例**するという．

証明．（i）$|g|\leqq|f|^{p-1}$ または $|g|>|f|^{p-1}$ である x に対してはそれぞれ $|fg|\leqq|f|^p$ または $|fg|<|g|^{1/(p-1)}|g|=|g|^q$．したがって $fg\in L$．（ii）f または g が a.e. に 0 のときは明らかであるから，そうでないとする． 対数関数が凹関数であることからえられる不等式 $u^{1/p}v^{1/q}\leqq u/p+v/q$ において，

$$u=|f|^p\Big/\int_I |f|^p dx,\qquad v=|g|^q\Big/\int_I |g|^q dx$$

とすれば，和の場合と同様にして，問題の不等式に達する．等号についても，上記の不等式の等号が $u=v$ のときに限ることに注意すればよい．

Minkowski の不等式．$p\geqq1$ のとき，I で $f, g\in L^p$ ならば，$f+g\in L^p$ であって

$$\left(\int_I |f+g|^p dx\right)^{1/p}\leqq\left(\int_I |f|^p dx\right)^{1/p}+\left(\int_I |g|^p dx\right)^{1/p}.$$

等号は f と g が実質的に比例するときに限って現れる．

証明．$f, g\in L^p$ から $f+g\in L^p$ がえられることは，

$$|f+g|^p\leqq2^p(|f|^p+|g|^p)$$

からわかる．不等式自身は Hölder の不等式から和の場合と同様にしてみちびかれる．

さて，$p\geqq1$ のとき，L^p を一つのノルム空間とみなし，ノルム

$$\|\cdot\|_p=\left(\int_I |\cdot|^p dx\right)^{1/p}$$

をもって距離関数 ρ: $\rho(f, g)=\|f-g\|_p$ を導入する．$f\sim g$ すなわち $f=g$ a.e. である f と g を同一視してできるこの距離空間において，Minkowski の不等式は三角不等式 $\rho(f, h)\leqq\rho(f, g)+\rho(g, h)$ を与え

ている.

定理 43.1. $p>1$ のとき,

$$F(x)=F(a)+\int_a^x f\,dx, \qquad f\in L^p(a, b)$$

であるための条件は, 互いに素な区間から成る任意な組 $\{[x_\nu, x_\nu+h_\nu]\}\subset[a, b]$ に対して

$$\sum|F(x_\nu+h_\nu)-F(x_\nu)|^p h_\nu^{1-p}$$

が有界なことである. さらに, ここで「有界な」の代りに「有界であってかつ $\sum h_\nu$ とともに0に近づく」としてもよく, そのときは $p\geqq1$ に対して成り立つ.

証明. $p=1$ のときは, 絶対連続性が不定積分の特性であることをのべている; 定理 35.1 参照. (i) 必要性. Hölder の不等式によって

$$\sum|F(x_\nu+h_\nu)-F(x_\nu)|^p h_\nu^{1-p}=\sum\left|\int_{x_\nu}^{x_\nu+h_\nu} f\,dx\right|^p h_\nu^{1-p}$$

$$\leqq\sum\left(\left(\int_{x_\nu}^{x_\nu+h_\nu}|f|^p dx\right)^{1/p} h_\nu^{1/q}\right)^p h_\nu^{1-p}=\sum\int_{x_\nu}^{x_\nu+h_\nu}|f|^p dx.$$

右辺は $\int_a^b|f|^p dx$ をこえず, $\sum h_\nu$ とともに0に近づく. (ii) 十分性. $\sum|F(x_\nu+h_\nu)-F(x_\nu)|^p h_\nu^{1-p}\leqq K<\infty$ と仮定する. 和についての Hölder の不等式によって

$$\sum|F(x_\nu+h_\nu)-F(x_\nu)|$$
$$\leqq(\sum|F(x_\nu+h_\nu)-F(x_\nu)|^p h_\nu^{1-p})^{1/p}(\sum h_\nu)^{1/q}\leqq K^{1/p}(\sum h_\nu)^{1/q}.$$

右辺は $\sum h_\nu$ とともに0に近づくから, F は絶対連続である. したがって, a.e. に存在する $f\equiv F'$ をもって

$$F(x)=F(a)+\int_a^x f\,dx.$$

$f\in L^p$ であることを示すために,

$$x_\nu^{(\mu)}=a+\nu(b-a)/\mu \qquad (\nu=0, 1, \cdots, \mu;\ \mu=1, 2, \cdots),$$

$$f_\mu(x)=\frac{F(x_{\nu+1}^{(\mu)})-F(x_\nu^{(\mu)})}{x_{\nu+1}^{(\mu)}-x_\nu^{(\mu)}} \qquad (x\in[x_\nu^{(\mu)}, x_{\nu+1}^{(\mu)});\ \nu=0, 1, \cdots, \mu-1)$$

とおく. $x\notin\{x_\nu^{(\mu)}\}$ であって $f(x)$ が存在するならば, $x\in(x_\nu^{(\mu)}, x_{\nu+1}^{(\mu)})$ に対して

$$f_\mu(x)=\frac{F(x_{\nu+1}^{(\mu)})-F(x)}{x_{\nu+1}^{(\mu)}-x}\frac{x_{\nu+1}^{(\mu)}-x}{x_{\nu+1}^{(\mu)}-x_\nu^{(\mu)}}+\frac{F(x)-F(x_\nu^{(\mu)})}{x-x_\nu^{(\mu)}}\frac{x-x_\nu^{(\mu)}}{x_{\nu+1}^{(\mu)}-x_\nu^{(\mu)}}$$
$$=(f(x)+o(1))\frac{x_{\nu+1}^{(\mu)}-x}{x_{\nu+1}^{(\mu)}-x_\nu^{(\mu)}}+(f(x)+o(1))\frac{x-x_\nu^{(\mu)}}{x_{\nu+1}^{(\mu)}-x_\nu^{(\mu)}}$$
$$=f(x)+o(1);$$

ここに $o(1)$ は $\mu\to\infty$ のとき0に近づく量を表す. $\{x_\nu^{(\mu)}\}_{\nu,\mu}$ は可算集合であり, f は a.e. に存在するから, $\mu\to\infty$ のとき $f_\mu\to f$ a.e. 他方において,

$$\int_a^b|f_\mu|^p dx=\sum|F(x_{\nu+1}^{(\mu)})-F(x_\nu^{(\mu)})|^p|x_{\nu+1}^{(\mu)}-x_\nu^{(\mu)}|^{1-p}\leqq K$$

であるから, Fatou の定理 27.5 によって,

$$\int_a^b|f|^p dx\leqq\varliminf\int_a^b|f_\mu|^p dx\leqq K;$$

すなわち $f\in L^p$.

さて, $f\in L(a,b)$ とすれば, Lebesgue の定理 35.1 によって,

$$\frac{d}{dx}\int_a^x f dx=f(x)\ \text{a.e.}$$

これはさらに, つぎの形に一般化される:

定理 43.2. 有限区間 $[a,b]$ に対して $f\in L^p(a,b)$, $p\geqq1$ ならば,

$$\frac{d}{dx}\int_a^x|f-\alpha|^p dx=|f(x)-\alpha|^p$$

が定数 α の個々の値に無関係な一つの零集合を除いて成立する.

証明. 各 α に対して定理の関係は a.e. に成立するから, その除外集合を $e(\alpha)$ で表せば, $me(\alpha)=0$. ゆえに, 有理数の全体 $\{r_\nu\}$ にわたる和 $e=\bigcup e(r_\nu)$ に対しても $me=0$. さて, $x\notin e$ とし, α を無理数とする. 任意な $\varepsilon>0$ に対し有理数 r を適当にえらぶと, $|\alpha-r|<\varepsilon/4$. $x\notin e$ と r とに対して定理の関係が成り立つから, 適当な $\delta=\delta(\varepsilon;\ r,x)$ をえらべば, $0<|h|<\delta$ のとき,

$$\left|\left(\frac{1}{h}\int_x^{x+h}|f-r|^p dx\right)^{1/p}-|f(x)-r|\right|<\frac{\varepsilon}{2}.$$

他方で, Minkowski の不等式によって

$$\left|\left(\frac{1}{h}\int_x^{x+h}|f-\alpha|^p dx\right)^{1/p}-\left(\frac{1}{h}\int_x^{x+h}|f-r|^p dx\right)^{1/p}\right|$$

$$\leqq\left(\frac{1}{h}\int_x^{x+h}|\alpha-r|^p dx\right)^{1/p}=|\alpha-r|<\frac{\varepsilon}{4}.$$

したがって, $||f-\alpha|-|f-r||\leqq|\alpha-r|<\varepsilon/4$ に注意すれば, $x\notin e$, $0<|h|<\delta$ である限り,

$$\left|\left(\frac{1}{h}\int_x^{x+h}|f-\alpha|^p dx\right)^{1/p}-|f(x)-\alpha|\right|<\varepsilon.$$

$h\to0$ とすれば, $\varepsilon>0$ の任意性によって, 定理の関係がえられる. すなわち, この関係は個々の α に無関係な零集合 e を除いて成り立つ.

系. 定理 2 の仮定のもとで, $h\to0$ のとき,

$$\int_0^h|f(x+t)-f(x)|^p dt=o(h)\quad\text{a.e.}$$

証明. 定理 2 で α を特に $f(x)$ とおけば,

$$\lim_{h\to0}\frac{1}{h}\int_0^h|f(x+t)-f(x)|^p dt=0\quad\text{a.e.}$$

定義. すぐ上の系にあげた関係をみたす x の全体から成る集合を f の **Lebesgue 集合**という; ふつう $p=1$ の場合が考えられる.

注意. $f\in L$ とすれば, $f^{\pm}\equiv(f\pm|f|)/2\in L$. 定理 2 を $\alpha=0$ として $\pm f^{\pm}$ に適用することによって,

$$\frac{d}{dx}\int_a^x f\,dx=\frac{d}{dx}\left(\int_a^x f^+dx-\int_a^x(-f^-)\,dx\right)$$

$$=f^+-(-f^-)=f\quad\text{a.e.}$$

これは定理 2 の直前にあげた Lebesgue の定理 35.1 の一変数の場合の結果にほかならない. この意味で, 定理 2 はその一般化を与えている.

明らかに, f のすべての連続点は Lebesgue 集合に含まれている. 連続点の全体から成る集合について成り立つ多くの関係は, Lebesgue 集合の場合へ移される. Lebesgue 集合の概念は, Fourier 解析で有用な役割を演じる.

問　題 43

1. 有限区間については, $0<p_1<p_2$ ならば, $L^{p_1}\supset L^{p_2}$. 無限区間については, $0<p_1<p_2$ ならば, $L^{p_1}-L^{p_2}\neq\emptyset$, $L^{p_2}-L^{p_1}\neq\emptyset$.

2.　有限区間については，$B\cap L^p$ は $p>0$ に関せず一定である；ここに B は有界関数の全体から成る関数族を表す．無限区間については，$0<p_1<p_2$ ならば，$B\cap L^{p_1}\subset B\cap L^{p_2}$.

3.　$p_\nu>0,\ f_\nu\in L^{p_\nu}$ $(\nu=1,\cdots,n)$，$\sum_{\nu=1}^n(1/p_\nu)=1$ ならば，$\prod_{\nu=1}^n f_\nu\in L$ であって

$$\left|\int\prod_{\nu=1}^n f_\nu dx\right|\leqq\int\prod_{\nu=1}^n|f_\nu|dx\leqq\prod_{\nu=1}^n\left(\int|f_\nu|^{p_\nu}dx\right)^{1/p_\nu}.$$

4.　$p>0$ のとき，$f_\nu\in L^p$ $(\nu=1,\cdots,n)$ ならば，$\sum_{\nu=1}^n f_\nu\in L^p$ であって

$$\int\left|\sum_{\nu=1}^n f_\nu\right|^p dx\leqq\int\left(\sum_{\nu=1}^n|f_\nu|\right)^p dx\leqq n^p\sum_{\nu=1}^n\int|f_\nu|^p dx.$$

5.　$f,g\in L(-\infty,\infty)$ に対して $h(x)=\int_{-\infty}^{\infty}f(x-t)g(t)dt$ とおけば，$h\in L(-\infty,\infty)$ であって

$$\int_{-\infty}^{\infty}|h|dx\leqq\int_{-\infty}^{\infty}|f|dx\cdot\int_{-\infty}^{\infty}|g|dx.$$

6.　$p\geqq1,\ 1/p+1/q=1,\ f\in L^p(a,b),\ F(x)=F(a)+\int_a^x f dx$ ならば，$h\to0$ のとき $F(x+h)-F(x)=o(|h|^{1/q})$.

7.　$(0,\infty)$ で $f(x)=x^{-1/2}(1+|\log x|)^{-1}$ によって定義された f は，$f\in L^2$ をみたすが，$p\neq2$ である限り $f\notin L^p$.

§44.　平均収束

本節では $p\geqq1$ とする．

定義．関数列 $\{f_\nu\}\subset L^p(a,b)$ に対して

$$\lim_{\nu\to\infty}\int_a^b|f_\nu-f|^p dx=0$$

をみたす f（必然的に $f\in L^p$）が存在するならば，$\{f_\nu\}$ は**指数** p をもって f に**平均収束**するという；記号で

$$f_\nu\to f\ \ (L^p),$$

あるいは，指数 p に関することが明らかなときには，

$$\text{l.i.m.}\,f_\nu=f.$$

定義．関数列 $\{f_\nu\}\subset L^p(a,b)$ が

$$\lim_{\mu,\,\nu\to\infty}\int_a^b |f_\mu - f_\nu|^p dx = 0$$

をみたすならば，$\{f_\nu\}$ は指数 p をもって**平均収束**するという．

注意．$f_\nu \to f$ (L^p) は，関数空間 L^p で距離の意味での収束 $\rho(f_\nu, f) \equiv \|f_\nu - f\|_p \to 0$ $(\nu\to\infty)$ を表す．$\{f_\nu\}$ の平均収束は，距離の意味での Cauchy 列の条件 $\rho(f_\mu, f_\nu)\to 0$ $(\mu, \nu\to\infty)$ にあたる．

上記の両種の平均収束の同値性を示すつぎの定理は重要である．その十分条件の部分は，空間 L^p がいわゆる**完備**であることをのべている．

定理 44.1 (Riesz–Fischer)． $f_\nu\to f$ (L^p) であるための条件は，$\{f_\nu\}$ が指数 p をもって平均収束することである．条件がみたされるとき，極限関数 f は零集合を除いて定まる；詳しくは，$f_\nu\to f\,(L^p)$, $f_\nu\to f^*\,(L^p)$ ならば，$f^*\sim f$ すなわち (f, f^* の組ごとに定まる) 一つの零集合を除いて $f^*=f$．さらに，このとき，$\{f_\nu\}$ の適当な部分列をえらべば，a.e. に f に収束する．

証明．(i) 条件が必要なことは，Minkowski の不等式からわかる：$\|f_\mu - f_\nu\|_p \leqq \|f_\mu - f\|_p + \|f_\nu - f\|_p$．(ii) 逆に，条件がみたされていれば，任意な $\varepsilon>0$ に対して適当な自然数 $\lambda(\varepsilon)$ をえらぶと，

$$\int_a^b |f_\mu - f_\nu|^p dx < \varepsilon^{p+1} \qquad (\mu,\ \nu\geqq\lambda(\varepsilon)).$$

ゆえに，$E_{\mu\nu}=\{x\,|\,|f_\mu - f_\nu|\geqq\varepsilon\}$ とおけば，$\mu, \nu\geqq\lambda(\varepsilon)$ のとき，

$$\varepsilon^{p+1} > \int_{E_{\mu\nu}} |f_\mu - f_\nu|^p dx \geqq \varepsilon^p mE_{\mu\nu}, \qquad mE_{\mu\nu}<\varepsilon.$$

$\lambda_\kappa=\lambda(1/2^\kappa)$ $(\kappa=1, 2, \cdots)$ は κ について狭義の増加と仮定してよい．$E_k=\bigcup_{\kappa=k}^\infty E_{\lambda_{\kappa+1}\lambda_\kappa}$ とおけば，$mE_k\leqq\sum_{\kappa=k}^\infty 1/2^\kappa = 1/2^{k-1}$．$x\notin E_k$ に対して $|f_{\lambda_{\kappa+1}} - f_{\lambda_\kappa}| < 1/2^\kappa$ $(\kappa\geqq k)$ であるから，無限級数 $\sum_{\kappa=1}^\infty (f_{\lambda_{\kappa+1}} - f_{\lambda_\kappa})$ は E_k を除いて収束する．k は任意であるから，この級数は $E\equiv\lim E_k = \bigcap E_k$ を除いて収束する．$mE=0$ であるから，

$$f = f_{\lambda_1} + \sum_{\kappa=1}^\infty (f_{\lambda_{\kappa+1}} - f_{\lambda_\kappa}) = \lim f_{\lambda_\kappa}$$

は a.e. に定義される．Fatou の定理 27.5 によって，$\nu\geqq\lambda(\varepsilon)$ のとき，

$$\int_a^b |f - f_\nu|^p dx \leqq \varliminf_{\kappa\to\infty}\int_a^b |f_{\lambda_\kappa} - f_\nu|^p dx \leqq \varepsilon^{p+1};$$

したがって，$f_\nu\to f$ (L^p)．(iii) 最後に，$f_\nu\to f$ (L^p)，$f_\nu\to f^*$ (L^p) とすれば，Minkowski の不等式によって $\|f^*-f\|_p\leqq\|f^*-f_\nu\|_p+\|f-f_\nu\|_p$ となり，これから $\|f^*-f\|_p=0$．ゆえに，$f^*\sim f$．

定理 44.2. $f_\nu\to f$ (L^p) ならば，$\int|f_\nu|^p dx\to\int|f|^p dx$．

証明． Minkowski の不等式により

$$\big|\|f_\nu\|_p-\|f\|_p\big|\leqq\|f_\nu-f\|_p;\qquad \|f_\nu\|_p\to\|f\|_p$$

すなわち $\int|f_\nu|^p dx\to\int|f|^p dx$．

定理 44.3. $p>1$, $1/p+1/q=1$, $f_\nu\to f$ (L^p), $g\in L^q$ ならば，

$$\int f_\nu g\,dx\to\int fg\,dx\qquad(\nu\to\infty).$$

証明． Hölder の不等式によって，

$$\left|\int f_\nu g\,dx-\int fg\,dx\right|=\left|\int(f_\nu-f)g\,dx\right|$$

$$\leqq\left(\int|f_\nu-f|^p dx\right)^{1/p}\left(\int|g|^q dx\right)^{1/q}\to 0\qquad(\nu\to\infty).$$

定理 44.4. 十分大きいすべての p に対して，$f\geqq0$ が $L^p(0,1)$ に属するならば，

$$\lim_{p\to\infty}\left(\int_0^1 f^p dx\right)^{1/p}=u[f];$$

ここに $u[f]$ は f の**実質上限** $\operatorname{ess\,sup} f$，すなわち $f\leqq M$ a.e. であるような定数 M の下限を表す：$u[f]=\inf_{m\{x|f(x)>M\}=0}M$．

証明． (i) $f\leqq M$ a.e. ならば，すべての p に対して

$$\left(\int f^p dx\right)^{1/p}\leqq M;\qquad したがって\quad \left(\int f^p dx\right)^{1/p}\leqq u[f];$$

$$\overline{\lim_{p\to\infty}}\left(\int f^p dx\right)^{1/p}\leqq u[f].$$

(ii) 任意な $\varepsilon>0$ に対して $E_\varepsilon=\{x\,|\,f>u[f]-\varepsilon\}$ とおけば，

$$mE_\varepsilon>0,\qquad\left(\int f^p dx\right)^{1/p}\geqq(u[f]-\varepsilon)(mE_\varepsilon)^{1/p};$$

$$\underline{\lim_{p\to\infty}}\left(\int f^p dx\right)^{1/p}\geqq u[f]-\varepsilon.$$

ここで $\varepsilon\to0$ とすればよい．

問　題 44

1. $f_\nu \to f\ (L)$, g が可測, $u[|g|]<\infty$ ならば, $\int f_\nu g\,dx \to \int fg\,dx$; ここに $u[|g|]$ は $|g|$ の実質上限. **注.** $u[|g|]<\infty$ をみたす可測な g の全体から成る族を L^∞ で表せば(定理 4 参照), この問題は定理 3 が $p=1$, $q=\infty$ に対しても成り立つことを示している.

2. $p\geqq 1$, $1/p+1/q=1$, $f_\nu\to f\ (L^p)$, $g\in L^q$ ならば, $f_\nu g\to fg\ (L)$.

3. 非負の可積関数列 $\{f_\nu\}$ が a. e. に可積な f に収束し, $\int f_\nu dx = \int f dx$ ($\nu=1, 2, \cdots$) ならば, $f_\nu\to f\ (L)$.

4. 基礎区間 $[0, 1]\subset \boldsymbol{R}^1$ において, $\nu=2^\lambda+\kappa$ ($\kappa=0, 1, \cdots, 2^\lambda-1$; $\lambda=1, 2, \cdots$) のとき $[\kappa/2^\lambda, (\kappa+1)/2^\lambda)$ の特性関数を φ_ν で表せば, $\varphi_\nu\to 0\ (L)$; したがって, 任意な p に対して $\varphi_\nu\to 0\ (L^p)$. しかし, $[0, 1]$ のどの点でも $\{\varphi_\nu\}$ は収束しない.

5. 定理 4 は, 基礎区間 $(0, 1)$ を任意な可測集合でおきかえても, 成立する.

§45. Lebesgue-Stieltjes 積分

1. Riemann-Stieltjes 積分.

$\int f\,dx$ における積分変数 x を関数 g でおきかえるという思想は, Stieltjes に由来する. f の g に関する Stieltjes 積分に対する Riemann 式の定義は, つぎのように与えられる. 基礎区間 $[a, b)$ の一つの分割

$$D:\quad a=x_0<x_1<\cdots<x_{n-1}<x_n=b$$

とそれによって生じる各小閉区間の一点 $\xi_\nu\in[x_{\nu-1}, x_\nu]$ ($\nu=1, \cdots, n-1$) の組 $\xi=\{\xi_\nu\}$ とをもって, 和

$$S[D;\ \xi]=\sum_{\nu=1}^{n-1} f(\xi_\nu)(g(x_\nu)-g(x_{\nu-1}))$$

をつくる. 分割 D が一様に細かくなるとき, すなわち $\max_{1\leqq\nu\leqq n}(x_\nu - x_{\nu-1})\to 0$ のとき, $S[D;\ \xi]$ が個々の D と組 ξ との選択に無関係に確定した有限な値 S に近づくならば, それを **Riemann-Stieltjes 積分**の値といい, 記号で

$$\int_a^b f\,dg \equiv \int_a^b f(x)\,dg(x) = S.$$

基礎区間が $[a, b)$ であることを強調するときには，積分の下端，上端を a, b の代りに $a-0, b-0$ と記す．同様に，$(a, b]$；(a, b)；$[a, b]$ のときは，それぞれ $a+0, b+0$；$a+0, b-0$；$a-0, b+0$ と記される．

Riemann–Stieltjes 積分が存在するための十分条件としてふつうに用いられるのは，f と g の一方が連続，他方が有界変動であるという条件である．

2. 増加点関数の変動.

Lebesgue–Stieltjes 積分を導入するための準備として，点関数の変動を定義する．これは連続な区間関数について §36 でのべたのと全く同様にしてなされる．

点関数 g が有限増加であるとする．したがって，所属の区間関数 Ψ は有限非負である．g が例えば $[a, b)$ で与えられているときには，

$$g(x) = g(a-0) \equiv g(a) \quad (x<a), \qquad g(x) = g(b-0) \quad (x \geqq b)$$

とおいて接続したと考える．g が連続，したがって Ψ が連続ならば，変区間の端点は Ψ の値に影響しない．しかし，ここでは連続性が仮定されないこと，他方で g の単調性が仮定されることにもとづいて，Ψ の定義を §37 でのべた注意に応じて与えることにする．すなわち，$J=[u, v), (u, v], (u, v), [u, v]$ のとき，それぞれ

$$\Psi(J) = g(v-0)-g(u-0), \qquad g(v+0)-g(u+0),$$
$$g(v-0)-g(u+0), \qquad g(v+0)-g(u-0)$$

と定める．最後の閉区間の場合には $u=v$ をも許す；すなわち，区間の退化した場合としての一点 x に対しては

$$\Psi(x) = g(x+0) - g(x-0).$$

このように定めると，Ψ は退化した点の場合をも許容した任意な区間について加法性をもつ．Ψ は g の**変動**を表している．

この変動を一般な集合にまで拡める．ここでは端点に関する考慮のもとに，つぎのように進むことができる．まず，開集合 O は開区間の高高可算和として，項の順序を除いて，一意に表される：$O=\bigcup i_\kappa$．これ

に対して

$$\Psi(O)=\sum\Psi(i_\kappa)$$

とおく．閉集合 G に対しては

$$\Psi(G)=\Psi(O)-\Psi(O-G) \qquad (G\subset O)$$

とおく；右辺の値は個々の開集合 O の選択に無関係である．任意な集合 E に対しては，

$$\Psi^*(E)=\inf_{O\supset E}\Psi(O), \qquad \Psi_*(E)=\sup_{G\subset E}\Psi(G)$$

とおく．特に $\Psi^*(E)=\Psi_*(E)$ ならば，E は g **可測**または Ψ **可測**であるといい，共通な値を単に $\Psi(E)$ とかく．

$g(x)\equiv x$, $\Psi(J)=|J|$ のとき，$\Psi^*_*(E)=m^*_*E$. 一般な Ψ について，E と同時に E^c が可測なことや Ψ が完全加法的であることなどの性質は保たれている．特に，Ψ 可測集合族は Borel 集合族を含む一つの集合体である．

関数 f に対して，集合 $\{x|f(x)>\lambda\}$ がすべての定数 λ に対して g 可測[Ψ 可測]ならば，f は g **可測**[Ψ **可測**]であるという．

3. Lebesgue-Stieltjes 積分の定義．

g が有界変動，f が g 可測であるとする．g の Jordan 分解(定理 38.3 参照) $g=P-N$ をもって

$$\int f\,dg\equiv\int f\,dP-\int f\,dN$$

と定義する予定のもとで，g が有界増加な場合を考えれば十分であろう．このとき，縦線集合を利用する幾何学的方法と近似和の極限としての解析的方法とが可能である．まず，前者からはじめる．

$t=g(x)$ によって，区間 $[a,b)\in\boldsymbol{R}^1_x$ には区間 $[\alpha,\beta)$ または $[\alpha,\beta]\in\boldsymbol{R}^1_t$ が対応する；$\alpha=g(a)$, $\beta=g(b-0)$. x と t の対応は，つぎにあげる場合を除いて，一対一である：

(i) g が一つの区間で一定：このとき，その区間のすべての x に t の同じ値が対応する；

(ii) g の不連続点 x_0：このとき，x_0 にはすべての $t\in[g(x_0-0), g(x_0+0)]$ が対応すると規約する．

逆関数 g^{-1} は，（ｉ）に現れる高々可算個の t の値以外で一意に定まる．与えられた f に $f(g^{-1})$ が対応するが，これを一意に定めるためには，例えば（ｉ）に現れる高々可算個の一定値 t のおのおので $g^{-1}(t) = \inf_{g(x)=t} x$ と規約することもできよう．しかし，積分を扱うためには，可算集合での不確定さは論外としてよい．他方で，（ii）に現れる g の各不連続点には g^{-1} の一定値区間が対応し，したがって $f(g^{-1})$ の一定値区間が対応するだけのことである．

さて，g が増加，f が g 可測ならば，$f(g^{-1})$ は m 可測となる．ここでさらに $f(g^{-1})$ が Lebesgue 可積なとき，f は g **可積**であるといい，f の g に関する **Lebesgue-Stieltjes 積分**を

$$\int_{a-0}^{b-0} f\,dg = \int_{\alpha}^{\beta} f(g^{-1})\,dt \qquad (\alpha = g(a),\ \beta = g(b-0))$$

で定義する；右辺は Lebesgue 積分である．――おのずから明らかなときには，限界を単に a, b とかく．この定義は，基底集合として g による $a \leqq x < b$ の像 $\alpha \leqq t_{(}\leqq_{)}\beta$ をとったときの $f^{\pm}$ の縦線集合の測度の差にほかならない．

注意．$[a, b)$ の代りに他の型の基礎区間の場合も同様である．また，g 可測な集合 E_x の場合には，

$$\int_{E_x} f\,dg = \int_{E_t} f(g^{-1})\,dt, \qquad E_t = \{t \mid x = g^{-1}(t) \in E_x\}.$$

近似和の極限としての積分の定義を与えるために，再び g は有界増加，f は g 可測であるとする．f の値域を含む区間の分割

$$\Delta: \qquad l_0 < l_1 < \cdots < l_n$$

をとり，便宜上 $l_{-1} = l_0 - 1$, $l_{n+1} = l_n + 1$ とおく．そのとき，

$$E_\nu = \{x \mid l_{\nu-1} \leqq f < l_\nu\} \qquad (\nu = 1, \cdots, n+1),$$
$$\hat{E}_\nu = \{x \mid l_{\nu-1} < f \leqq l_\nu\} \qquad (\nu = 0, \cdots, n)$$

はすべて g 可測である．これらを用いて，近似和をつくる：

$$\underline{S}(\Delta) = \sum_{\nu=1}^{n+1} l_{\nu-1} \Psi(E_\nu), \qquad \bar{S}(\Delta) = \sum_{\nu=0}^{n} l_\nu \Psi(\hat{E}_\nu);$$

Ψ は g に所属の区間関数を拡大してえられる集合関数を表す．分割が一様に細かくなるとき，すなわち $\delta(\Delta) = \max_{1 \leqq \nu \leqq n}(l_\nu - l_{\nu-1}) \to 0$ のと

き，両近似和はその様式に無関係に共通な有限な極限値 S に近づくことが示される．f の g に関する **Lebesgue-Stieltjes 積分**を

$$\int_a^b f\,dg = S$$

によって定義する．積分の限界については，さきにのべたのと同じ注意があてはまる．

g が単に有界変動と仮定されているときは，その Jordan 分解 $g=P-N$ を用いる．g 可測すなわち P 可測かつ N 可測な f に対して

$$\int_a^b f\,dg = \int_a^b f\,dP - \int_a^b f\,dN.$$

積分範囲が g 可測な集合 E の場合には，$E \subset [a, b)$ として $[a, b) - E$ で $f=0$ とおいて接続すればよい．このときの積分は

$$\int_E f\,dg = \int_E f\,dP - \int_E f\,dN$$

ともかかれる．

最後の関係で，右辺の各項が有限であるから，差を和でおきかえたものも有限な値をもつ．それを

$$\int_E f\,|dg| = \int_E f\,dP + \int_E f\,dN$$

で表す．特に $f \equiv 1$ のとき，これは E における g の全変動，すなわち Ψ の値の総和を表す：

$$\int_E |dg| = T(E).$$

さて，上記の第二の定義法では，f が有界であると仮定した．f が非有界なときは，Lebesgue 積分について§24 でのべたと同様に，$(-\infty, +\infty)$ を可算個の半開(有限)区間に分割することにより，上記の論法がそのまま通用する．ただし，このときは近似和の極限 S が有限になるとは限らない．したがって，Lebesgue-Stieltjes 積分の存在のために，あらためて S が有限であるという条件がつけ加えられる．あるいは，Lebesgue 積分のときにならって，Stieltjes 積分が存在する限り，f を有界関数列で近似する論法も用いられる；さらに下記の定理 1 参照．

他方で，上記の定義法のどちらについても，積分範囲が有界であるこ

とは別に本質的ではない．任意な g 可測集合の場合への一般化は，容意になされるであろう．

注意．Riemann–Stieltjes 積分 $\int f\,dg$ では，f と g に共通な不連続点があってはならない．例えば，0 を不連続点として共有する二つの増加関数

$$f(x)=\begin{cases}\lambda_- & (-1\leqq x<0),\\ \lambda_0 & (x=0),\\ \lambda_+ & (0<x<1);\end{cases}\qquad g(x)=\begin{cases}\mu_- & (-1\leqq x<0),\\ \mu_0 & (x=0),\\ \mu_+ & (0<x<1)\end{cases}$$

(λ_-, …, μ_+ は定数) に対して，Riemann–Stieltjes の近似和を考えれば，すべての分割に関するその下限は $\lambda_-(\mu_+-\mu_-)$，上限は $\lambda_+(\mu_+-\mu_-)$ に等しい．一般な f の不連続点でも，これに類した寄与 $\underline{\lim}\, f\cdot(\mu_+-\mu_-)$, $\overline{\lim}\, f\cdot(\mu_+-\mu_-)$ が現れる．これに反して，Lebesgue–Stieltjes 積分では，f と g が不連続点を共有することが許される．すぐ上にあげた例では，Lebesgue–Stieltjes 積分が存在して $\lambda_0(\mu_+-\mu_-)$ に等しい．

一般に，いわゆる仮性積分が関与しない限り，f の g に関する Riemann–Stieltjes 積分が存在するならば，Lebesgue–Stieltjes 積分も存在して，両者は等しいことが示される．

4. Lebesgue–Stieltjes 積分の性質．

Lebesgue 積分に関する多くの定理は，Lebesgue–Stieltjes 積分の場合へ一般化される．前者の零集合すなわち $me=0$ である型の e に対応して，後者では g 零集合すなわち

$$T(e)\equiv\int_e |dg|=0$$

である型の e が現れる；T は g の全変動にほかならない．

つぎの二つの定理を例示しよう．

定理 45.1 (**収束定理**)．g が g 可測な E で有界変動，$\{f_\nu\}$ が E で g 可測な関数列，一つの g 零集合を除いて $f_\nu\to f$ とする．もし $|f_\nu|\leqq\psi$ であり $\int_E \psi|dg|$ が存在するならば，f は E で g 可積であって，

$$\lim\int_E f_\nu dg=\int_E f\,dg.$$

定理 45.2 (**項別積分の定理**)．$\{u_\nu\}$ が有界変動の g に関して g 可測

集合 E で g 可測な関数であるとき,

$$\int_E \sum|u_\nu||dg|, \quad \sum\int_E |u_\nu||dg|$$

の一方が存在すれば, 他方も存在して相等しい. さらに, このとき

$$\int_E \sum u_\nu dg = \sum\int_E u_\nu dg.$$

部分積分と変数の置換に関する定理は, つぎのようになる:

定理 45.3. $[a, b]$ で有界変動の f, g が不連続点を共有しないならば,

$$\int_{a-0}^{b-0} f dg + \int_{a-0}^{b-0} g df = [fg]_a^{b-0}.$$

証明. (i) f, g がともに増加の場合を考えればよい. 不連続点が共有されないから, 任意な $\varepsilon>0$ に対して分割 $a=x_0<x_1<\cdots<x_n=b$ を十分細かくえらびさえすれば(Heine-Borel の被覆定理!),

$$\min(f(x_\nu)-f(x_{\nu-1}),\ g(x_\nu)-g(x_{\nu-1}))<\varepsilon \qquad (\nu=1, \cdots, n).$$

このとき, Riemann-Stieltjes 近似和に対して

$$\sum f(x_{\nu-1})(g(x_\nu)-g(x_{\nu-1})) \leqq \sum f(\xi_\nu)(g(x_\nu)-g(x_{\nu-1}))$$
$$\leqq \sum f(x_\nu)(g(x_\nu)-g(x_{\nu-1})) \qquad (\xi_\nu \in [x_{\nu-1}, x_\nu]).$$

分割を細分すると, 左端の和は増加, 右端の和は減少し,

$$\sum f(x_\nu)(g(x_\nu)-g(x_{\nu-1})) - \sum f(x_{\nu-1})(g(x_\nu)-g(x_{\nu-1}))$$
$$=\sum(f(x_\nu)-f(x_{\nu-1}))(g(x_\nu)-g(x_{\nu-1})) \leqq \varepsilon[f+g]_{a-0}^{b+0}.$$

ゆえに, 分割が一様に細かくなるとき, 上記の左端と右端の和は共通な極限に近づく. すなわち, Riemann-Stieltjes 積分として, したがって Lebesgue-Stieltjes 積分として, $\int f dg$ が存在する. 同様に, $\int g df$ も存在する. (ii) つぎに,

$$a=\xi_0=x_0 \leqq \xi_1 \leqq x_1 \leqq \xi_2 \leqq \cdots \leqq \xi_{n-1} \leqq x_{n-1}<b$$

とする. 恒等式

$$\sum_{\nu=1}^{n-1} f(x_{\nu-1})(g(\xi_\nu)-g(\xi_{\nu-1})) + \sum_{\nu=1}^{n-1} g(\xi_\nu)(f(x_\nu)-f(x_{\nu-1}))$$
$$=f(x_{n-1})g(\xi_{n-1})-f(x_0)g(\xi_0)$$

で $[a, b)$ の分割を一様に細かくしていけば, 定理の関係がえられる.

注意. 上記の証明の(ii)からわかるように, Riemann-Stieltjes 積分の意味で $\int f dg$, $\int g df$ のうちの一方が存在すれば, 他方も存在して,

定理にあげた関係が成立する．したがって特に，$[a, b]$ で f が有界変動，g が連続ならば，Riemann–Stieltjes 積分 $\int_a^b f dg$ が存在する．

定理 45.4. (a, b) で g が有界変動，h が g 可積なとき，

$$G(x)=\int_{a+0}^{x-0} h\,dg$$

とおけば，G 可積な f に対して fh は g 可積であって

$$\int_{a+0}^{b-0} f\,dG=\int_{a+0}^{b-0} fh\,dg.$$

証明. g が増加，f と h が非負としてよい；このとき G は増加となる．$t=g(x)$，$T=G(x)$ とおけば，Lebesgue–Stieltjes 積分の幾何学的な定義にもとづいて，

$$T=\int_{g(a+0)}^{g(x-0)} h(g^{-1}(t))\,dt, \qquad \int_{a+0}^{b-0} f\,dG=\int_0^{G(b-0)} f(G^{-1}(T))\,dT.$$

$T=T(t)$ とみなせば，

$$T(t)=\int_{g(a+0)}^{t} h(g^{-1}(t))\,dt$$

であるから，$T'(t)=h(g^{-1}(t))$ a. e. したがって，Lebesgue 積分の変数置換に関する定理 42.2 によって，$T=G(g^{-1}(t))$ とおけば，

$$\int_0^{G(b-0)} f(G^{-1}(T))\,dT=\int_{g(a+0)}^{g(b-0)} f(g^{-1}(t))\,h(g^{-1}(t))\,dt.$$

再び Lebesgue–Stieltjes 積分の幾何学的な定義にもとづいて，fh の g 可積性とつぎの関係がえられる：

$$\int_{g(a+0)}^{g(b-0)} f(g^{-1}(t))\,h(g^{-1}(t))\,dt=\int_{a+0}^{b-0} fh\,dg.$$

いま証明した定理の一つの応用として，Lebesgue–Stieltjes 積分に固有なものではないが，Lebesgue 積分に関する Weierstrass と du Bois-Reymond の形での第二平均値の定理をあげておこう：

定理 45.5（第二平均値の定理）. (a, b) で f が増加，g が可積ならば，$\xi\in(a, b)$ が存在して

$$\int_a^b fg\,dx=f(a+0)\int_a^{\xi} g\,dx+f(b-0)\int_{\xi}^{b} g\,dx.$$

証明. g の可積性によって，$G(x)=\int_a^x g\,dx$ は連続である．f は G

可積であって，定理4と定理3によって

$$\int_a^b fg\,dx=\int_{a+0}^{b-0} f\,dG=[fG]_{a+0}^{b-0}-\int_{a+0}^{b-0} G\,df.$$

f は増加，G は連続であるから，容易にわかるように(第一平均値の定理！)，$\xi\in(a, b)$ が存在して

$$\int_{a+0}^{b-0} G\,df=G(\xi)[f]_{a+0}^{b-0}.$$

この ξ に対して，

$$\begin{aligned}\int_a^b fg\,dx&=[fG]_{a+0}^{b-0}-G(\xi)[f]_{a+0}^{b-0}\\&=f(b-0)\int_a^b g\,dx-\int_a^{\xi} g\,dx\cdot(f(b-0)-f(a+0))\\&=f(a+0)\int_a^{\xi} g\,dx+f(b-0)\int_{\xi}^b g\,dx.\end{aligned}$$

5. Radon-Stieltjes 積分.

さきに Lebesgue-Stieltjes 積分に対して与えた二様の定義のうちで，近似和の極限による方法では，変数 x の空間が1次元であるという制限は本質的ではない．すなわち，それは殆んどそのままの形で高次元空間の場合へ一般化される．ポテンシャル論などの分野でひろく利用されるいわゆる Radon-Stieltjes 積分は，ふつう次の形で導入される．

基底空間 $\boldsymbol{R}^N$ の一つの Borel 集合 E で Borel 可測な f が定義されているとする．また，E で値の和が有限な連続な加法的区間関数を E のすべての Borel 可測部分集合族に拡大してえられた有限連続な加法的集合関数 μ が与えられているとする．μ の Jordan 分解を $\mu=\mu^+ +\mu^-$，$\pm\mu^\pm\geqq 0$ とすれば，$\pm\mu^\pm(E)<\infty$．——ここに $\mu^+(e)$，$\mu^-(e)$ は e の Borel 部分集合にわたる μ の値の上限，下限として定められる．

まず，f は有界，$\mu\geqq 0$ (すなわち，$\mu=\mu^+$, $\mu^-=0$) とすれば，Lebesgue-Stieltjes 積分の定義におけると同様に，値域を含む区間の分割 $\varDelta$ に応じて二つの近似和がつくられる：

$$\underline{S}(\varDelta)=\sum_{\nu=1}^{n+1} l_{\nu-1}\mu(E_\nu),\qquad \bar{S}(\varDelta)=\sum_{\nu=1}^{n} l_\nu\mu(E_\nu).$$

分割が一様に細かくなっていくとき，これらの近似和は，その様式に無関係に共通な有限な極限値 S に近づくことが示される．S を μ に関

する f の E 上での **Radon-Stieltjes 積分**という；記号で

$$\int_E f d\mu \equiv \int_E f(x)\, d\mu(x) = S, \qquad \int_E f(x)\, \mu(de_x) \text{ など}.$$

必ずしも $\mu \geqq 0$ でない場合には，μ の Jordon 分解を利用して，つぎの式で定義される：

$$\int_E f d\mu = \int_E f d\mu^+ - \int_E f d(-\mu^-) = \int_E f d\mu^+ + \int_E f d\mu^-.$$

f が非有界な場合へは，Lebesgue-Stieltjes 積分と同様な論法で拡められる．そして，有限な値が Radon-Stieltjes 積分としてえられるとき，f は E で μ **可積**であるという．

f が E で μ 可積ならば，$|f|$ は E で μ^+ 可積かつ μ^- 可積である．したがって，特に

$$\int_E |f|\,|d\mu| \equiv \int_E |f|\, d\mu^+ - \int_E |f|\, d\mu^-$$

が定義される．明らかに，E で μ 可積な f に対しては

$$\left|\int_E f d\mu\right| \leqq \int_E |f|\,|d\mu|.$$

Radon-Stieltjes 積分において，特に $\mu(e) = me$ となった場合が Lebesgue 積分に当っている．

問　題 45

1. 有限な増加点関数に所属の区間関数 Ψ について，Ψ 可測集合族は Borel 集合族を含む一つの集合体である．

2. 定理 1，2 を証明せよ．

3. $[a, b]$ で絶対連続な G に関して f が G 可積ならば，

$$\int_a^b f dG = \int_a^b f G' dx.$$

4. 定理 5 の証明中で利用した第一平均値の定理を証明せよ．

5. Radon-Stieltjes 積分に関して $\left|\int_E f d\mu\right| \leqq \int_E |f|\,|d\mu|$.

問 題 の 解

問　題 1 (p.6)

1. $x \in A$ とすれば, $A \subset B$ から $x \in B$; さらに $B \subset C$ から $x \in C$. ゆえに, $A \subset C$.

2. 問1により $A \subset C$. $A \subset B$, $B \subsetneqq C$ ならば, $x \notin B$ かつ $x \in C$ である x を考えると, $x \notin A$ かつ $x \in C$ により $A \subsetneqq C$. 他の場合も同様.

3. 仮定により $B \sim A_1 \subset A$, $C \sim B_1 \subset B$. はじめの対応で $B_1 \sim A_2 \subset A_1$ となる A_2 をとれば, $C \sim A_2 \subset A$.

4. 無限集合 A から任意に $x_1 \in A$ をとり出す. 帰納的に $\{x_\nu\}_{\nu=1}^n$ がとり出されたとして, 無限集合 $A - \{x_\nu\}_{\nu=1}^n$ から x_{n+1} をとり出す. $\{x_n\}_{n=1}^\infty$ はすべて異なる元から成る A の可算部分集合である.

5. 無限集合 A は問4により可算部分集合 $B = \{x_n\}_{n=1}^\infty$ を含む. $B_0 = \{x_{2n}\}_{n=1}^\infty$ は B の真の部分集合である. $x_n \in B$ と $x_{2n} \in B_0$ を対応させることによって $B \sim B_0$. さらに $x \in A$, $x \notin B$ である x にそれ自身を対応させると, A はその真の部分集合と一対一に対応することになる.

問　題 2 (p.11)

1. 交換法則と結合法則は定義から容易に示されるから, 配分法則 $A \cap (B \cup C) = (A \cap B) \cup (A \cap C)$ を示そう. まず, $x \in A \cap (B \cup C)$ とすれば, $x \in A$ かつ $x \in B \cup C$; すなわち, $x \in A$ かつ「$x \in B$ または $x \in C$」. これは「$x \in A$ かつ $x \in B$」または「$x \in A$ かつ $x \in C$」であること; すなわち, $x \in A \cap B$ または $x \in A \cap C$ にほかならないから, $x \in (A \cap B) \cup (A \cap C)$. ゆえに, $A \cap (B \cup C) \subset (A \cap B) \cup (A \cap C)$. つぎに, $x \in (A \cap B) \cup (A \cap C)$ とすれば, 上の論法を逆にたどって, $x \in A \cap (B \cup C)$. ゆえに, $(A \cap B) \cup (A \cap C) \subset A \cap (B \cup C)$. 他方の配分法則については, $A \cap A^c = \emptyset$ と $A^c \cup C^c = (A \cap C)^c$ (次問の特別な場合) とに注意して, $A \cap (B - C) = A \cap (B \cap C^c) = ((A \cap A^c) \cap B) \cup (A \cap (B \cap C^c)$

$=((A\cap B)\cap A^c)\cup((A\cap B)\cap C^c)=(A\cap B)\cap(A^c\cup C^c)=(A\cap B)\cap(A\cap C)^c=A\cap B-A\cap C$.

2. $x\in(\bigcup A_\nu)^c$ ならば，$x\notin\bigcup A_\nu$．ゆえに，すべての ν に対して $x\notin A_\nu$ すなわち $x\in A_\nu^c$．したがって，$x\in\bigcap A_\nu^c$ となるから，$(\bigcup A_\nu)^c\subset\bigcap A_\nu^c$．この論法は逆にたどれるから，$\bigcap A_\nu^c\subset(\bigcup A_\nu)^c$．よって，$(\bigcup A_\nu)^c=\bigcap A_\nu^c$．この関係で A_ν の代りに A_ν^c を入れれば，$(\bigcup A_\nu^c)^c=\bigcap A_\nu^{cc}$．ゆえに，$(\bigcup A_\nu^c)^c=\bigcap A_\nu$ となるから，両辺の余集合に移れば，$\bigcup A_\nu^c=(\bigcap A_\nu)^c$.

3. $(A\cap B)\cup(A\cap B^c)=A\cap(B\cup B^c)=A\cap\Omega=A$; $(A\cup B)\cap(A\cup B^c)=((A\cup B)\cap A)\cup((A\cup B)\cap B^c)=((A\cap A)\cup(B\cap A))\cup((A\cap B^c)\cup(B\cap B^c))=(A\cup(B\cap A))\cup(A\cap B^c)=A\cup((B\cap A)\cup(A\cap B^c))=A\cup(A\cap(B\cup B^c))=A\cup(A\cap\Omega)=A\cup A=A$．あるいは，後半は $B\cap A,\ A\cap B^c\subset A$ に注意すれば，簡単に $A\cup((B\cap A)\cup(A\cap B^c))=A$.

4. $C\cap(A\cup B)\subset C$ に注意し，$(A\cup C)\cap(B\cup C)=(A\cap B)\cup(A\cap C)\cup(C\cap B)\cup(C\cap C)=(A\cap B)\cup((C\cap(A\cup B))\cup C)=(A\cap B)\cup C$．これを利用すると，$(A\cap B)\cup(C\cap D)=(A\cup(C\cap D))\cap(B\cup(C\cap D))=((A\cup C)\cap(A\cup D))\cap((B\cup C)\cap(B\cup D))=(A\cup C)\cap(B\cup C)\cap(A\cup D)\cap(B\cup D)$.

5. 第一式の左辺はある i についてすべての j に対して $x\in A_{ij}$ をみたす x の全体，右辺はすべての k_i に対して $x\in A_{ik_i}$ となる i が存在するような x の全体であるから，両辺は一致する．第二式も同様；あるいは，第一式を余集合に適用して $\bigcup_i\bigcap_j A_{ij}^c=\bigcap_N\bigcup_i A_{ik_i}^c$ となるが，de Morgan の法則によって，この左辺は $\bigcup_i(\bigcup_j A_{ij})^c=(\bigcap_i\bigcup_j A_{ij})^c$，右辺は $\bigcap_N(\bigcap_i A_{ik_i})^c=(\bigcup_N\bigcap_i A_{ik_i})^c$ となる．

6. (i) $\varphi_{A\cap(B\cup C)}=\varphi_A\varphi_{B\cup C}=\varphi_A(1-(1-\varphi_B)(1-\varphi_C))=\varphi_A\varphi_B+\varphi_A\varphi_C-\varphi_A\varphi_B\varphi_C=\varphi_{A\cap B}+\varphi_{A\cap C}-\varphi_{A\cap B}\varphi_{A\cap C}=1-(1-\varphi_{A\cap B})(1-\varphi_{A\cap C})=\varphi_{(A\cap B)\cup(A\cap C)}$．ゆえに，$A\cap(B\cup C)=(A\cap B)\cup(A\cap C)$．(ii) $\varphi_{A\cap(B-C)}=\varphi_A(\varphi_B-\varphi_{B\cap C})=\varphi_A\varphi_B-\varphi_A\varphi_B\varphi_C=\varphi_{A\cap B}-\varphi_{(A\cap B)\cap(A\cap C)}=\varphi_{A\cap B-A\cap C}$．ゆえに，$A\cap(B-C)=A\cap B-A\cap C$.

7. 定理 1 による．

8. $M=\{X\,|\,X\notin X\}$ とおけば，$M\in M$ と仮定すると $M\notin M$ となり，

$M \notin M$ と仮定すると $M \in M$ となり，いずれにしても矛盾が生じる．

9. A から B_1 への対応を g，B から A_1 への対応を h で表す：$g(A)=B_1$, $h(B)=A_1$. g, h の合成を $f=h\circ g$ とし，$P_0=A-A_1$, $Q_0=A_1-h(B_1)$, $R_0=h(B_1)$ から出発して $P_\nu=f(P_{\nu-1})$, $Q_\nu=f(Q_{\nu-1})$, $R_\nu=f(R_{\nu-1})$ $(\nu=1, 2, \cdots)$ とおく．帰納的にわかるように，以下の和はすべて互いに素な集合の和として，$P_{\nu+1}\cup Q_{\nu+1}\cup R_{\nu+1}=f(P_\nu\cup Q_\nu\cup R_\nu)=f(R_{\nu-1})=R_\nu$; $A=P_0\cup Q_0\cup R_0=(P_0\cup Q_0)\cup(P_1\cup Q_1\cup R_1)=\bigcup_{\nu=0}^{n}P_\nu\cup\bigcup_{\nu=0}^{n}Q_\nu\cup R_n$ $(n=1, 2, \cdots)$, $A_1=Q_0\cup R_0=\bigcup_{\nu=1}^{n}P_\nu\cup\bigcup_{\nu=0}^{n}Q_\nu\cup R_n$ $(n=1, 2, \cdots)$. したがって，減少列 $\{R_\nu\}$ について $C=\bigcap_{\nu=0}^{\infty}R_\nu$ とおけば，$A=\bigcup_{\nu=0}^{\infty}P_\nu\cup\bigcup_{\nu=0}^{\infty}Q_\nu\cup C$, $A_1=\bigcup_{\nu=0}^{\infty}f(P_\nu)\cup\bigcup_{\nu=0}^{\infty}Q_\nu\cup C$. $P_\nu\sim f(P_\nu)$ であるから，$A\sim A_1$. ゆえに，$A\sim A_1\sim B$.

問　題 3 (pp. 13—14)

1. $x\in\overline{\lim}A_\nu$ ならば，無限に多くの ν に対して $x\in A_\nu$ すなわち $\varphi_\nu(x)=1$ となるから，$\overline{\lim}\,\varphi_\nu(x)=1$. $x\notin\overline{\lim}A_\nu$ ならば，有限個の ν を除くと $x\notin A_\nu$ すなわち $\varphi_\nu(x)=0$ となるから，$\overline{\lim}\,\varphi_\nu(x)=0$. ゆえに，$\overline{\lim}\,\varphi_\nu$ は $\overline{\lim}A_\nu$ の特性関数である．$x\in\underline{\lim}A_\nu$ ならば，殆んどすべての ν に対して $x\in A_\nu$ すなわち $\varphi_\nu(x)=1$ となるから，$\underline{\lim}\,\varphi_\nu(x)=1$. $x\notin\underline{\lim}A_\nu$ ならば，無限に多くの ν に対して $x\notin A_\nu$ すなわち $\varphi_\nu(x)=0$ となるから，$\underline{\lim}\,\varphi_\nu(x)=0$. ゆえに，$\underline{\lim}\,\varphi_\nu$ は $\underline{\lim}A_\nu$ の特性関数である．後半については，前半と下記問3を利用して，$\underline{\lim}\,\varphi_\nu=1-\overline{\lim}(1-\varphi_\nu)$ が $(\overline{\lim}A_\nu^c)^c=\underline{\lim}A_\nu$ の特性関数であることに注意してもよい．

2. $x\in B\cup C$ ならば，無限に多くの ν に対して $x\in A_\nu$ となるから，$x\in\overline{\lim}A_\nu$. $x\notin B\cup C$ ならば，すべての ν に対して $x\notin A_\nu$ となるから，$x\notin\overline{\lim}A_\nu$. ゆえに，$\overline{\lim}A_\nu=B\cup C$. $x\in B\cap C$ ならば，すべての ν に対して $x\in A_\nu$ となるから，$x\in\underline{\lim}A_\nu$. $x\notin B\cap C$ ならば，無限に多くの ν に対して $x\notin A_\nu$ となるから，$x\notin\underline{\lim}A_\nu$. ゆえに，$\underline{\lim}A_\nu=B\cap C$.

3. de Morgan の法則によって，$(\overline{\lim}A_\nu)^c=(\bigcap_{\mu=1}^{\infty}\bigcup_{\nu=\mu}^{\infty}A_\nu)^c=\bigcup_{\mu=1}^{\infty}(\bigcup_{\nu=\mu}^{\infty}A_\nu)^c=\bigcup_{\mu=1}^{\infty}\bigcap_{\nu=\mu}^{\infty}A_\nu^c=\underline{\lim}A_\nu^c$. ついで，この関係で A_ν の代りに A_ν^c を入れれば，$(\overline{\lim}A_\nu^c)^c=\underline{\lim}A_\nu^{cc}$ したがって $\overline{\lim}A_\nu^c$

$=(\underline{\lim}A_\nu)^c$. つぎに，$\{\bigcup_{\nu=\mu}^\infty A_\nu\}_\mu$ は減少列であるから，$\lim_{\mu\to\infty}\bigcup_{\nu=\mu}^\infty A_\nu$ $=\bigcap_{\mu=1}^\infty\bigcup_{\nu=\mu}^\infty A_\nu=\overline{\lim}\,A_\nu$. また，$\{\bigcap_{\nu=\mu}^\infty A_\nu\}_\mu$ は増加列であるから，$\lim_{\mu\to\infty}\bigcap_{\nu=\mu}^\infty A_\nu=\bigcup_{\mu=1}^\infty\bigcap_{\nu=\mu}^\infty A_\nu=\underline{\lim}\,A_\nu$.

4. $\{A_\nu\}$ は増加列であるから，$\lim A_\nu=\bigcup A_\nu$. $f(x)>c$ ならば，$f(x)-c>0$ であり，$\nu>1/(f(x)-c)$ をみたす ν に対して $f(x)>c+1/\nu$ すなわち $x\in A_\nu$. 逆に，ある ν に対して $x\in A_\nu$ ならば，$f(x)>c+1/\nu$ から $f(x)>c$. ゆえに，$\bigcup A_\nu=\{x\,|\,f(x)>c\}$. $\{B_\nu\}$ は減少列であるから，$\lim B_\nu=\bigcap B_\nu$. $f(x)\geqq c$ ならば，すべての ν に対して $f(x)>c-1/\nu$ すなわち $x\in B_\nu$. 逆に，すべての ν に対して $x\in B_\nu$ ならば，$f(x)>c-1/\nu$ $(\nu=1,2,\cdots)$ から $f(x)\geqq c$. ゆえに，$\bigcap B_\nu=\{x\,|\,f(x)\geqq c\}$. 残りも同様にして，または上の結果を利用してえられる: $\bigcap\{x\,|\,f(x)<c+1/\nu\}=\bigcap\{x\,|\,-f(x)>-c-1/\nu\}=\{x\,|\,-f(x)\geqq -c\}=\{x\,|\,f(x)\leqq c\}$; $\bigcup\{x\,|\,f(x)<c-1/\nu\}=\bigcup\{x\,|\,-f(x)>-c+1/\nu\}=\{x\,|\,-f(x)>-c\}=\{x\,|\,f(x)<c\}$.

5. 前問の結論と一致する.

問　題 4 (pp. 21—22)

1. A_ν がすべて開集合のとき，$x\in\bigcup A_\nu$ とすれば，ある ν に対して $x\in A_\nu$ となり，$N_x\subset A_\nu$ である $N_x\in\mathfrak{N}$ が存在して $N_x\subset\bigcup A_\nu$. A_ν がすべて閉集合のとき，$(\bigcap A_\nu)^c=\bigcup A_\nu^c$ は開集合の和として開集合であるから，$\bigcap A_\nu$ は閉集合である.

2. 一点から成る集合 $\{a\}$ に対して，その余集合は開集合である. じっさい，$x\in\{a\}^c$ とすれば，$x\neq a$ であるから，$N_x\cap N_a=\emptyset$ である近傍が存在するから，$N_x\subset\{a\}^c$. ゆえに，$\{a\}$ は閉集合である. 定理4を用いると帰納法によって，有限集合は閉集合である.

3. 仮に $\boldsymbol{R}^N$ が連結でないとすれば，ある開集合 $A\neq\emptyset$, $\boldsymbol{R}^N$ に対して A^c も開集合となる. $a\in A$, $b\in A^c$ とすれば，各 t $(0\leqq t\leqq 1)$ に対して $u(t)=(1-t)a+tb\in\boldsymbol{R}^N$. $u(0)=a$ のある近傍は A に含まれ，$u(1)=b$ のある近傍は A^c に含まれる. ゆえに，$t_0=\sup\{t\,|\,u(t)\in A\}$ とおけば，$0<t_0<1$. $u(t_0)$ の任意な近傍には A^c の点も A の点も含まれるから，$u(t_0)\notin A\cup A^c=\boldsymbol{R}^N$. これは不合理.

4. 有理点の全体から成る部分空間を X とする. $\omega>0$ を一つの無

理数として $A=\{x\in X \mid \|x\|^2<\omega\}$ とおけば，これは X の開集合である．$\{x\in X \mid \|x\|^2=\omega\}=\varnothing$ であるから，X に関する余集合は $A^c=\{x\in X \mid \|x\|^2>\omega\}$ となる．A^c も X の開集合であるから，A は閉集合でもある．

5. 距離についての条件のうちで，1° と 2° は容易にわかる．3° については，$\rho(z,x)=\sup|z(t)-x(t)|=\sup|-(x(t)-y(t))-(y(t)-z(t))|\leqq\sup|x(t)-y(t)|+\sup|y(t)-z(t)|=\rho(x,y)+\rho(y,z)$．

6. 任意な $\varepsilon>0$ に対して適当な $z_1, z_2\in A\cup B$ をとれば，$\delta(A\cup B)<\rho(z_1,z_2)+\varepsilon/2$．$z_1, z_2\in A$ または $z_1, z_2\in B$ ならば，それぞれ $\rho(z_1,z_2)\leqq\delta(A)$ または $\rho(z_1,z_2)\leqq\delta(B)$ であるから，$\delta(A\cup B)<\delta(A)+\delta(B)+\varepsilon/2$．$z_1\in A, z_2\in B$ ならば，適当な $x_0\in A, y_0\in B$ をとれば，$\rho(A,B)>\rho(x_0,y_0)-\varepsilon/2$ となるから，$\delta(A\cup B)<\rho(z_1,z_2)+\varepsilon/2\leqq\rho(z_1,x_0)+\rho(x_0,y_0)+\rho(y_0,z_2)+\varepsilon/2<\delta(A)+\rho(A,B)+\varepsilon/2+\delta(B)+\varepsilon/2$．いずれにしても，$\varepsilon>0$ の任意性により $\delta(A\cup B)\leqq\delta(A)+\delta(B)+\rho(A,B)$．

7. 任意な $x\in(\bigcup F_\nu)^c$ に対して $\rho(x,F_\nu)\geqq\rho(p,F_\nu)-\rho(p,x)\to\infty$ であるから，適当な n をえらべば，$\rho(x,F_\nu)>1$ $(\nu>n)$．$x\notin F_\nu$ $(\nu\leqq n)$ であるから，$\eta=\min(\rho(x,F_1),\cdots,\rho(x,F_n),1)>0$ とおけば，すべての ν に対して $\rho(x,F_\nu)\geqq\eta$ となるから，$S(x;\eta)\subset F_\nu^c$．ゆえに，$S(x;\eta)\subset\bigcap F_\nu^c=(\bigcup F_\nu)^c$．したがって，$(\bigcup F_\nu)^c$ は開集合，$\bigcup F_\nu$ は閉集合である．

8. $\|x\|_\infty=\max|x_j|\leqq(\sum|x_j|^p)^{1/p}=\|x\|_p$．$1\leqq p_1<p_2<\infty$ のとき，$\sum|x_j|^{p_1}=X$ とおけば，$|x_j|/X^{1/p_1}\leqq1$ であるから，$(|x_j|/X^{1/p_1})^{p_2}\leqq(|x_j|/X^{1/p_1})^{p_1}=|x_j|^{p_1}/X$．$j$ について加えると，$\sum(|x_j|/X^{1/p_1})^{p_2}\leqq1$ すなわち $\sum|x_j|^{p_2}\leqq X^{p_2/p_1}=(\sum|x_j|^{p_1})^{p_2/p_1}$，$\|x\|_{p_2}\leqq\|x\|_{p_1}$．最後に，$\|x\|_1=\sum|x_j|\leqq N\max|x_j|=N\|x\|_\infty$．

9. 帰納法による．$\sum_{\nu=1}^n 1/p_\nu=1$ とし，$1-1/p_n=1/q$ とおけば，$\sum_{\nu=1}^{n-1}q/p_\nu=1$．$n-1$ の場合の不等式を仮定すると，$\sum_j\prod_{\nu=1}^{n-1}|x_{\nu j}|^q\leqq\prod_{\nu=1}^{n-1}(\sum_j|x_{\nu j}|^{q\cdot p_\nu/q})^{q/p_\nu}$．Hölder の不等式を利用して，$\sum_j\prod_{\nu=1}^n|x_{\nu j}|=\sum_j|x_{nj}|\prod_{\nu=1}^{n-1}|x_{\nu j}|\leqq(\sum_j|x_{nj}|^{p_n})^{1/p_n}(\sum_j\prod_{\nu=1}^{n-1}|x_{\nu j}|^q)^{1/q}$
$\leqq(\sum_j|x_{nj}|^{p_n})^{1/p_n}\prod_{\nu=1}^{n-1}(\sum_j|x_{\nu j}|^{p_\nu})^{1/p_\nu}=\prod_{\nu=1}^n(\sum_j|x_{\nu j}|^{p_\nu})^{1/p_\nu}$．

10. Minkowski の不等式によって，まず $(\sum_j|\sum_{\nu=1}^n x_{\nu j}|^p)^{1/p}\leqq(\sum_j|\sum_{\nu=1}^{n-1}x_{\nu j}|^p)^{1/p}+(\sum_j|x_{nj}|^p)^{1/p}$．帰納法による．

問　題　5 (p. 27)

1.　有限集合を $\{x_\nu\}_{\nu=1}^{n}$ とする．$x \neq x_\nu$ $(\nu=1, \cdots, n)$ とすれば，分離公理により，x, x_ν の適当な近傍 N, N_ν をとると，$N \cap N_\nu = \emptyset$ となるから，$x_\nu \notin N$ $(\nu=1, \cdots, n)$．また，$x=x_\mu$ ならば，$x_\nu \notin N$ $(x_\nu \neq x)$ である N が存在する．

2.　$x \in \bar{E} = E \cup E'$ ならば，$x \in E$ または $x \in E'$．$x \in E$ のときはつねに $x \in N_x$ であるから $x \in N_x \cap E$, $x \in E'$ のときは定義によりすべての N_x に対して $N_x \cap E \neq \emptyset$．逆に，$x \in \{x \mid \forall N_x \cap E \neq \emptyset\}$ ならば，$\forall N_x \cap E \neq \emptyset$ にもとづいて，$x \in E$ であるか，さもなければ $x \in E'$．いずれにしても $x \in E \cup E' = \bar{E}$．

3.　定理3により $\bar{\bar{E}} = \bar{E} = E$．定理4により E° は開集合であるから，$E^{\circ\circ} = E^\circ$．つぎに，$\bar{E} = E^\circ \cup \partial E \subset E \cup \partial E \subset \bar{E} \cup \partial E = (E^\circ \cup \partial E) \cup \partial E = E^\circ \cup \partial E = \bar{E}$ から $\bar{E} = E \cup \partial E$．最後に，$\partial E^c = (E^{c\circ} \cup E^{cc\circ})^c = (E^\circ \cup E^{c\circ})^c = \partial E$であるから，$\bar{E} \cap \overline{E^c} = (E^\circ \cup \partial E) \cap (E^{c\circ} \cup \partial E) = \partial E$.

4.　E が開集合ならば，$E = E^\circ \subset \bar{E}^\circ$．　E が閉集合ならば，$E = \bar{E} \supset \overline{E^\circ}$．

5.　$\bar{A}$, $\bar{B} \subset \overline{A \cup B}$ から $\bar{A} \cup \bar{B} \subset \overline{A \cup B}$．$x \in \overline{A \cup B}$ とすれば，任意な近傍に対して $N_x \cap (A \cup B) \neq \emptyset$ であるから，$N_x \cap A \neq \emptyset$ または $N_x \cap B \neq \emptyset$．ゆえに，$\overline{A \cup B} \subset \bar{A} \cup \bar{B}$．つぎに，$\overline{A \cap B} \subset \bar{A}$, $\bar{B}$ から $\overline{A \cap B} \subset \bar{A} \cap \bar{B}$.——必ずしも $\overline{A \cap B} = \bar{A} \cap \bar{B}$ とはならない；例えば，$\boldsymbol{R}_N$ で有理点の全体を A，その余集合を B とすれば，$\overline{A \cap B} = \emptyset$，$\bar{A} \cap \bar{B} = \boldsymbol{R}^N$.

6.　A が開集合ならば，$x \in A \cap \bar{B}$ に対して近傍 $N_x \subset A$ が存在し，しかも $N_x \cap (B - \{x\}) \neq \emptyset$．ゆえに，$\emptyset \neq N_x \cap (A \cap (B - \{x\})) = N_x \cap (A \cap B - \{x\})$．最後の関係は任意な近傍 N_x に対して成り立つことがわかるから，$x \in \overline{A \cap B}$.

7.　E が開集合ならば，$E^{-c} = E^{c\circ}$；$E^{-c-c} = (E^{c\circ})^{c\circ} = (E^{c\circ c})^\circ = E^{-\circ} = E$．$E$ を任意な集合として E^{-c-c} は開集合であるから，$E^{-c-c-c-c} = (E^{-c-c})^{-c-c} = E^{-c-c}$.

8.　$\bigcup B_\alpha = M \cup N$, $M \cap N = \emptyset$ において，M, N は $\bigcup B_\alpha$ 上での開部分集合であるとする．$\emptyset \neq \bigcap B_\alpha = (M \cup N) \bigcap B_\alpha = \bigcap (M \cap B_\alpha) \cup \bigcap (N \cap B_\alpha)$．一般性を失うことなく，$\bigcap (M \cap B_\alpha) \neq \emptyset$ とする；したがって，

すべての α に対して $M\cap B_\alpha \neq \emptyset$. B_α の連結性から分割 $B_\alpha=(M\cap B_\alpha)\cup(N\cap B_\alpha)$ にもとづいて，すべての α に対して $N\cap B_\alpha=\emptyset$. ゆえに，$N=N\cap\bigcup B_\alpha=\bigcup(N\cap B_\alpha)=\emptyset$.

9. 前問と同様な M, N をもって $\bar{E}=M\cup N$ とすれば，連結集合 E の分割 $E=(E\cap M)\cup(E\cap N)$ から例えば $E\cap N=\emptyset$. N は開であるから，その各点は E と素な近傍をもち，$N=\bar{E}\cap N=\emptyset$.

10. 連結集合 $E\subset \boldsymbol{R}^1$ に対して，その下限，上限をそれぞれ a, b とする． 仮に $c\in(a, b)$, $c\notin E$ であったとすれば，$E=((-\infty, c)\cap E)\cup((c, \infty)\cap E)$ は連結集合 E 上での開集合への分割であるから，例えば $(c, \infty)\cap E=\emptyset$ とする．これは $b=\sup E$ に反する．ゆえに，$(a, b)\subset E$ であって，E は開区間 (a, b) またはその一方ないしは両方の端点をつけ加えたものとなる．

11. 空でない開集合 $E\subset \boldsymbol{R}^N$ が連結であるとする．一点 $x_0\in E$ を固定し，x_0 と E に属する屈折線で結べるような E の点全体を A で表し，$B=E-A$ とする．各点 $a\in A$ に対して，その適当な近傍 U_a は E に含まれる．U_a の点はすべて a と線分で結べるから，$U_a\subset A$ となり，A は開集合である．各点 $b\in B$ に対してその適当な近傍 U_b は E に含まれ，U_b の点はすべて b と線分で結べるのに b は x_0 と E の屈折線で結べないから，$U_b\subset B$ となり，B も開集合である．分割 $E=A\cup B$ において，$x_0\in A$ であるから $B=\emptyset$, $E=A$ でなければならない．そして，E の任意な二点は x_0 を経由して屈折線で結べる．逆を示すために，仮に互いに素な開集合 $A, B\neq\emptyset$ をもって $E=A\cup B$ であったとする．$a\in A$ と $b\in B$ が E 内の屈折線で結べるならば，屈折線を構成するある一辺の一端 α が A に他端 β が B に属する．この辺の表示 $x(t)=(1-t)\alpha+t\beta$ $(0\leqq t\leqq 1)$ において，t の区間 $(0, 1)$ の始部は A に，終部は B に属する点に対応し，区間全体として $A\cup B$ に属する点に対応する．これは問 10 の命題と矛盾する．ゆえに，E は連結である．

12. 空間の点集合の諸性質は，開集合の概念をもとにして定められる．そして，定理 4.1 で示したように，開集合であるという性質は，同値な近傍系へ移っても保存される．

13. 各 n に対して $x_n\in\bigcap_{\nu=1}^{n}E_\nu$ を任意にえらぶ．E がコンパクト

であるから，列 $\{x_n\}\subset E$ は集合として無限集合ならば集積点 $x_0\in E$ をもち，有限集合ならば無限回反復される項 $x_0\in E$ をもつ．いずれの場合にも，各 ν に対して $x_n\in E_\nu$ $(n\geqq\nu)$ であって E_ν が閉集合であるから，$x_0\in E_\nu$．ゆえに，$x_0\in\bigcap_{\nu=1}^{\infty}E_\nu$．——あるいは，コンパクトな集合の部分閉集合はコンパクトであることに注意すれば，定理6から直ちにわかる．

14. 三進集合はつぎの構造をもっている：閉区間 [0, 1] から出発し，これを三等分して中央の開区間 (1/3, 2/3) を除く；その残りの二つの閉区間のおのおのを三等分してそれぞれの中央の開区間を除く；以下，同様な操作をつづける．各段階で残った点全体の集合を A_n とするとき，$\bigcap_{n=1}^{\infty}A_n$ が三進集合である．これは閉集合の減少列として，定理6系により空でない閉集合である．他方で，この集合の点の三進小数展開からわかるように，十分先の桁でそれと異なる展開をもつ集合の点が存在するから，三進集合は自己稠密である．——§40 例1参照．

問　題 6 (pp. 31—32)

1. 定理8からわかる．

2. 閉集合 F に対して，開集合 F^c を前問により閉集合の増加列 $\{F_\nu\}$ で近似すれば，F は開集合の減少列 $\{F_\nu^c\}$ で近似されている．

問　題 7 (p. 33)

1. 定理1の証明の論法が，それぞれに対して通用する．

2. 定理6.8により開集合は閉区間の和として表せる．逆に，閉区間は開集合の余集合である．定理2を参照すれば，開集合を $\mathfrak{B}$ の構成礎石としてよい．

3. 一点は閉集合であるから，高々可算集合は $\mathfrak{F}_\sigma$ 集合として Borel 集合である．

問　題 8 (p. 35)

1. 仮に E がコンパクトでなかったとすれば，ある無限集合 $A\subset E$ は $A'\cap E=\emptyset$ をみたす．各 $x\in E$ は A の集積点でないから，その適当な近傍 U_x に対して $A\cap U_x$ は有限集合である．開集合系 $\{U_x\}_{x\in E}$

は E を覆うから，その有限部分系 $\{U_{x_\nu}\}_{\nu=1}^n$ が E を覆うとする：$E \subset \bigcup_{\nu=1}^n U_{x_\nu}$．このとき，$A=A\cap E=\bigcup_{\nu=1}^n (A\cap U_{x_\nu})$ となるが，この右辺は有限集合であって，A が無限集合であったことに反する．

2. 各 $y\in F$ に対して，f の連続性から適当な $\delta(y)>0$ をえらべば，$x\in S(y;\ \delta(y))\cap F$ のとき $|f(x)-f(y)|<1$ である．有界閉集合 $F \subset \bigcup_{y\in F} S(y;\ \delta(y))$ はコンパクトであるから，適当に $\{y_\nu\}_{\nu=1}^n \subset F$ をとれば，$F\subset \bigcup_{\nu=1}^n S(y_\nu;\ \delta(y_\nu))$．任意な $y\in F$ をとれば，ある ν に対して $y\in S(y_\nu;\ \delta(y_\nu))$ となるから，すべての $x\in S(y_\nu;\ \delta(y_\nu))\cap F$ に対して $|f(x)|<|f(y_\nu)|+1$．ゆえに，任意な $x\in F$ に対して $|f(x)| <\sum_{\nu=1}^n |f(y_\nu)|+n$；すなわち，$f$ は F で有界である．$\sup_F f=M$ とおけば，適当な列 $\{x_\nu\}\subset F$ に対して $f(x_\nu)\to M$．$\{x_\nu\}$ の集積点の一つを $\xi\in F$ とし，これに収束する部分列を $\{x_{\kappa_\nu}\}$ とすれば，連続性によって $M=\lim f(x_{\kappa_\nu})=f(\xi)$．最小値についても同様．

問　題 9 (p. 37)

1. 任意な自然数 n に対して $V_n=\{0\leqq x_j<1/n\ (j=1, \cdots, N)\}$ とおけば，W は V_n と合同な n^N 個の互いに素な立方体の和とみなされるから，2°, 3°, 4° により $m(V_n)=1/n^N$．k_j を自然数として $r_j=k_j/n$ とおけば，$\{0\leqq x_j<r_j\ (j=1, \cdots, N)\}$ は V_n と合同な $\prod_{j=1}^N k_j$ 個の互いに素な立方体の和とみなされるから，2° と 3° とによってその測度は $\prod_{j=1}^N k_j\cdot m(V_n)=\prod_{j=1}^N r_j$．各 j について狭義の増加有理数列 $\{r_{j\nu}\}_{\nu=1}^\infty$ を $0<r_{j\nu}\to b_j-a_j\ (\nu\to\infty)$ であるようにとる．$A_\nu=\{0\leqq x_j<r_{j\nu}\ (j=1, \cdots, N)\}$ とおけば，$m(A_\nu)=\prod_{j=1}^N r_{j\nu}$．$A_{\nu+1}-A_\nu$ も有理数の長さの稜をもつ互いに素な立方体の和とみなされるから，その測度が存在し，2° によって $m(A_{\nu+1})=m(A_\nu)+m(A_{\nu+1}-A_\nu)$．そして，$I=A_1\cup\bigcup_{\nu=1}^\infty (A_{\nu+1}-A_\nu)$ であるから，2° によって $m(I)=m(A_1)+\sum_{\nu=1}^\infty m(A_{\nu+1}-A_\nu) =m(A_1)+\sum_{\nu=1}^\infty (m(A_{\nu+1})-m(A_\nu)) = \lim_{\nu\to\infty} m(A_\nu) = \lim_{\nu\to\infty}\prod_{j=1}^N r_{j\nu} =\prod_{j=1}^N (b_j-a_j)$．

2. 前問と同様にして，$A_\nu=\{b_j-r_{j\nu}\leqq x_j<b_j\ (j=1, \cdots, N)\}$ を用いると，$I^\circ=A_1\cup\bigcup_{\nu=1}^\infty (A_{\nu+1}-A_\nu)$ となることに注意すればよい．

3. $(E_2-E_1)\cap E_1=\emptyset$ であるから，2° によって $m(E_2-E_1)+m(E_1) =m((E_2-E_1)\cup E_1)=m(E_2)$，すなわち $m(E_2-E_1)=m(E_2)-m(E_1)$．

1° により $m(E_2-E_1)\geqq 0$ であるから，$m(E_1)\leqq m(E_2)$；ただし，$m(E_2-E_1)=\infty$ ならば，$m(E_2)=\infty$ となるだけである．

問　題 10 (p. 42)

1. 定理 1 により一点から成る集合の外測度は 0 に等しいから，$e=\bigcup_{\nu=1}^{\infty}\{x_\nu\}$ に対して定理 3 により $m^*e\leqq\sum m\{x_\nu\}=0$.

2. 定理 2 により $E\supset I$ ならば，$m^*E\geqq mI=|I|>0$.

3. $E\subset I$ とすれば，$m^*E\leqq|I|<\infty$.

4. 指定された稜長の限界を δ とする．$m^*E<\infty$ としてよい．I_λ の一つを代表的に $I=\{a_j<x_j<b_j\ (j=1, \cdots, N)\}$ で表す．各 j について，$n_j>(b_j-a_j)/\delta$ をみたす自然数をとり，さらに $n_j\delta>r_j>b_j-a_j$ をみたす有理数 r_j をとる．$(a_j, b_j)\in\boldsymbol{R}^1$ を n_j 等分してえられる小区間を $i_{j\nu}$ $(\nu=1, \cdots, n_j)$ とし，各 $i_{j\nu}$ を中点のまわりに $\alpha_j=r_j/(b_j-a_j)$ (>1) 倍に拡大してえられる区間を $\hat{i}_{j\nu}$ とする．r_j を適当にえらぶことにより，任意な正数 $\varepsilon<1$ に対して $(1<)\prod_{j=1}^{N}\alpha_j<1+\varepsilon/(1+2m^*E)$ であるようにできる．さて，I は $\hat{i}_{j\nu}$ $(j=1, \cdots, N)$ を稜とする $\prod_{j=1}^{N}n_j$ 個の $\boldsymbol{R}^N$ の区間 $\{J_{j\nu}\}$ $(\nu=1, \cdots, n_j;\ j=1, \cdots, N)$ で覆われ，それらの稜長 $\alpha_j(b_j-a_j)/n_j=r_j/n_j$ はすべて有理数である．また，$\sum_{j,\nu}|J_{j\nu}|=(\prod_j\alpha_j)|I|$. さて，$m^*E>\sum|I_\lambda|-\varepsilon/2$ とし，各 $I_\lambda=I$ を上のような $\{J_{j\nu}\}_{j,\nu}$ でおきかえれば，E を覆う高々可算個の開区間の和が所定の条件をみたし，それらの体積の総和は $(\prod_j\alpha_j)\sum_\lambda|I_\lambda|<(1+\varepsilon/(1+2m^*E))\cdot(m^*E+\varepsilon/2)<m^*E+\varepsilon$.

5. $m^*(A\cup B)<\infty$ としてよい．$A\cup B\subset\bigcup I_\lambda$，$m^*(A\cup B)>\sum|I_\lambda|-\varepsilon$ において，前問により I_λ の稜長はすべて $\rho(A, B)/2$ より小さいものに限定する．このとき各 I_λ は B または A と素になるから，分離して $\bigcup I_\lambda=\bigcup I_{1\nu}\cup\bigcup I_{2\nu}$，$I_{1\nu}\cap B=\emptyset=I_{2\nu}\cap A$ とかける．したがって，$m^*(A\cup B)>\sum|I_\lambda|-\varepsilon=\sum(|I_{1\nu}|+|I_{2\nu}|)-\varepsilon\geqq m^*A+m^*B-\varepsilon$. 他方で，定理 12 により，一般に $m^*(A\cup B)\leqq m^*A+m^*B$.

6. 仮に $e=\{x_1\,|\,(x_1, \cdots, x_N)\in E\}\subset\boldsymbol{R}^1$ の一次元外測度が 0 あったとすれば，任意な $\varepsilon>0$ と各自然数 n に対して，長さの総和が $\varepsilon/2^n n^{N-1}$ より小さい $\boldsymbol{R}^1$ の高々可算個の開区間の和で e を覆うことができる．したがって，$E\cap S(0;\ n)\in\boldsymbol{R}^N$ は体積の総和が $\varepsilon/2^n$ より小さい $\boldsymbol{R}^N$

の高々可算個の開区間の和で覆われるから，$m^*(E\cap S(0;\ n))<\varepsilon/2^n$. ゆえに，$m^*E=m^*(\bigcup_n(E\cap S(0;\ n)))\leqq\sum_n m^*(E\cap S(0;\ n))<\varepsilon$. 仮定に反して $m^*E=0$ となる.

問　題 11 (p. 46)

1. $E\supset I$ ならば，定理4により $m_*E\geqq m_*I=|I|>0$.

2. $m^*(E^c\cap e)=0$ であるから，定理10.4により，$E\cup e\subset O$ として $m_*(E\cup e)=mO-m^*(O-E\cup e)=mO-m^*((O-E\cup e)\cup(E^c\cap e))=mO-m^*(O-E)=m_*E$.

3. 定理10により $m_*(E_1\cup E_2)\geqq m_*E_1+m_*E_2$. 帰納法的に任意な n に対して $m_*(\bigcup_{\nu=1}^n E_\nu)\geqq\sum_{\nu=1}^n m_*E_\nu$. 無限個の E_ν が関与しているときは，まず $m_*(\bigcup_{\nu=1}^\infty E_\nu)\geqq\sum_{\nu=1}^n m_*E_\nu$，ついで $m_*(\bigcup E_\nu)\geqq\sum m_*E_\nu$.

4. $E_1\cap E_2=\emptyset$ ならば，$E_1\cup E_2\subset O$ のとき，$O-E_1=(O-E_1\cup E_2)\cup E_2$ から，定理10.3によって $m^*(O-E_1)\leqq m^*(O-E_1\cup E_2)+m^*E_2$. したがって，$m_*(E_1\cup E_2)=mO-m^*(O-E_1\cup E_2)\leqq mO-m^*(O-E_1)+m^*E_2=m_*E_1+m^*E_2$. つぎに，$(O-E_1\cup E_2)\cap E_1=\emptyset$ に注意し，定理10により $m_*(O-E_1\cup E_2)+m_*E_1\leqq m_*((O-E_1\cup E_2)\cup E_1)=m_*(O-E_2)$. ゆえに，$m_*E_1+m^*E_2\leqq m^*E_2+m_*(O-E_2)-m_*(O-E_1\cup E_2)=mO-m_*(O-E_1\cup E_2)=m^*(E_1\cup E_2)$.

5. $me=m^*e\leqq m^*E=mE=0$.

6. 問4によって，$\delta(E_1)-\delta(E_2)=m^*E_1-m_*E_1-m^*E_2+m_*E_2\leqq m^*(E_1\cup E_2)-m_*(E_1\cup E_2)=\delta(E_1\cup E_2)$；最後の項は E_1, E_2 について対称である. 定理10により $\delta(E_1\cup E_2)=m^*(E_1\cup E_2)-m_*(E_1\cup E_2)\leqq m^*E_1+m^*E_2-(m_*E_1+m_*E_2)=\delta(E_1)+\delta(E_2)$.

問　題 12 (p. 51)

1. $E=(\bigcup M_\nu)\cap E=\bigcup(M_\nu\cap E)$. 定理4により E は可測.

2. $me_\nu=0$ とすれば，$m^*(\bigcup e_\nu)\leqq\sum me_\nu=0$; $m(\bigcup e_\nu)=0$.

3. (i) E が(有限測度の)可測集合ならば，定理13.7(定理13.6の証明参照)により $m^*E-mF<\varepsilon$ である $F\subset E$ が存在する. 逆に，このような F が存在すれば，定理10.12と定理11.10により $mF\leqq m_*(E-F)+mF\leqq m_*E\leqq m^*E\leqq m^*(E-F)+mF<mF+\varepsilon$. (ii) E が可測な

らば，定理10.7により $O\supset E$ が存在して $m^*(O-E)=mO-mE<\varepsilon$. 逆に，このような O が存在すれば，$m_*E=mO-m^*(O-E)>m^*E-\varepsilon$.

4. E が可測ならば，区間の高々可算和をもって $E\subset\bigcup I_\lambda$, $mE>\sum|I_\nu|-\varepsilon$. $\bigcup I_\nu-E=e_2$ とおけば，$E\cap e_2=\emptyset$ であるから，$mE+me_2=m(E\cup e_2)=m(\bigcup I_\nu)\leqq\sum|I_\nu|<mE+\varepsilon$ すなわち $me_2<\varepsilon$. また，n を適当にえらべば，$\sum_{\nu=1}^\infty|I_\nu|<\sum_{\nu=1}^n|I_\nu|+\varepsilon$. ゆえに，$R=\bigcup_{\nu=1}^n I_\nu$, $\bigcup_{\nu=n+1}^\infty I_\nu=e_1$ とおけば，$E=R\cup e_1-e_2$ であって，$me_1\leqq\sum_{\nu=n+1}^\infty|I_\nu|<\varepsilon$. 逆に，条件をみたす E に対しては $m^*E=m^*(R\cup e_1-e_2)\leqq m^*(R\cup e_1)\leqq m^*R+m^*e_1<mR+\varepsilon$. また，$E\subset R\cup e_1\subset O$ とすれば，$O-E=O-(R\cup e_1-e_2)\subset(O-R\cup e_1)\cup e_2$ から $m^*(O-E)\leqq m^*(O-R\cup e_1)+m^*e_2$. ゆえに，問題11問4と定理11.10を用いて，$m_*E\geqq m_*(R\cup e_1)-m^*e_2\geqq m_*R+m_*e_1-m_*(R\cap e_1)-m^*e_2\geqq mR-m^*e_2>mR-\varepsilon$. したがって，$m_*E>mR-\varepsilon>m^*E-2\varepsilon$; $m_*E=m^*E$.

5. 定理10.12と問題11問4の結果によって，$mE_1+m^*E_2\leqq m_*E_1+m^*(E_2-E_1\cap E_2)+m^*(E_1\cap E_2)\leqq m^*(E_1\cup(E_2-E_1\cap E_2))+m^*(E_1\cap E_2)\leqq m^*(E_1\cup E_2)+m^*(E_1\cap E_2)\leqq m^*E_1+m^*E_2=mE_1+m^*E_2$; ゆえに，$m^*(E_1\cup E_2)+m^*(E_1\cap E_2)=mE_1+m^*E_2$. 定理11.10と問題11問4の結果によって，$mE_1+m_*E_2\geqq m^*E_1+m_*(E_2-E_1\cap E_2)+m_*(E_1\cap E_2)\geqq m_*(E_1\cup(E_2-E_1\cap E_2))+m_*(E_1\cap E_2)=m_*(E_1\cup E_2)+m_*(E_1\cap E_2)\geqq m_*E_1+m_*E_2=mE_1+m_*E_2$. 後半については，$E_1\cup E_2\subset O$ とし，前半の結果を E_1, E_2 の代りに $O-E_1$, $O-E_2$ に適用し，$(O-E_1)\cup(O-E_2)=O-E_1\cap E_2$, $(O-E_1)\cap(O-E_2)=O-E_1\cup E_2$ に注意してもよい.

問　題 13 (p. 57)

1. R^1 において，$E_{2\kappa-1}=[0,1]$, $E_{2\kappa}=[1,3]$ とすれば，$\overline{\lim}\,E_\nu=[0,3]$, $m(\overline{\lim}\,E_\nu)=3$; $\overline{\lim}\,mE_\nu=2$; $\underline{\lim}\,mE_\nu=1$; $\underline{\lim}\,E_\nu=\{1\}$, $m(\underline{\lim}\,E_\nu)=0$.

2. 定理12.1により $m(A_\nu\cup B_\nu)+m(A_\nu\cap B_\nu)=mA_\nu+mB_\nu$. また，$\lim(A_\nu\cup B_\nu)=A\cup B$, $\lim(A_\nu\cap B_\nu)=A\cap B$ となるから，定理5により問題の等式がえられる.

3. $m(\lim E_\nu)=0$, $\lim mE_\nu=\infty$.

4. 定理8にもとづいて，E の等測包 H をとる: $E\subset H\in\mathfrak{G}_\delta$, m^*E

$=mH$. $E\cap M\subset H\cap M$ から $m^*(E\cap M)\leqq m(H\cap M)$, $m^*(E-E\cap M)\leqq m(H-H\cap M)$. $mH=m^*E\leqq m^*(E\cap M)+m^*(E-E\cap M)\leqq m(H\cap M)+m(H-H\cap M)=mH$ であるから，ここですべて等号となり，特に $m^*(E\cap M)=m(H\cap M)$.

問 題 14 (pp. 59—60)

1. $E\subset\bigcup I_\lambda$, $m^*E>\sum|I_\lambda|-\varepsilon$ とすれば，$E^\tau\subset\bigcup I_\lambda^\tau$ であるから，定理 10.3 により $m^*E^\tau\leqq\sum m^*I_\lambda^\tau\leqq\sum|I_\lambda|<m^*E+\varepsilon$. 逆に，$E^\tau\subset\bigcup I_\lambda$, $m^*E^\tau>\sum|I_\lambda|-\varepsilon$ とすれば，$E\subset\bigcup I_\lambda^{\tau^{-1}}$ であるから，$m^*E<m^*E^\tau+\varepsilon$. ゆえに，$m^*E^\tau=m^*E$ となるから，定理 1 により τ は保測である.

2. 変換を τ で表し，$I=\{c_j<x_j<d_j\ (1\leqq j\leqq N)\}$ とする. (i) $I^\tau=\{c_j+a_j<'x_j<d_j+a_j\ (1\leqq j\leqq N)\}$; $|I^\tau|=\prod_{j=1}^N(d_j+a_j-(c_j+a_j))=\prod_{j=1}^N(d_j-c_j)=|I|$. (ii) $I^\tau=\{c_s<'x_r<d_s,\ c_r<'x_s<d_r,\ c_j<'x_j<d_j\ (1\leqq j\leqq N;\ j\neq r,s)\}$; $|I^\tau|=(d_s-c_s)(d_r-c_r)\prod_{j\neq r,s}(d_j-c_j)=(d_r-c_r)(d_s-c_s)\prod_{j\neq r,s}(d_j-c_j)=|I|$. (iii) $I^\tau=\{ac_r<'x_r<ad_r,\ a^{-1}c_s<'x_s<a^{-1}d_s,\ c_j<'x_j<d_j\ (1\leqq j\leqq N;\ j\neq r,s)\}$; $|I^\tau|=(ad_r-ac_r)(a^{-1}d_s-a^{-1}c_r)\prod_{j\neq r,s}(d_j-c_j)=(d_r-c_r)(d_s-c_s)\prod_{j\neq r,s}(d_j-a_j)=|I|$.
(iv) $a>0$ とすれば，$I^\tau=I\cup T_1-T_2$; ここに $T_1=\{d_r+ac_s\leqq'x_r<d_r+a'x_s,\ c_j<'x_j<d_j\ (1\leqq j\leqq N;\ j\neq r)\}$, $T_2=\{c_r+ac_s\leqq'x_r<c_r+a'x_s,\ c_j<'x_j<d_j\ (1\leqq j\leqq N;\ j\neq r)\}$. $I\cap T_1=\varnothing$ であって T_1 と T_2 は合同であるから，$mI^\tau=|I|+mT_1-mT_2=|I|$. $a=0$ のときは自明であり，$a<0$ のときは上と同様. なお，T_1 の可測性は容易にわかる; 実は $mT_1=(a/2)|I|$.

3. (i) は平行移動，(ii) は超平面 $x_s=x_r$ に関する反転である. 原点のまわりの回転は (iii) と (iv) の型の変換を結合してえられる.

問 題 15 (p. 62)

1. $\xi-\eta$ が有理数か無理数かに応じてそれぞれ $A(\xi)=A(\eta)$ または $A(\xi)\cap A(\eta)=\varnothing$. したがって，$B=\{x_\xi\}$ とおくとき，$x_\xi\neq x_\eta$ ならば，$x_\xi-x_\eta$ は無理数である. r を有理数とし，B を r だけ平行移動してえられる集合を B_r で表せば，B_r は B と合同であって，しかも異なる r に対して互いに素である. 仮に B が可測であったとすれば，可算個

の互いに素な集合 $\{B_r\}_{0<r<1}$ は区間 (1/2, 1) を覆い，区間 (0, 3/2) に含まれるから，$1/2 \leqq \sum_{0<r<1} mB_r \leqq 3/2$, $mB_r = mB$. これは不合理である．

2. ある開集合 O (したがって必然的にすべての O) に対して $mO < m^*E + m^*(O-E)$ ならば，E は非可測である(定義の条件参照)．$F \subset E \subset O$ である任意な閉集合 F と開集合 O に対して $\sup mF < \inf mO$ ならば，E は非可測である．

問　題 16 (pp. 68—69)

1. 定理1: f が c で上に半連続ならば，$f(c) \geqq \overline{\lim} f(x)$ であるから，$-f(c) \leqq -\overline{\lim} f(x) = \underline{\lim}(-f(x))$；すなわち，$-f$ は c で下に半連続である．c で f が下に半連続ならば，$f(c) \leqq \underline{\lim} f(x)$ から $-f(c) \geqq -\underline{\lim} f(x) = \overline{\lim}(-f(x))$ となり，$-f$ は上に半連続である．E については，その各点で考えればよい．定理2: f が c で上にも下にも連続なことは $f(c) \geqq \overline{\lim} f(x) \geqq \underline{\lim} f(x) \geqq f(c)$ と同値であり，これは f が c で連続なことを表す条件 $\lim f(x) = f(c)$ とも同値である．E については，その各点で考えればよい．

2. f が E で上[下]に半連続であるための条件は，定理3により，$E(f \geqq [\leqq] \alpha)$ が E 上で閉じていることである．これは $E(f < [>] \alpha) = E - E(f \geqq [\leqq] \alpha)$ が E 上で開いていることにほかならない．

3. $\boldsymbol{R}^N(\varphi \leqq \alpha)$ は $\alpha \geqq 1$, $1 > \alpha \geqq 0$, $0 > \alpha$ のときそれぞれ $\boldsymbol{R}^N$, E^c, $\emptyset$. 定理3によって，φ が下に半連続であるための条件は，E^c が $\boldsymbol{R}^N$ で閉じていること，すなわち，E が開集合であることである．E, φ の代りに E^c, $1-\varphi$ を考えれば，φ が上に半連続であるための条件は，E^c が開集合であること，すなわち，E が閉集合であることである．

4. 有界閉集合 E で f が上[下]に半連続とし，$l[g] = \sup[\inf]\{f(x) \mid x \in E\}$ とおけば，$\lim f(x_n) = l[g]$ となる $\{x_n\} \subset E$ が存在する．適当な部分列 $\{x_{\nu_n}\}$ をとって $\lim x_{\nu_n} = c \in E' \subset E$ とすれば，$l[g] = \lim f(x_{\nu_n}) = \overline{\lim}[\underline{\lim}] f(x_{\nu_n}) \leqq [\geqq] f(c)$. 他方で $l[g]$ は上[下]限であるから，$l[g] \geqq [\leqq] f(c)$. ゆえに，$c \in E$, $f(c) = l[g]$.

5. $\{f_\nu\}_{\nu=1}^n$ の各元が c で上[下]に半連続ならば，$x \to c$ のとき，$\overline{\lim}[\underline{\lim}] \sum_{\nu=1}^n f_\nu(x) \leqq [\geqq] \sum_{\nu=1}^n \overline{\lim}[\underline{\lim}] f_\nu(x) \leqq [\geqq] \sum_{\nu=1}^n f_\nu(c)$.

6. $x \to c$ のとき，$\overline{\lim}[\underline{\lim}]\varphi(f(x))=\varphi(\overline{\lim}[\underline{\lim}]f(x))\leqq[\geqq]\varphi(f(c))$.

7. $\boldsymbol{R}^1$ において，$E=[2, 3]$，$f_\nu(x)=x^\nu$ とおけば，$\tilde{f}_\nu(x)=x^\nu/(1+x^\nu)$．$\{\tilde{f}_\nu\}$ は Cauchy の判定条件をみたすが，$\{f_\nu\}$ はこれをみたさない．

8. 連続関数列 $\{f_\nu\}$ が f に一様収束すれば，連続関数列 $\{\tilde{f}_\nu\}$ が $\tilde{f}$ に一様収束し，$\tilde{f}$ は連続となるから，f が連続である．

問　題 17 (p. 72)

1. f の不連続点を $\{c_\kappa\}_{\nu=1}^n$ とし，c_κ の $\delta(>0)$ 近傍は互いに素であるとする．$0<\rho\leqq\delta$ とし，各 c_ν の ρ 近傍で f をつぎの関数でおきかえる：$(\rho-\|x-c_\nu\|)\rho^{-1}f(c_\nu)+\|x-c_\nu\|\rho^{-1}f(c_\nu+\rho(x-c_\nu)\|x-c_\nu\|^{-1})$; ただし，第二項は $x=c_\nu$ のとき 0 であるとする．この修正で f からえられる関数を f_ρ で表せば，各 ρ に対して f_ρ は連続であって，$f_\rho \to f\ (\rho\to+0)$．$f$ は連続関数列 $\{f_{1/n}\}$ の極限関数とみなされる．

2. 有理点の全体を $\{r_\nu\}_{\nu=1}^\infty$ とし，$\{r_\nu\}_{\nu=1}^n$ の特性関数を φ_n とすれば，前問により各 φ_n は Baire 関数である．Dirichlet の関数は $\{\varphi_n\}$ の極限関数である．あるいは，有理点の全体が Borel 集合であることに注意し，定理 7 を用いてもよい．

3. 一般に，$\lim f_n=f$ ならば，$\lim|f_n|=|f|$ である．また，f が連続ならば，$|f|$ も連続である．ゆえに，帰納法によって，f が第 μ 級の Baire 関数ならば，$|f|$ および $f^\pm=(f\pm|f|)/2$ は高々第 μ 級の Baire 関数である．

4. $n=0$ のときには，$f_n=0$ は Baire 関数である．各 $n>0$ に対して $g_n=\lim(n^\nu/(|f|^\nu+n^\nu))$，$h_n=\lim((f^2+n^2-|f^2-n^2|)/2n|f|)^\nu$ は Baire 関数である．$|f|<n, =n, >n$ のとき $g_n=1, 1/2, 0$; $|f|\neq n, =n$ のとき $h_n=0, 1$．ゆえに，$f_n=(g_n+h_n/2)f$ は Baire 関数である．

5. 定理 3 により，$\overline{\lim} f_\nu$ が($\underline{\lim} f_\nu$ も)条件をみたす．

問　題 18 (pp. 77—78)

1. $f\in\mathcal{M}_E$ ならば，任意な α に対して $E(f\geqq\alpha)\in\mathfrak{M}$．ゆえに，$E$ の可測部分集合 E_1 に対して $E_1(f\geqq\alpha)=E_1\cap E(f\geqq\alpha)\in\mathfrak{M}$.

2. $E(f\geqq\alpha)=(E(f\geqq\alpha)\cap E(g\geqq\alpha))\cup(E(f\geqq\alpha)-E(g\geqq\alpha))$ にお

いて，$E(f\geqq\alpha)-E(g\geqq\alpha)\subset E(f\neq g)$ であるから，$E(f\geqq\alpha)$ は $E(f\geqq\alpha)\cap E(g\geqq\alpha)$ と同時に可測である．同様に，$E(g\geqq\alpha)$ も $E(f\geqq\alpha)\cap E(g\geqq\alpha)$ と同時に可測である．

3. 各 α を定数関数とみなせば，$r_\nu<[\geqq]\alpha$ のとき $E(r_\nu\geqq\alpha)=\emptyset[E]\in\mathfrak{M}$. ゆえに，$E(f\geqq\alpha)=\bigcup(E(f\geqq r_\nu)\cap E(r_\nu\geqq\alpha)\in\mathfrak{M}$. 残りも同様.

4. φ が増加ならば，$\varphi(y)\geqq\alpha$ であるような $y\in f(E)$ の下限を y_α とすれば，$E(\varphi(f)\geqq\alpha)=E(f\geqq y_\alpha)\in\mathfrak{M}$. φ が減少ならば，$-\varphi$ は増加である．

5. $f_\nu\to f\neq\pm\infty$ をみたさない E の点の全体を e_0 とすれば，$me_0=0$. Egorff の定理 11 により，適当な $e_1\subset E-e_0$ をとれば，$me_1<\varepsilon$ であって $E-e_0\cup e_1$ で $\{f_\nu\}$ は一様に収束する．$e=e_0\cup e_1$ に対して $me=me_1<\varepsilon$.

6. 非可測集合の特性関数 φ をもって $f=2\varphi-1$ とおけば，$|f|\equiv1$ は可測であるが，f は可測でない．

問　題 19 (p. 79)

1. Borel 集合 E の特性関数 φ に対しては，$\alpha\leqq0,\ 0<\alpha\leqq1,\ \alpha>1$ のとき，$\boldsymbol{R}^N(\varphi\geqq\alpha)=\boldsymbol{R}^N,\ E,\ \emptyset$. つねに Borel 集合であるから，$\varphi$ は B 可測である．

2. 各 α に対して $B_\alpha=\{y\in f(E)\,|\,\varphi(y)\geqq\alpha\}\subset\boldsymbol{R}^1$ は Borel 集合であり，$E(\varphi(f)\geqq\alpha)=\{x\in E\,|\,f(x)\in B_\alpha\}$. B_α は閉区間から出発して和，差，積から成る可算操作でえられるが，$E(\varphi(f)\geqq\alpha)$ は区間 $[a,b]$ に対応する $\{x\in E\,|\,f(x)\in[a,b]\}=E(f\geqq a)\cap E(f\leqq b)$ という形の可測集合から出発して対応する操作でえられるから，$E(\varphi(f)\geqq\alpha)\in\mathfrak{M}$.

3. $B_\alpha=\{y\in f(E)\,|\,\varphi(y)\geqq\alpha\}\subset\boldsymbol{R}^k$ は Borel 集合であり，$E(\Phi\geqq\alpha)=\{x\in E\,|\,f(x)\in B_\alpha\}$. 前問と同様に，閉区間 $I=[a_1,b_1]\times\cdots\times[a_k,b_k]\subset\boldsymbol{R}^k$ に対応する集合 $\{x\in E\,|\,f(x)\in I\}=\bigcap_{\nu=1}^{k}(E(f_\nu\geqq a_\nu)\cap E(f_\nu\leqq b_\nu))\in\boldsymbol{R}^N$ の B 可測性に帰着される．

問　題 20 (p. 81)

1. $\hat{D}$ に関する開集合 $\hat{E}\subset\hat{D}$ に対して，つねに $f^{-1}(\hat{E})$ が D に関して開集合であると仮定する．任意な $c\in D$ に対して $\hat{c}=f(c)$ の ε 近

傍 $N_{\hat{c}}$ をとれば，$f^{-1}(N_{\hat{c}}\cap\hat{D})\ni c$ は D に関して開集合であるから，c の δ 近傍 N_c が存在し，$f^{-1}(N_{\hat{c}}\cap\hat{D})\supset N_c\cap D$ したがって $f(N_c\cap D)\subset N_{\hat{c}}$．これは c における f の連続性を示している．$\hat{E}$ が閉のときには，$\hat{E}^c\cap\hat{D}$ にこの結果をあてはめればよい．

2. 連結集合 E の像を $\hat{E}=f(E)$ とする．$\hat{E}=\hat{A}\cup\hat{B}$, $\hat{A}\cap\hat{B}=\emptyset$ とし，$\hat{A}$, $\hat{B}$ は $\hat{E}$ で開であるとする．$A=f^{-1}(\hat{A})$, $B=f^{-1}(\hat{B})$ とおけば，$E=A\cup B$, $A\cap B=\emptyset$ であり，A, B は E で開である．E の連結性により $A=\emptyset$ または $B=\emptyset$．したがって，$\hat{A}=\emptyset$ または $\hat{B}=\emptyset$ となり，$\hat{E}$ は連結である．

3. $\boldsymbol{R}^1$ で後述（§ 40 例 1）の関数を狭義の増加であるようにつくり直す．Cantor 集合 e をつくるさいに第 p 段階で除かれる区間を $I(p, a_\nu, \nu)$ $(a_\nu=0, 1;\ \nu=1, \cdots, p-1)$ とする．この区間をしばらく (x_ν, x'_ν) で表し，自然数 n ごとに $[0, 1]$ での関数 f_n をつぎのように定義する：$x\in(x_\nu, x'_\nu)$　$(\nu=1, \cdots, p-1;\ p=1, \cdots, n)$　に対して　$f_n=x/2+(x_\nu+x'_\nu)/4$；それ以外は各区間で連続に線形補間する．f_n は $[0, 1]$ で連続である．$m>n$ のとき $f_m(x)\neq f_n(x)$ となるのは，第 n 段階までに除かれる区間以外においてである；値の差は第 $n+1$ 段階以後に残された区間の最大幅の 4 倍以下であるから，$|f_m(x)-f_n(x)|\leqq 4/3^n$．よって，$[0, 1]$ で $\{f_n\}$ は一様収束し，極限関数 f は連続である．$x\notin e$ では $f'(x)=1/2$；e は全不連結であるから，その異なる二点の間には f の勾配が 1/2 であるような小区間が含まれている．ゆえに，f は $[0, 1]$ で狭義に増加である．$[0, 1]-e$ の f による像は除かれる各区間の像の合併であり，各区間における勾配が 1/2 であるから，$me=0$ に注意して，$mf([0, 1]-e)=1/2$；したがって，$mf(e)=1/2$．定理 3 にもとづいて，f は可測写像ではない．　$\boldsymbol{R}^N$ での例としては，$(x_1, \cdots, x_N)\mapsto(x_1, \cdots, x_{N-1}, f(x_N))$ を考えればよい．

問　題　21 (p. 85)

1. 定理 1：右辺の項 $\Omega[E_\nu;\ f]$ では個々の $x\in E_\nu$ ごとに随意に $0\ _{(}\leqq_{)} y\ _{(}\leqq_{)} f(x)$ とする．各 $x\in E$ において，$x\in E_\nu$ であるすべての ν に対して $_{(}\leqq_{)}$ における $<$ を用いたときだけ左辺で $<$ が現れ，その他のときは左辺で $\leqq$ が現れる．定理 2：$(x;\ y)\in\Omega_0[f]$ ならば，各 $x\in E$

に対して $0\leqq y<f(x)\leqq g(x)$ となるから，$(x;\ y)\in\Omega_0[g]\subset\Omega[g]$. $(x;\ y)\in\Omega[f]$ ならば，各 $x\in E$ に対して $0\leqq y\,{}_{(}{\leqq}_{)}\,f(x)\leqq g(x)$ となるから，$(x;\ y)\in\Omega[f]\subset\Omega_{\rm g}[g]$. 定理 3: 右辺の各項で ${}_{(}{\leqq}_{)}$ を随意にとる. $x\in E$ ごとに $\max_\kappa f_\kappa(x)$ が達せられる少なくとも一つの κ に対して $\leqq$ であるときだけ，第一式の左辺で $\leqq$ が現れる. $x\in E$ ごとに $\min_\kappa f_\kappa(x)$ が達せられるすべての κ に対して $<$ であるときだけ，第二式の左辺で $<$ が現れる. 定理 4: (i) 右辺の各項で ${}_{(}{\leqq}_{)}$ を随意にとる. $x\in E$ ごとに，すべての ν に対して $f_\nu<f$ ならば，左辺で $<$ が現れる；ある ν に対して $f_\nu=f$ ならば，右辺の各項でこのような ν に対してすべて $<$ であるかまたはこのようなある ν に対して $\leqq$ であるかに応じて，左辺で $<$ または $\leqq$ が現れる. (ii) 右辺の各項で ${}_{(}{\leqq}_{)}$ を随意にとる. $x\in E$ ごとに，すべての ν に対して $f_\nu>f$ ならば，左辺で $<$ が現れる；ある ν に対して $f_\nu=f$ ならば，右辺の各項でこのような ν に対してすべて $\leqq$ であるかこのようなある ν に対して $<$ であるかに応じて，左辺で $\leqq$ または $<$ が現れる.

2. $x\in E$ に対して $(x;\ 0)\in\Omega_0[E;\ f]$ の近傍はつねにある $y<0$ に対して $(x;\ y)\notin\Omega_0[E;\ f]$ を含む. E が閉集合であって f が E で上に半連続なとき，しかもそのときに限って，$\Omega_{\rm g}[E;\ f]$ は閉集合となる. じっさい，閉集合 E で f が上に半連続ならば，$\{(x_n;\ y_n)\}\subset\Omega_{\rm g}[E;\ f]$ が $(x_0;\ y_0)$ に近づくとき，$x_0\in E$ および $0\leqq y_0\leqq\overline{\lim}\,f(x_n)\leqq f(x_0)$ となるから，$(x_0;\ y_0)\in\Omega_{\rm g}[E;\ f]$. また，$E$ が閉集合でないか f が上に半連続でないならば，$x_0\notin E$ または $\overline{\lim}\,f(x_n)>f(x_0)$ であるような列 $\{(x_n;\ y_n)\}\subset\Omega_{\rm g}[E;\ f]$ がえらべるから，$(x_0;\ y_0)\notin\Omega_{\rm g}[E;\ f]$.

問　題 22 (p. 89)

1. $c=0$ のときは自明. $c>0$ のとき，$f\geqq0$ ならば，定理 1 の証明に含まれている. 一般には $f=f^++f^-$ とすれば，$cf=(cf)^++(cf)^-=cf^++cf^-$ によって $M\Omega^\pm[cf]=M\Omega[\pm cf^\pm]=cM\Omega[\pm f^\pm]=cM\Omega^\pm[f]$; $M\Omega^+[cf]-M\Omega^-[cf]=c(M\Omega^+[f]-M\Omega^-[f])$. $c<0$ のときは，$(cf)^\pm=cf^\mp$ となり，上と並行して示される；あるいは，定理 3 を利用する.

2. 有界閉集合 E で f が有限連続ならば，$f^\pm$ も同じ性質をもつ. 問題 21 問 2 により $\Omega_{\rm g}[E;\ \pm f^\pm]$ は閉集合であるから，可測である. 仮定によって，これはさらに有限測度をもつから，$f\in\mathcal{L}_E$.

3. p は連続であるから，前問により有限閉区間で可積である．任意な区間に対して，その境界に由来する縦線集合の部分は測度 0 をもつ．

4. f を単位立方体 W 上の Dirichlet の関数とする．$E_0=\{x\in W|f(x)=1\}$ は可算集合であるから，任意な $\varepsilon>0$ に対して区間の可算和 $\bigcup I_\nu\supset E$ をとり $\sum|I_\nu|<\varepsilon$ とできる．$J_\nu=[0,1]\times I_\nu$ とおけば，$M^*\Omega[W;f]=M^*(\bigcup J_\nu)\leqq\sum|J_\nu|=\sum|I_\nu|<\varepsilon$; $M\Omega[W;f]=0$; $\int_W f\,dx=0$.

問　題 23 (p. 94)

1. 定理 3 により $E(f\leqq\alpha)=E-E(f>\alpha)$ は可測であり，したがって $E(f<\alpha)=\bigcup_{\nu=1}^{\infty}E(f\leqq\alpha-1/\nu)$ は可測である．

2. $0\leqq\pm f^\pm\leqq|g|$ a. e. から $M\Omega[E;\pm f^\pm]\leqq M\Omega[E;|g|]<\infty$.

3. $\Omega[E(|f|>n);n]\subset\Omega[E;|f|]$; 定理 1 系 2 によって $nmE(|f|>n)=M\Omega[E(|f|>n);n]\leqq\int_E|f|\,dx$.

問　題 24 (p. 100)

1. 定理 5: E で f が可測ならば，$\pm f^\pm\geqq0$ も可測であり，定理 1 により $\Omega^\pm[E;f]=\Omega[E;\pm f^\pm]$ は可測である．定理 6: $f\in\mathcal{L}_E$ ならば，$0\leqq\pm f^\pm\in\mathcal{L}_E$. $E_{\pm\infty}=E(\pm f^\pm=\infty)$ であるから，定理 2 により $mE_{\pm\infty}=0$. 定理 7: y 軸の分割 Δ: $\cdots<l_{-2}<l_{-1}<l_0=0<l_1<l_2<\cdots$ に対して，$(\varphi_\Delta)^+$ は f^+ の下関数であり，$-(\varphi_\Delta)^-$ は分割 $0=-l_0<-l_{-1}<\cdots$ に対応する $-f^-$ の上関数である．$f\in\mathcal{L}_E$ ならば，$\pm f^\pm\in\mathcal{L}_E$ であるから，定理 3 と定理 4 の証明とでみたように，$\pm(\varphi_\Delta)^\pm\in\mathcal{L}_E$; $\varphi_\Delta\in\mathcal{L}_E$. 問題の等式は φ_Δ の定義による．定理 8: 上記の定理 7 の証明からわかるように，仮定から $\pm(\varphi_\Delta)^\pm\in\mathcal{L}_E$; 定理 4 により $\pm f^\pm\in\mathcal{L}_E$; $f\in\mathcal{L}_E$. 問題の等式は定理 4 による．

2. $|f|$ は可測であるから，定理 1 により $\Omega[E;|f|]$ は可測である．定理 22.5 により $g\in\mathcal{L}_E$ から $|g|\in\mathcal{L}_E$ となるから，$M\Omega[E;|g|]<\infty$. 零集合 $e\subset E$ を除いて $|f|\leqq|g|$ であるから，$M\Omega[E-e;|f|]\leqq M\Omega[E-e;|g|]\leqq M\Omega[E;|g|]<\infty$. $me=0$ であるから，y 軸の分割に対応してえられる集合について，$m(E-e)_\nu=mE_\nu$. ゆえに，$\int_E|f|\,dx=\int_{E-e}|f|\,dx<\infty$; $f\in\mathcal{L}_E$.

3. まず，fg は可測である．$|g| \leqq c$ とすれば，$|fg| \leqq c|f| = |cf|$ a.e. 問題 22 問 1 により $f \in \mathcal{L}_E$ から $cf \in \mathcal{L}_E$ となり，前問によって fg は可積である．

問　題　26 (p. 109)

1. 定理 1 については，零集合 $e \subset E$ を除いて $f \leqq g$ となるから，定理 5 を用いて $\int_E f\,dx = \int_{E-e} f\,dx \leqq \int_{E-e} g\,dx = \int_E g\,dx$. 定理 8 については，定理 5 を用いて $\int_{E-e} f\,dx = \int_E f\,dx = 0$; $E-e$ で a.e. に，したがって E で a.e. に $f=0$.

2. $mE=0$ ならば，任意な $\xi \in E$ に対して $0=0$ として成立する．$mE>0$ ならば，E における f の下限，上限を g, l とすれば，$gmE \leqq \int_E f\,dx \leqq lmE$. 左方の等号が成り立てば，$f-g$ に定理 8 を用いて $f-g=0$ a.e. よって，$\xi \in E$ が存在して $f(\xi)=g$. 右方の等号が成り立つ場合も同様．両方とも不等号が成り立てば，$u, v \in E$ を適当にえらべば，$g < f(u) < \int_E f\,dx/mE < f(v) < l$. E での連続性にもとづいて，中間値の定理が利用でき，ある $\xi \in E$ に対して $f(\xi) = \int_E f\,dx/mE$.

問　題　27 (p. 117)

1. $\tilde{f}_\nu = \inf_{\kappa \geqq \nu} f_\kappa$ とおけば，$\{\tilde{f}_\nu\}$ は増加列であってしかも $f \equiv \underline{\lim}\, f_\nu = \lim \tilde{f}_\nu$. $\tilde{f}_\nu \leqq f_\nu$ であるから，$\lim \int_E \tilde{f}_\nu\,dx \leqq \underline{\lim} \int_E f_\nu\,dx$. 右辺が有限ならば, Beppo-Levi の定理 2 により $f \in \mathcal{L}_E$ であって $\int_E f\,dx = \lim \int_E \tilde{f}_\nu\,dx \leqq \underline{\lim} \int_E f_\nu\,dx$. また，$f \notin \mathcal{L}_E$ ならば，同定理により $\infty = \lim \int_E \tilde{f}_\nu\,dx \leqq \underline{\lim} \int_E f_\nu\,dx$ から $\lim \int_E f_\nu\,dx = \infty$.

2. $s_\nu = \sum_{\kappa=1}^{\nu} f_\kappa$ とおけば，$\{s_\nu\}$ は増加列である．Beppo-Levi の定理 2 によって，$\infty = \sum \int_E f_\nu\,dx = \lim \int_E s_\nu\,dx$ ならば，$\sum f_\nu = \lim s_\nu \notin \mathcal{L}_E$.

3. $\sum |f_\nu|$ の部分和の列に Beppo-Levi の定理 2 を用いると，$\sum |f_\nu| \in \mathcal{L}_E$. E で a.e. に $\sum |f_\nu| < \infty$ であるから，$\sum f_\nu$ が a.e. に収束する．$\sum f_\nu$ の部分和の列は優関数 $\sum |f_\nu| \in \mathcal{L}_E$ をもつから，Lebesgue の収束定理 4 により $\sum f_\nu \in \mathcal{L}_E$ であって $\sum \int_E f_\nu\,dx = \int_E \sum f_\nu\,dx$.

4. $f \equiv \sum f_\nu = \alpha e^{-\alpha x}/(1-e^{-\alpha x}) - \beta e^{-\beta x}/(1-e^{-\beta x})$ において，この右辺

は f の分解 $f^+ + f^-$ となっている． $\int_0^\infty f^+ dx = \lim_{\delta\to+0,\, T\to\infty}\int_\delta^T f^+ dx$ $=\lim_{\delta,\,T}[\log(1-e^{-\alpha x})]_\delta^T = +\infty$, $\int_0^\infty f^- dx = -\infty$; $f \notin \mathcal{L}$. 他方において， $\int_0^\infty f_\nu dx = \lim_{T\to\infty}\int_0^T f_\nu dx = \lim_T(\nu^{-1}[-e^{-\nu\alpha x}]_0^T - \nu^{-1}[-e^{-\nu\beta x}]_0^T) = 0$; $\sum\int f_\nu dx = 0$.

問　題　28 (p. 122)

1. 定理 1 の関係が E を A, B として成り立ち，仮定によってそれらの右辺が等しい．

2. 左辺は $\pi/4$, 右辺は $-\pi/4$. ($f(x_2, x_1) = -f(x_1, x_2)$.)

3. $\int_0^1 dx_2 \int_{-1}^1 f dx_1 = \int_0^1 0\, dx_2 = 0$, $\int_0^1 f dx_2$ は存在しない．

4. 各 $x>0$ に対して， $F(t, u) = (t-u)^{\alpha-1} f(u)$ とおけば， F は $\{0 \leqq u \leqq t \leqq x\} \subset \boldsymbol{R}^2$ で可測である．各 $u \in [0, x] \subset \boldsymbol{R}^1$ に対して $|F|$ は $[u, x] \subset \boldsymbol{R}^1$ で t について可積， $\int_u^x |F|\, dt = \int_u^x (t-u)^{\alpha-1} |f(u)|\, dt$ $= \alpha^{-1}(x-u)^\alpha |f(u)|$ は $[0, x] \subset \boldsymbol{R}^1$ で u について可積である．ゆえに，定理 4 により $|F|$ は $\{0 \leqq u \leqq t \leqq x\} \subset \boldsymbol{R}^2$ で可積である．定理 3 系にもとづいて $\int_0^x f_\alpha(t)\, dt = \Gamma(\alpha)^{-1} \int_0^x dt \int_0^t (t-u)^{\alpha-1} f(u)\, du = \Gamma(\alpha)^{-1}$ $\cdot \int_0^x f(u)\, du \int_u^x (t-u)^{\alpha-1} dt = (\alpha\Gamma(\alpha))^{-1} \int_0^x (x-u)^\alpha f(u)\, du = f_{\alpha+1}(x)$. 上と同様に積分順序の変更ができることをたしかめた上で， $(f_\alpha)_\beta(x)$ $= \Gamma(\beta)^{-1}\Gamma(\alpha)^{-1} \int_0^x (x-t)^{\beta-1} dt \int_0^t (t-u)^{\alpha-1} f(u)\, du = (\Gamma(\alpha)\Gamma(\beta))^{-1}$ $\cdot \int_0^x f(u)\, du \int_u^x (x-t)^{\beta-1}(t-u)^{\alpha-1} dt = (\Gamma(\alpha)\Gamma(\beta))^{-1}\Gamma(\alpha)\Gamma(\beta)\Gamma(\alpha$ $+\beta)^{-1} \int_0^x (x-u)^{\alpha+\beta-1} f(u)\, du = f_{\alpha+\beta}(x)$.

問　題　29 (p. 126)

1. $F(U) = mU$. 定理 2 は定理 12.3 となり，定理 3 は自明．

問　題　30 (p. 131)

1. $A_\nu = \bigcap_{\kappa \geqq \nu} E_\kappa$, $B_\nu = \bigcup_{\kappa \geqq \nu} E_\kappa$ とおけば， $\{A_\nu\}$, $\{B_\nu\}$ はそれぞれ増加列，減少列であり， $\underline{\lim}\, E_\nu = \lim A_\nu = A_1 \cup \bigcup_{\nu=1}^\infty (A_{\nu+1} - A_\nu)$, $F(\underline{\lim} E_\nu)$ $= F(A_1) + \sum_{\nu=1}^\infty F(A_{\nu+1} - A_\nu) = \lim F(A_\nu) \leqq \underline{\lim}\, F(E_\nu)$; 同様に， $F(B_1$ $- \overline{\lim}\, E_\nu) = F(\lim(B_1 - B_\nu)) = \lim F(B_1 - B_\nu)$, $F(\overline{\lim}\, E_\nu) = \lim F(B_\nu)$

$\geqq \overline{\lim} F(E_\nu)$．中央の関係は自明．

2. 前問ですべて等号が現れる．

問　題 31 (p. 138)

1. 定理 1: 区間の有限個による被覆は高々可算個による被覆でもある．定理 2: E_2 の被覆は E_1 の被覆にもなっている．定理 3: $j^*E_1+j^*E_2<\infty$ の場合を示せばよい．任意な $\varepsilon>0$ に対して E_1, E_2 の適当な被覆 $\{V_\nu^1\}, \{V_\nu^2\}$ をとれば，$\sum|V_\nu^1|<j^*E_1+\varepsilon/2$, $\sum|V_\nu^2|<j^*E_2+\varepsilon/2$. $\{V_\nu^1, V_\nu^2\}$ は $E_1\cup E_2$ の被覆であるから，$j^*(E_1\cup E_2)\leqq\sum|V_\nu^1|+\sum|V_\nu^2|<j^*E_1+j^*E_2+\varepsilon$.

2. 定理 11.1 と同様な論法をたどる．まず，互いに素な区間の有限和として　$E=\bigcup J_\nu$ ならば，定理 10.8 と定理 1 により，$j^*E\leqq\sum|J_\nu|=m^*E\leqq j^*E$; $j^*E=\sum|J_\nu|$．つぎに，定理 10.11 の類似物として，区間の有限和として表される C_1, C_2 が $C_1\subset C_2$ をみたすならば，$j^*(C_2-C_1)=j^*C_2-j^*C_1$ であることが示される．さて，$E\subset C_1\subset C_2$ とすれば，$C_2-E=(C_2-C_1)\cup(C_1-E)$ と定理 3 によって $j^*(C_2-E)\leqq j^*(C_2-C_1)+j^*(C_1-E)$．任意な $\varepsilon>0$ に対して区間の有限和 $C=\bigcup V_\nu$ による C_2-E の被覆があって $j^*(C_2-E)+\varepsilon>\sum|V_\nu|$. $\{V_\nu\}$ は $C\cap C_2$ の被覆だから，$j^*(C\cap C_2)\leqq\sum|V_\nu|<j^*(C_2-E)+\varepsilon$. $C\cap C_2=(C_2-C_1)\cup(C\cap C_1)$ において，右辺は互いに素なものの和であるから，すでに示したように，$j^*(C\cap C_2)=j^*(C_2-C_1)+j^*(C\cap C_1)\geqq j^*(C_2-C_1)+j^*(C_1-E)$; $j^*(C_2-C_1)+j^*(C_1-E)<j^*(C_2-E)+\varepsilon$．ゆえに，$j^*(C_2-E)=j^*(C_1-E)+j^*(C_2-C_1)=j^*(C_1-E)+j^*C_2-j^*C_1$.

3. Jordan 可測性の条件 $j^*C=j^*E+j^*(C-E)$ は E と $C-E$ について対称である．

4. 定理 7 と定理 10.7 により $j^*E=m\bar{E}=\inf_{O\supset\bar{E}} mO$．定理 8 と定理 13.6 により $j_*E=mE^\circ=\sup_{F\subset E^\circ} mF$.

5. 定理 3 によって $j^*(\bigcup E_\nu)\leqq\sum jE_\nu$．また，$\bigcup E_\nu\subset C$ とすれば，定理 8 を用いて　$j_*(\bigcup E_\nu)=m(\bigcup E_\nu)^\circ\geqq m(\bigcup E_\nu^\circ)=\sum mE_\nu^\circ=\sum jE_\nu$; $j^*(\bigcup E_\nu)=j_*(\bigcup E_\nu)$.

6. f は有界となるから，定理 13 による．

問　題　32 (p. 142)

1. 各 j につき x_j^0 が $a_{\nu j}\leqq x_j^0\leqq b_{\nu j}$, $x_j^0<a_{\nu j}$, $x_j^0>b_{\nu j}$ であるのに応じ $l_{\nu j}=b_{\nu j}-a_{\nu j}$, $b_{\nu j}-x_j^0$, $x_j^0-a_{\nu j}$ とおけば，$\prod_{j=1}^N l_{\nu j}/(\max_{1\leq j\leq N} l_{\nu j})^N \geqq\alpha$.

2. 列の構成メンバーである N 次元超楕円体の体積を $V_\nu(=2\pi^{N/2}\cdot(N\Gamma(N/2))^{-1}\prod_{j=1}^N|a_{\nu j}|)$ とおけば，$V_\nu/(\max_{1\leq j\leq N}2|a_{\nu j}|)^N\geqq\alpha$.

問　題　33 (pp. 144—145)

1. 任意な U に対して $F(U)/mU=1$ であるから，$DF(x)=1$.

2. x が W の内[外]点のときには，$D_\alpha F(x)=1[0]$; 境界点のときには，$\bar{D}_\alpha F(x)=1$, $\underline{D}_\alpha F(x)=0$.

3. $(\overline{f_-})_\nu^\alpha\equiv\sup F_-(U)/mU=-\inf F(U)/mU=-\underline{f}_\nu^\alpha$, $\bar{D}_\alpha F_-(x)=\overline{\lim}(\overline{f_-})_\nu^\alpha=-\underline{\lim}\, f_\nu^\alpha=-\underline{D}_\alpha F(x)$; $\bar{D}F_-=-\underline{D}F$. ゆえに $\bar{D}F=\bar{D}(F_-)_-=-\underline{D}F_-$.

4. F の絶対連続性により，任意な許容列 $\{U_\nu\}$ に対して $\lim F(U_\nu)=0$, $\lim Y(F(U_\nu))/F(U_\nu)=Y'(0)$. $Y'(0)\neq 0$ ならば, $\{Y(F(U_\nu))/mU_\nu\}$ と $\{F(U_\nu)/mU_\nu\}$ は同時に極限が存在して $\lim Y(F(U_\nu))/mU_\nu=Y'(0)\cdot\lim F(U_\nu)/mU_\nu$. ゆえに, 定理 2 により, $Y'(0)>0$ のとき $\bar{D}_\alpha Y(F(x))=Y'(0)\bar{D}_\alpha F(x)$, $\underline{D}_\alpha Y(F(x))=Y'(0)\underline{D}_\alpha F(x)$; $Y'(0)<0$ のとき $\bar{D}_\alpha Y(F(x))=Y'(0)\underline{D}_\alpha F(x)$, $\underline{D}_\alpha Y(F(x))=Y'(0)\bar{D}_\alpha F(x)$. $Y'(0)=0$ のとき, 仮定 $\bar{\underline{D}}F(x)\neq\pm\infty$ により $F(U)/mU$ は有界であるから, 任意な $\{U_\nu\}$ に対し $\lim Y(F(U_\nu))/mU_\nu=0$; $\bar{\underline{D}}_\alpha Y(F(x))=0=Y'(0)\bar{\underline{D}}_\alpha F(x)$; $\alpha\to+0$ として $\bar{\underline{D}}Y(F(x))=0$.

問　題　34 (p. 148)

1. 定理 2 系で $u=v=\lambda$ とすればよい.

2. $S_n=S(0;\ n)$, $E_n=E\cap S_n$ として $E_1\subset S_1$ に定理 1 を用いると，互いに素な可算列 $\{F_\mu\}$ があって $m(E_1-E_1\cap\bigcup F_\mu)=0$. $\{E_1-E_1\cap\bigcup_{\mu=1}^k F_\mu\}$ は減少列であるから，定理 13. 13 によりある n_1 に対して $m^*(E_1-E_1\cap\bigcup_{\mu=1}^{n_1}F_\mu)<1$. つぎに, $\hat{E}_2\equiv E_2-E_2\cap\bigcup_{\mu=1}^{n_1}F_\mu=E\cap S_2\cap(\bigcup_{\mu=1}^{n_1}F_\mu)^c$ について, 同様な手続きにより $m^*(\hat{E}_2-\hat{E}_2\cap\bigcup_{\mu=n_1+1}^{n_2}F_\mu)$

$=m^*(E_2-E_2\cap\bigcup_{\mu=1}^{n_2}F_\mu)<1/2$ とする．帰納的に $m^*(E_\nu-E_\nu\cap\bigcup_{\mu=1}^{n_\nu}F_\nu)<1/\nu$ とすれば，すべての ν に対して $m^*(E_\nu-E_\nu\cap\bigcup_{\mu=1}^{\infty}F_\mu)<1/\nu$．定理 13.11 により $0=\lim m^*(E_\nu-E_\nu\cap\bigcup F_\mu)=m^*(E-E\cap\bigcup F_\mu)$； $m(E-E\cap\bigcup F_\mu)=0$．

問　題 35 (p. 151)

1. 仮定により $\lim_{\delta\to+0}m(E^c\cap W^\delta)/|W^\delta|=0$． $\{U_\nu\}$ を x に縮む α に対する許容列とすると，立方体列 $\{W_\nu\}$ があって $U_\nu\cup\{x\}\subset W_\nu$, $mU_\nu/|W_\nu|\geqq\alpha$． W_ν を含む最小な立方体を W^{δ_ν} とすれば，W_ν の稜長 l_ν に対して $\delta_\nu\leqq 2l_\nu$．ある正の零列 $\{\varepsilon_\nu\}$ に対して $m(E^c\cap U_\nu)\leqq m(E^c\cap W^{\delta_\nu})<\varepsilon_\nu|W^{\delta_\nu}|\leqq\varepsilon_\nu 2^N|W_\nu|\leqq\varepsilon_\nu(2^N/\alpha)mU_\nu$； $\lim m(E^c\cap U_\nu)/mU_\nu=0$, $\lim m(E\cap U_\nu)/mU_\nu=1$．

2. $F(U)=m^*(E\cap U)$ は定理 1 の仮定をみたすから，DF が a.e. に存在して $F(U)=\int_U DF(x)\,dx$； $DF(x)=\lim m^*(E\cap U_\nu)/mU_\nu\leqq 1$．問題 13 問 4 により E の等測包 H をとれば，$m(H\cap U)=m^*(E\cap U)=m^*(E\cap(H\cap U))=\int_{H\cap U}DF(x)\,dx$． H で a.e. に，したがって E で a.e. に $DF(x)=1$．

問　題 36 (p. 156)

1. 定理 2: $\Phi_\nu(\alpha,\beta)=F_\nu(\beta)-F_\nu(\alpha)$ とするとき，$(\sum c_\nu\Phi_\nu)(\alpha,\beta)=\sum c_\nu\Phi_\nu(\alpha,\beta)=\sum c_\nu(F_\nu(\beta)-F_\nu(\alpha))=(\sum c_\nu F_\nu)(\beta)-(\sum c_\nu F_\nu)(\alpha)$．定理 3: $\Phi(\alpha,\beta)=F(\beta)-F(\alpha)$ からわかる．

2. $[a,b]$ で定義された F について，任意な $\varepsilon>0$ に対して $\delta>0$ が存在し，$[a,b]$ に含まれる互いに重ならない閉区間列 $\{[a_k,b_k]\}_{k=1}^{n}$ に対して $\sum(b_k-a_k)<\delta$ である限り $\sum|F(b_k)-F(a_k)|<\varepsilon$ となるとき，F は $[a,b]$ で絶対連続であるという．

3. F, G は絶対連続とする．和と差については，$|(F\pm G)(b_k)-(F\pm G)(a_k)|\leqq|F(b_k)-F(a_k)|+|G(b_k)-G(a_k)|$ からわかる．つぎに，問 2 の定義で $\varepsilon=1$ に対応する $\delta>0$ をとり，$n_0\delta>b-a$ となる自然数 n_0 をとれば，任意な $x\in[a,b]$ に対して $|F(x)-F(a)|<n_0$； ゆえに，F は有界，同様に G も有界: $|F|$, $|G|\leqq K$． $|(FG)(b_k)-(FG)(a_k)|=|F(b_k)(G(b_k)-G(a_k))+(F(b_k)-F(a_k))G(a_k)|\leqq K(|F(b_k)-F(a_k)|$

$+|G(b_k)-G(a_k)|)$.

4. 任意な $\varepsilon>0$ に対し $\eta>0$ が存在して，$\sum(d_k-c_k)<\eta$ である限り $\sum|F(d_k)-F(c_k)|<\varepsilon$. この η に対し δ が存在して，$\sum(b_k-a_k)<\delta$ である限り $|\sum(x(b_k)-x(a_k))|=\sum|x(b_k)-x(a_k)|<\eta$; したがって $\sum|F(x(b_k))-F(x(a_k))|<\varepsilon$.

問　題 37 (pp. 159—160)

1. 定理 1: c に収束する増加列 $\{c_n\}\subset(a, c)$ に対して，$\{F(c_n)\}$ は上に有界な増加列であるから，$\lim F(c_n)=\sup F(c_n)$ が存在する．右辺はつねに $F(c-0)$ に等しいから，$F(c-0)=\lim_{x\to c-0}F(x)$ が存在し $\sup_{x\in(a, c)}F(x)$ に等しい．$\underline{\lim}_{x\to c}F(x)=\lim_{\delta\to+0}\inf_{0<|x-c|<\delta}F(x)=\lim_{\delta\to+0}F(c-\delta)=F(c-0)$. $F(c+0)$ についても同様; あるいは，$-F(a+b-x)$ に上の結果を適用する．定理 2: $F_-\leqq F\leqq F_+$ は定義からわかる．$x_1<x_2$ とすると，$F_-(x_1)\leqq F(x_1)\leqq F_-(x_2)$, $F_+(x_1)\leqq F(x_2)\leqq F_+(x_2)$ により $F_\pm$ は増加である．$\alpha<\gamma<\beta$ をみたす γ をとると，$F_+(\alpha)\leqq F(\gamma)\leqq F_-(\beta)$.

2. F を増加とする．前問定理 2 により F_+ も増加であって，$F_{++}(x)=F_+(x+0)\geqq F_+(x)$. また，任意な $\eta>F_+(x)$ に対して $y_1>x$ が存在して $F(y_1)<\eta$ となるから，任意な $y\in(x, y_1)$ に対して $F(y)\leqq F(y_1)<\eta$; $F_+(y)<\eta$. よって，$F_{++}(x)=\lim_{y\to x+0}F_+(y)<\eta$. ゆえに，$F_{++}=F_+$. 同様にして $F_{--}=F_-$. F が減少の場合も同様; $-F$ を考えてもよい: $(-F)_\pm=-F_\pm$.

3. $\beta=\inf\{x\,|\,F(x)\geqq\alpha\}$ とおけば，$E=[a, b]$ として $E(F\geqq\alpha)$ は $\alpha\leqq F(a)$ のとき $[a, b]$, $F(a)<\alpha\leqq F(b)$ かつ $F(\beta)=\alpha$ のとき $[\beta, b]$, $F(a)<\alpha\leqq F(b)$ かつ $F(\beta)<\alpha$ のとき $(\beta, b]$, $F(b)<\alpha$ のとき $\emptyset$. $E(F\geqq\alpha)$ は Borel 集合であるから，F は B 可測である．

問　題 38 (p. 166)

1. p. 155 の定義で $k=1$ の場合を考えればよい．

2. $|(c_1\Phi_1+c_2\Phi_2)(i)|\leqq|c_1||\Phi_1(i)|+|c_2||\Phi_2(i)|$ による．

3. F を $[a, b]$ で有界変動とする．$x\in(a, b]$ のとき，$[a, x]$ の分割 $\varDelta$: $a=\xi_0<\xi_1<\cdots<\xi_k=x$ に対して $p(\varDelta)=\sum_{\kappa=1}^{k}(F(\xi_\kappa)-F(\xi_{\kappa-1}))^+$,

$n(\Delta)=-\sum_{\kappa=1}^{k}(F(\xi_\kappa)-F(\xi_{\kappa-1}))^-$ とおき，$P(x)=\sup_\Delta p(\Delta)$，$N(x)=\sup_\Delta n(\Delta)$，$P(a)=N(a)=0$ とすると，P, N は非負の有界な増加関数であり，$F(x)=(P(x)+|F(a)|)-(N(x)-F(a)+|F(a)|)$．逆に，(非負の)有界な増加関数の差として $F=G-H$ ならば，$[a, b]$ の任意な分割 $a=x_0<x_1<\cdots<x_n=b$ に対して $\sum|F(x_\nu)-F(x_{\nu-1})|\leqq G(b)-G(a)+H(b)-H(a)$．

4. Φ 可測な集合の全体を $\mathfrak{F}_\Phi$ とすれば，$\mathfrak{F}_\Phi=\mathfrak{F}_{T^+}^+\cap\mathfrak{F}_{T^-}^-$ であるから，$\Phi\geqq0$ の場合を示せばよい．定理 11.3〜6 で m^* を Φ^* でおきかえた命題が成り立ち，任意な閉区間は $\mathfrak{F}_\Phi$ に属する；Φ の連続性により $\Phi^*(\varnothing)=0$ に注意．さらに，定理 12.1〜4 で m^* を Φ^* でおきかえた命題が成り立つから，$\mathfrak{F}_\Phi$ は Borel 集合族；したがって，$\mathfrak{F}_\Phi$ は Borel 集合を含む集合体をなす．

問　題 39 (pp. 174—175)

1. $\underline{D}_\pm\Phi(x)=\underline{\lim}_{h\to+0}(F(h)/h)$, $\bar{D}_\pm\Phi(x)=\overline{\lim}_{h\to+0}(F(h)/h)$.——特に $F(0)=0$ ならば，右辺はそれぞれ $\underline{D}_+F(0)$, $\bar{D}_+F(0)$.

2. $x\neq0$ のとき，$\bar{\underline{D}}_\pm F_1(x)=F_1'(x)=\operatorname{sgn}x$;　$\bar{\underline{D}}_\pm F_2(x)=F_2'(x)=\sin x^{-1}-x^{-1}\cos x^{-1}$.　$\bar{\underline{D}}_+F_1(0)=+1$, $\bar{\underline{D}}_-F_1(0)=-1$；($F_2(0)=0$ として) $\bar{D}_\pm F_2(0)=+1$, $\underline{D}_\pm F_2(0)=-1$.

3. 本文では連続な区間関数しか扱わなかったが，不連続関数に所属の区間関数についても定理 5 の形の分解が示される．さて，一般性を失うことなく，F を増加とする．定理 37.3 により F の不連続点は高々可算集合をなす．x_0 を F の連続点であってかつ所属の区間関数 Φ が $D\Phi$ をもつ点とする．任意な $h>0$ に対して $0<h_1<h<h_2$ を x_0+h_1, x_0+h_2 が F の連続点であるようにえらぶと，$\Phi(x_0, x_0+h_1)/h_1=(F(x_0+h_1)-F(x_0))/h_1\leqq(h/h_1)(F(x_0+h)-F(x_0))/h\leqq(h_2/h_1)(F(x_0+h_2)-F(x_0))/h_2=(h_2/h_1)\Phi(x_0, x_0+h_2)/h_2$ において，$h_1\to0$, $h_2\to0$, $h_2/h_1\to1$ とすれば，$F_+'(x_0)=D\Phi(x_0)$ がえられる．同様に，$F_-'(x_0)=D\Phi(x_0)$ となるから，a.e. に有限な $F'(x)=D\Phi(x)$ が存在する．

4. F の連続成分を F^*，不連続成分を d とすれば，$F(x)=F^*(x)+d(x)$．さらに，定理 6 に引続く注意によって，$F^*(x)=F(a)+F_s^*(x)+\int_a^x DF^*dx$ とかける．$F_a=F(a)+\int_a^x DF^*dx$, $F_c=F_s^*$, $F_s=d$ とおけ

ばよい.

5. F を単調関数の差で表し，前二問を適用する．$F(x)=x-[x]$, $a=0$ のとき，$\hat{F}_s(x)=-[x]$.

問　題　40　(p. 181)

1. $x\geqq b$ に対し $F(x)=F(b)$ と拡張しておくと，Fatou の定理 27.5 によって $\int_a^b F'(x)\,dx\leqq \underline{\lim}_{\nu\to\infty}\int_a^b \nu(F(x+1/\nu)-F(x))\,dx=\underline{\lim}_{\nu\to\infty}\nu\cdot\left(\int_b^{b+1/\nu}F(x)\,dx-\int_a^{a+1/\nu}F(x)\,dx\right)\leqq\underline{\lim}_{\nu\to\infty}\nu(F(b)/\nu-F(a)/\nu)=F(b)-F(a)$.

2. 定理 35.1 にもとづいて，絶対連続な点関数は a.e. に導関数をもち，しかも導関数が可積である．本文例 2 で示したように，本問の関数はいたるところで導関数をもつが，これは可積でない．

問　題　41　(p. 185)

1. 定理 39.1 の証明の中でのべたように，$\underline{D}_+\Phi(x)=-\bar{D}_+(-\Phi)(x)$, $\bar{D}_-\Phi(x)=\bar{D}_+\hat{\Phi}(a+b-x)$, $\underline{D}_-\Phi(x)=-\bar{D}_+(-\hat{\Phi})(a+b-x)$ となることに注意すればよい；ここに，Φ に所属の F から $\hat{F}(x)=F(a+b-x)$ で定められた $\hat{F}$ に所属の区間関数を $\hat{\Phi}$ とする．

2. $[a, b]$ で連続な f に対して，$\Phi(J)=\int_J f\,dx$ に所属の点関数 $F(x)=\int_a^x f\,dx$ は，微分積分学の定理によって，いたるところ $F'(x)=f(x)$ をみたす．$D\Phi=F'=f$ であるから，f の不定積分 Φ は f の原始関数である． 点関数については，原始関数が付加定数を除いて定まるから，f の不定積分 F に付加定数を添えたもので原始関数が尽くされる．

問　題　42　(p. 187)

1. 有界な $g=G'$ は可積であり，定理 40.5 によって $G(x)-G(a)=\int_a^x g\,dx$. $F(x)=\int_a^x f\,dx$ とおけば， 定理 1 により $\int_a^b fG\,dx=[FG]_a^b-\int_a^b Fg\,dx$; $F(a)=0$.

2. $[\alpha, \beta]$ で x が絶対連続な減少関数ならば，$[b, a]=[x(\beta), x(\alpha)]$ で可積な f に対して $\int_b^a f(x)\,dx=-\int_\alpha^\beta f(x(t))\,x'(t)\,dt$.

問　題 43 (pp. 191—192)

1. 有限区間 I で $f\in L^{p_2}$ $(0<p_1<p_2)$ とすれば，$J=I(|f|\geqq 1)$ とおくとき，$\int_I|f|^{p_1}dx\leqq\int_J|f|^{p_2}dx+\int_{I-J}1dx\leqq\int_I|f|^{p_2}dx+m(I-J)$; $f\in L^{p_1}$. $I=[a,+\infty)$ のとき，$0<p_1<s<p_2$; $f_1=(x-a)^{-1/s}$ $(a\leqq x<c(<+\infty))$, $=0$ $(c\leqq x<+\infty)$; $f_2=0$ $(a\leqq x<c(<+\infty))$, $=x^{-1/s}$ $(c\leqq x<+\infty)$ とすれば，$f_1\in L^{p_1}$, $f_1\notin L^{p_2}$; $f_2\in L^{p_2}$, $f_2\notin L^{p_1}$.

2. 有限区間では，$B\cap L^p$ は有界可測関数の全体から成る関数族と一致し，p に関しない．無限区間では，$f\in B\cap L^{p_1}$, $p_1<p_2$ とすれば，$J=I(|f|\geqq 1)$ に対して $mJ<+\infty$ であり，I で $|f|\leqq K$ とすると，$\int_I|f|^{p_2}dx\leqq\int_J K^{p_2}dx+\int_{I-J}|f|^{p_1}dx\leqq K^{p_2}mJ+\int_I|f|^{p_1}dx$; $f\in B\cap L^{p_2}$.

3. 左側の不等式は自明．$n=2$ のときは Hölder の不等式による(あるいは，むしろ $n=1$ のときは自明)．$n-1(\geqq 1)$ の場合を仮定すれば，$\sum_{\nu=1}^{n-1}1/p_\nu=(p_n-1)/p_n$ であるから，再び Hölder の不等式によって，$\int\prod_{\nu=1}^{n-1}|f_\nu|\cdot|f_n|dx\leqq\left(\int\prod_{\nu=1}^{n-1}|f_\nu|^{p_n/(p_n-1)}dx\right)^{(p_n-1)/p_n}\left(\int|f_n|^{p_n}dx\right)^{1/p_n}$
$\leqq\left(\prod_{\nu=1}^{n-1}\left(\int(|f_\nu|^{p_n/(p_n-1)})^{p_\nu(p_n-1)/p_n}dx\right)^{1/(p_\nu(p_n-1)/p_n)}\right)^{(p_n-1)/p_n}$
$\cdot\int|f_n|^{p_n}dx)^{1/p_n}=\prod_{\nu=1}^{n-1}\left(\int|f_\nu|^{p_\nu}dx\right)^{1/p_\nu}\cdot\left(\int|f_n|^{p_n}dx\right)^{1/p_n}$.

4. 左側の不等式は自明．$A_\nu=\{x\,|\,|f_\nu|=\max_\mu|f_\mu|\}$ とおくと，$x\in A_\nu$ のとき $\sum_{\mu=1}^n|f_\mu|\leqq n|f_\nu|$ が成り立つから，$\int(\sum_{\nu=1}^n|f_\nu|)^p dx\leqq\sum_{\nu=1}^n\int_{A_\nu}(n|f_\nu|)^p dx\leqq n^p\sum_{\nu=1}^n\int|f_\nu|^p dx$.

5. $f(x-y)g(y)$ は $\boldsymbol{R}^2$ で可測であるから，Fubini の定理 28.3 によって，$\int_{-\infty}^\infty|h|dx\leqq\int_{-\infty}^\infty dx\int_{-\infty}^\infty|f(x-y)||g(y)|dy=\int_{-\infty}^\infty|g(y)|dy\cdot\int_{-\infty}^\infty|f(x-y)|dx=\int_{-\infty}^\infty|f|dx\int_{-\infty}^\infty|g|dx$.

6. Hölder の不等式を用いて，$|F(x+h)-F(x)|=\left|\int_x^{x+h}fdx\right|\leqq\left(\int_x^{x+h}|f|^p dx\right)^{1/p}|h|^{1/q}$; 積分の絶対連続性によって，$h\to 0$ のとき $\int_x^{x+h}|f|^p dx\to 0$.

7. $\int_0^\infty|f|^2dx=\int_0^1 x^{-1}(1-\log x)^{-2}dx+\int_1^\infty x^{-1}(1+\log x)^{-2}dx=[(1-\log x)^{-1}]_0^1+[-(1+\log x)^{-1}]_1^\infty=2.$ $0<p<2$ のとき，$p/2<s\leqq 1$ で

ある s に対し a を適当にとれば, $[a, \infty)$ で $|f|^p=x^{-p/2}(1+|\log x|)^{-p} > x^{-s}$; $p>2$ のとき, $1\leqq t<p/2$ である t に対して $\delta>0$ を適当にとれば, $(0, \delta]$ で $|f|^p>x^{-t}$. いずれの場合にも $\int_0^\infty |f|^p dx$ は発散する.

問　題　44 (p. 195)

1. $|\int f_\nu g dx-\int fg dx|\leqq\int|f_\nu-f||g|dx\leqq u[|g|]\int|f_\nu-f|dx\to 0$ $(\nu\to\infty)$.

2. $p=1$ ならば問1, $p>1$ ならば定理3による.

3. 仮定により $0=\int(f-f_\nu)dx=\int((f-f_\nu)^+ + (f-f_\nu)^-)dx$. $0\leqq(f-f_\nu)^+\leqq f$ a. e. であるから, Lebesgue の収束定理 27. 4 により $\lim\int(f-f_\nu)^+dx=0$; したがって, 上記の関係から $\lim\int(f-f_\nu)^-dx=0$. ゆえに, $\int|f_\nu-f|dx=\int((f-f_\nu)^+-(f-f_\nu)^-)dx\to 0$ $(\nu\to\infty)$.

4. $\nu=2^\lambda+\kappa$ $(\kappa=0, 1, \cdots, 2^\lambda-1)$ のとき, $\int_0^1|\varphi_\nu-0|^p dx=1/2^\lambda\to 0$ $(\nu\to\infty)$. 他方で, 各 $x\in[0, 1]$ に対して, $\varphi_\nu(x)$ が 0 および 1 をとるような任意に大きい ν が存在するから, $\{\varphi_\nu(x)\}$ は収束しない.

5. 可測集合 $E\subset \boldsymbol{R}^1$ で $f\in L^p(E)$ $(p\geqq p_0)$ とする. 任意な $\alpha < u[f]$ に対して $E_\alpha=E(f>\alpha)$ とおくと, $mE_\alpha>0$. さらに, $\hat{E}_\alpha\subset E_\alpha$, $0<m\hat{E}_\alpha<+\infty$ である $\hat{E}_\alpha$ をとると, $(\int_E f^p dx)^{1/p}\geqq(\int_{\hat{E}_\alpha}\alpha^p dx)^{1/p}\geqq\alpha(m\hat{E}_\alpha)^{1/p}$; $\underline{\lim}(\int_E f^p dx)^{1/p}\geqq\alpha$. つぎに, $u[f]<\infty$ のとき, f の代りに $f/u[f]$ を用いればよいから, $u[f]=1$ と仮定してよい. 定理12. 8, 26. 4 により, 任意な $\varepsilon>0$ に対して $\hat{E}\subset E$ が存在して $m\hat{E}<\infty$, $\int_E f^{p_0}dx<\int_{\hat{E}}f^{p_0}dx+\varepsilon$. $p\geqq p_0$ のとき, $0\leqq f^p\leqq f^{p_0}\leqq 1$ a. e. であるから, $\int_E f^p dx<\int_{\hat{E}}f^p dx+\varepsilon<m\hat{E}+\varepsilon$; $\overline{\lim}(\int_E f^p dx)^{1/p}\leqq 1=u[f]$. ——なお, $u[f]=\infty$ のときは, 前半で α を任意に大きくとれるから, $\lim(\int_E f^p dx)^{1/p}=\infty$ がえられる.

問　題　45 (p. 204)

1. まず, Ψ^* の定義から直接に開集合 O に対して $\Psi^*(O)=\Psi(O)$. また, Ψ に所属の g の単調性から, 連続点が稠密にあることに注意して，$\Psi_*(O)=\Psi(O)$．よって，O は Ψ 可測である．以下，定理 10.12, 11.10, 12.1〜4 で m^*, m_*, m の代りにそれぞれ Ψ^*, Ψ_*, Ψ とおいたものの成立が，全く同様に検証される．

2. それぞれ定理 27.4, 27.6(問題 27 問 3) を参照して，同様に証明される．

3. 定理 4 で $h=G'$, $g=x$ とした場合にあたる．

4. $[a, b]$ で連続な G の最大値を M とし，最小値を m とすると，$m[f]_{a+0}^{b-0}\leqq\int_{a+0}^{b-0}G\,df\leqq M[f]_{a+0}^{b-0}$．区間の端点だけで G の最大[小]値がとられるときは，この不等式の右[左]の等号が現れないから，中間値の定理により $\int_{a+0}^{b-0}G\,df=G(\xi)[f]_{a+0}^{b-0}$ となる $\xi\in(a, b)$ が存在する．

5. 定義にもとづいて，$\left|\int_E f\,d\mu\right|=\left|\int_E f\,d\mu^+ + \int_E f\,d\mu^-\right|\leqq\int_E|f|\,d\mu^+ - \int_E|f|\,d\mu^- = \int_E|f|\,|d\mu|$．

◇

索　　引*)

a.e　44
α 微分商　144
網目　28
値の和が有界　155, 166

Baire, R. (1874–1932)　66, 69
Baire 関数(族)　69, 78
Bendixon, I. O.　30
Beppo–Levi　110
Bernoulli, D. (1700–1782)　viii
Bernoulli, Jac. (1654–1705)　viii, ix
Bernoulli, Joh. (1667–1748)　viii, ix
Bernstein, S. N. (1880– ?)　11
微分　139f., 166f., 167
微分可能　144, 167
微分商　144, 167
B 可測　49, 78
Bolzano, B. (1781–1848)　24
Borel, E. (1871–1956)　xiv, 32, 34, 35, 78
Borel 可測　49, 78
Borel 集合(族)　32f.
部分積分　185, 201
部分集合　1
分解定理　162, 166, 171
分離公理　14

Cantor, G. (1845–1918)　xiii, 4, 25, 27, 30, 175
Cantor の三進集合　27, 175
Carathéodory, C. (1873–1950)　xv, 50, 55
Carathéodory の外測度　50
Cauchy, A. L. (1789–1857)　ix, x, 21, 69
Cauchy の判定条件　69
Cauchy の不等式　21
Cavalieri, B. (1598–1647)　122
Cavalieri の原理　122
Clairaut, A. L. (1713–1765)　ix

第一平均値の定理　106, 204
第二平均値の定理　202
d'Alembert, J. (1717–1783)　ix
Darboux, G. (1842–1917)　xii, 134
Darboux 積分　134
Dedekind, J. W. R. (1831–1916)　xiii
δ 集合族　32
de Morgan の法則　7
Denjoy, A. (1894–1974)　177
Denjoy 積分　177
Descartes, R. (1596–1650)　vii
Dini, U. (1845–1918)　166
Dini の微分商　167
Dirichlet, P. G. L.-(1805–1859)　x, xi, 72, 89, 134
Dirichlet の関数　72, 89, 134
導関数　144, 167, 175f.
導集合　22
同値　14, 19
du Bois–Reymond, P. (1831–1889)　202

---

*) 人名だけを冠した定理[X(氏)の定理]については，該当する人名[X]のところを参照されたい．

Memorandum

Memorandum

――著者紹介――

小 松 勇 作（こまつ ゆうさく）

1940 年　東京大学理学部数学科卒業
　　　　東京工業大学名誉教授 理学博士．医学博士（2004 年没）
主要著書『復刊 無理数と極限』
　　　　『大学テキスト 関数論』
共　訳『スミルノフ高等数学教程 7 巻（Ⅲ巻 2 部 2 分冊）』
改　著『新版 集合論』
編　著『数学英和・和英辞典』
　　　　『詳解 関数論演習』他

検印廃止

復刊 ルベーグ積分 第 2 版

1956 年 10 月 1 日　初　版 1 刷発行
1963 年 12 月 5 日　初　版 4 刷発行
1980 年 3 月 1 日　第 2 版 1 刷発行
2009 年 5 月 20 日　復　刊 1 刷発行

著　者　小 松 勇 作
発行者　南 條 光 章
東京都文京区小日向 4 丁目 6 番 19 号

NDC 413.4

発行所
東京都文京区小日向 4 丁目 6 番 19 号
電話　東京（03）3947-2511 番（代表）
郵便番号 112-8700
振替口座 00110-2-57035 番
URL　http://www.kyoritsu-pub.co.jp/

共立出版株式会社

印刷・藤原印刷株式会社　　製本・ブロケード

Printed in Japan

社団法人
自然科学書協会
会員

ISBN 978-4-320-01883-9